新世纪高职高专
机电类课程规划教材

模拟电子技术

MONI DIANZI JISHU

（实训篇）（第三版）

新世纪高职高专教材编审委员会 组编

主 编 王成安

副主编 耿 直 朱学辉 王素萍

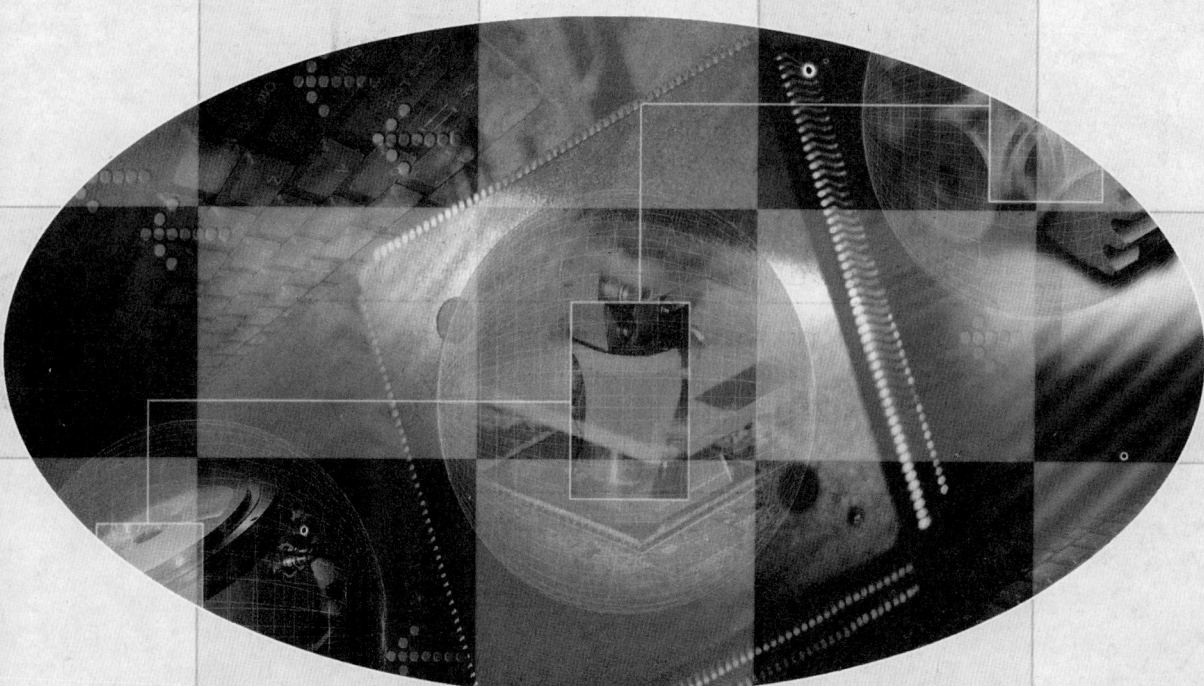

大连理工大学出版社

DALIAN UNIVERSITY OF TECHNOLOGY PRESS

图书在版编目(CIP)数据

模拟电子技术.实训篇 / 王成安主编.—3版.—大连：大连理工大学
出版社，2012.2
新世纪高职高专机电类课程规划教材
ISBN 978-7-5611-3050-6

Ⅰ.模… Ⅱ.王… Ⅲ.模拟电路－电子技术－高等学校－教材
Ⅳ.TN710

中国版本图书馆 CIP 数据核字(2005)第 129960 号

大连理工大学出版社出版
地址：大连市软件园路 80 号　邮政编码：116023
发行：0411-84708842　邮购：0411-84703636　传真：0411-84701466
E-mail：dutp@dutp.cn　URL：http://www.dutp.cn
大连美跃彩色印刷有限公司印刷　　大连理工大学出版社发行

幅面尺寸：185mm×260mm　　印张：14.5　　字数：341 千字
印数：17001～19000
2003 年 11 月第 1 版　　　　2012 年 2 月第 3 版
2012 年 2 月第 8 次印刷

责任编辑：赵晓艳　　　　　　责任校对：兰东升
封面设计：张　莹

ISBN 978-7-5611-3050-6　　　　定　价：29.00 元

总　序

我们已经进入了一个新的充满机遇与挑战的时代,我们已经跨入了 21 世纪的门槛。

20 世纪与 21 世纪之交的中国,高等教育体制正经历着一场缓慢而深刻的革命,我们正在对传统的普通高等教育的培养目标与社会发展的现实需要不相适应的现状作历史性的反思与变革的尝试。

20 世纪最后的几年里,高等职业教育的迅速崛起,是影响高等教育体制变革的一件大事。在短短的几年时间里,普通中专教育、普通高专教育全面转轨,以高等职业教育为主导的各种形式的培养应用型人才的教育发展到与普通高等教育等量齐观的地步,其来势之迅猛,发人深思。

无论是正在缓慢变革着的普通高等教育,还是迅速推进着的培养应用型人才的高职教育,都向我们提出了一个同样的严肃问题:中国的高等教育为谁服务,是为教育发展自身,还是为包括教育在内的大千社会? 答案肯定而且惟一,那就是教育也置身其中的现实社会。

由此又引发出高等教育的目的问题。既然教育必须服务于社会,它就必须按照不同领域的社会需要来完成自己的教育过程。换言之,教育资源必须按照社会划分的各个专业(行业)领域(岗位群)的需要实施配置,这就是我们长期以来明乎其理而疏于力行的学以致用问题,这就是我们长期以来未能给予足够关注的教育目的问题。

如所周知,整个社会由其发展所需要的不同部门构成,包括公共管理部门如国家机构、基础建设部门如教育研究机构和各种实业部门如工业部门、商业部门,等等。每一个部门又可作更为具体的划分,直至同它所需要的各种专门人才相对应。教育如果不能按照实际需要完成各种专门人才培养的目标,就不能很好地完成社会分工所赋予它的使命,而教育作为社会分工的一种独立存在就应受到质疑(在市场经济条件下尤其如此)。可以断言,按照社会的各种不同需要培养各种直接有用人才,是教育体制变革的终极目的。

随着教育体制变革的进一步深入,高等院校的设置是否会同社会对人才类型的不同需要一一对应,我们姑且不论。但高等教育走应用型人才培养的道路和走研究型(也是一种特殊应用)人才培养的道路,学生们根据自己的偏好各取所需,始终是一个理性运行的社会状态下高等教育正常发展的途径。

高等职业教育的崛起,既是高等教育体制变革的结果,也是高等教育体制变革的一个阶段性表征。它的进一步发展,必将极大地推进中国教育体制变革的进程。作为一种应用型人才培养的教育,它从专科层次起步,进而应用本科教育、应用硕士教育、应用博士教育……当应用型人才培养的渠道贯通之时,也许就是我们迎接中国教育体制变革的成功之日。从这一意义上说,高等职业教育的崛起,正是在为必然会取得最后成功的教育体制变革奠基。

高等职业教育还刚刚开始自己发展道路的探索过程,它要全面达到应用型人才培养的正常理性发展状态,直至可以和现存的(同时也正处在变革分化过程中的)研究型人才培养的教育并驾齐驱,还需要假以时日;还需要政府教育主管部门的大力推进,需要人才需求市场的进一步完善发育,尤其需要高职教学单位及其直接相关部门肯于做长期的坚忍不拔的努力。新世纪高职高专教材编审委员会就是由全国100余所高职高专院校和出版单位组成的旨在以推动高职高专教材建设来推进高等职业教育这一变革过程的联盟共同体。

在宏观层面上,这个联盟始终会以推动高职高专教材的特色建设为己任,始终会从高职高专教学单位实际教学需要出发,以其对高职教育发展的前瞻性的总体把握,以其纵览全国高职高专教材市场需求的广阔视野,以其创新的理念与创新的运作模式,通过不断深化的教材建设过程,总结高职高专教学成果,探索高职高专教材建设规律。

在微观层面上,我们将充分依托众多高职高专院校联盟的互补优势和丰裕的人才资源优势,从每一个专业领域、每一种教材入手,突破传统的片面追求理论体系严整性的意识限制,努力凸现高职教育职业能力培养的本质特征,在不断构建特色教材建设体系的过程中,逐步形成自己的品牌优势。

新世纪高职高专教材编审委员会在推进高职高专教材建设事业的过程中,始终得到了各级教育主管部门以及各相关院校相关部门的热忱支持和积极参与,对此我们谨致深深谢意,也希望一切关注、参与高职教育发展的同道朋友,在共同推动高职教育发展、进而推动高等教育体制变革的进程中,和我们携手并肩,共同担负起这一具有开拓性挑战意义的历史重任。

新世纪高职高专教材编审委员会

2001 年 8 月 18 日

前言

　　《模拟电子技术》（实训篇）（第三版）是新世纪高职高专教材编审委员会组编的机电类课程规划教材之一，本教材与《模拟电子技术》（基础篇）（第三版）配套。

　　近年来，高职教育以前所未有的速度发展，无论是招生人数还是院校数量，都已经占到甚至超过高等教育的半壁江山。随着高职教育改革的不断深化，教材作为教学改革的内容之一，也开始尝试新的编写思路和写作方法。本次修订，对教材的教学内容和体系都做了很大的创新。在教学内容上将模拟电子技术方面的新知识、新技术、新器件和新电路补充进来；在编写体系上，力图体现新思路和新方法，以期在培养和训练学生的模拟电子技术基本技能方面有所突破，更好地为高职教育服务。

　　此次再版，对书中内容做了大幅度的调整和修改。考虑到 EDA 技术在当今已经是一门普及型的课程，且有大量专业教材出版，所以此次再版，将有关计算机绘图方面的内容删掉了，增加了更多的实际检测和生产工艺方面的实践内容。比如，在元器件的识别与检测方面，增加了很大篇幅，这是因为近几年来，新器件增加得特别迅速，有必要对新兴元器件加以识别并掌握其检测方法。

　　考虑到模拟电子技术的一些基本实验还需要做，所以此次再版，将模拟电子技术的基本实验作为附录列出，供有关学校选用。

　　本书共安排了八个实训项目：常用电子测试仪器仪表的使用技能训练；线性电子元件的检测与识别；非线性电子元器件的检测与识别；电子元件的焊接技能训练；电子材料的识别与元件装接技能训练；电子电路图的读图技能训练；电子电路的调试维修技能训练；模拟电子电路装调综合训练。

　　本书结合每个项目内容，给出了编者亲自总结的【项目要求】和【实施器材】。在具体项目的学习过程中，安排了结合知识内容的【实际操作】，将理论学习与实际操作密切结合起来。另外，结合每个项目的具体内容，本书还介绍了编者亲自总结的电子技术方面的【技能与技巧】和【实用资料】，对初学者有积极的指导作用，有利于学习者提高电子技能水平。在每个项目的结尾，都安排了【小结】和【课后练习】，便于教师指导学生学习。

本书在选材上具有先进性，是模拟电子技术实际训练的指导书，训练操作内容按照国家职业技能鉴定规范执行。

本教材的参考学时为70学时，各项目的参考学时见下面的学时分配表。综合训练项目建议以实训专用周的形式开展，选做2个项目，可安排1周时间。

学时分配表

项目	课程内容	学时分配	
		讲授	实训
项目 1	常用电子测试仪器仪表的使用技能训练	2	4
项目 2	线性电子元件的检测与识别	4	6
项目 3	非线性电子元件的检测与识别	4	6
项目 4	电子元件的焊接技能训练	2	4
项目 5	电子材料的识别与元件装接技能训练	2	4
项目 6	电子电路图的读图技能训练	2	4
项目 7	电子电路的调试维修技能训练	2	4
项目 8	模拟电子电路装调综合训练	4	16
课时总计：70		22	48

本教材由辽宁机电职业技术学院王成安教授任主编，大连市食品药品检验所耿直、天津市电子信息高级技术学校朱学辉、安阳职业技术学院王素萍任副主编，具体编写分工如下：耿直编写项目1～2，朱学辉编写项目3～4，王素萍编写项目5～6，王成安编写项目7～8及附录。全书由王成安教授负责统稿和定稿。

尽管我们在探索《模拟电子技术（实训篇）》教材特色建设方面做了许多努力，但由于作者水平有限，肯定有不尽人意之处，恳请各教学单位和读者提出宝贵意见，以便修订时改进。

所有意见和建议请发往：dutpgz@163.com

欢迎访问我们的网站：http://www.dutpbook.com

联系电话：0411-84707424　84706676

编　者

2012 年 2 月

目 录

项目1

常用电子测试仪器仪表的使用技能训练

【项目要求】

通过对各种常用电子测量仪器仪表的实际使用,要求学生掌握使用万用表、示波器、信号发生器、毫伏表、直流稳压电源的操作方法,为检测电路参数和测量电子元器件做好准备。

1. 知识要求

(1)掌握万用表的种类、用途与特点。

(2)掌握示波器的种类、用途与特点。

(3)掌握信号发生器的种类、用途与特点。

(4)掌握毫伏表的种类、用途与特点。

(5)掌握直流稳压电源的用途与特点。

2. 技能要求

(1)掌握万用表的操作方法。

(2)掌握示波器的操作方法。

(3)掌握信号发生器的操作方法。

(4)掌握毫伏表的操作方法。

(5)掌握直流稳压电源的操作方法。

【实施器材】

1.指针式万用表和数字式万用表	各1台/组
2.低频信号发生器和高频信号发生器	各1台/组
3.双踪示波器	1台/组
4.电子毫伏表	1台/组
5.直流稳压电源	1台/组

任务一　万用表和直流稳压电源的使用

万用表是一种应用最广泛的测量仪器,用它可以测量直流电流、直流电压、交流电流、交流电压、电阻和晶体管直流电流放大系数等物理量。根据测量原理及测量结果显示方式的不同,万用表分为两大类:指针(模拟)式万用表和数字式万用表。

1.1 指针式万用表的使用

在工厂中一般都使用 MF-500 型万用表，其外形如图 1-1 所示。MF-500 型万用表以其测量范围广、测量精度高、读数准确，被电子技术人员和电工技术人员所推崇。

MF-47 型万用表则是一款便携式的多量程万用电表，在一般的无线电爱好者中得到广泛使用，其外形如图 1-2 所示。

图 1-1 MF-500 型万用表的外形图   图 1-2 MF-47 型万用表的外形图

1. MF-47 型万用表的主要功能及技术指标

MF-47 型万用表是常用的磁电系、整流式、便携式、多量程万用电表，可以测量直流电流、交流电压、直流电压、电阻等，具有 26 个基本量程，还具有测量信号电平、电容量、电感量、晶体管直流参数等 7 个附加量程。

MF-47 型万用表的表盘如图 1-2 所示，其技术指标如下：

直流电压：0～0.25 V～1 V～10 V～50 V～250 V～500 V～1000 V。

交流电压：0～10 V～50 V～250 V～500 V～1000 V，2500 V。

直流电流：0～50 μA～0.5 mA～5 mA～50 mA～500 mA～5 A。

电阻：0～2 kΩ～20 kΩ～200 kΩ～2 MΩ～40 MΩ。

音频电平：−10～+22 dB。

晶体管放大系数 h_{FE}：0～300。

电感：20～1000 H（50 Hz）。

电容：0.001～0.3 μF。

2. MF-47 型万用表的使用方法

（1）机械调零

使用前必须调节表盘上的机械调零螺丝，使指针指准零位。

（2）插孔选择

红表笔插入标有"＋"符号的插孔，黑表笔插入标有"－"符号的插孔。

（3）物理量及量程选择

物理量选择就是根据不同的被测物理量将转换开关旋至相应的位置。

合理选择量程的标准是：测量电流和电压时，应使指针偏转至满刻度的 1/2 或 2/3 以上；测量电阻时，应使指针偏转至中心刻度值的（1/10～10）倍。

（4）各种物理量的测量

①电压测量：将万用表与被测电路并联测量；测量直流电压时，应将红表笔接高电位、黑表笔接低电位，若无法区分高低电位，应先将一只表笔接稳一端，另一只表笔触碰另一端，若指针反偏，则说明表笔接反；测量高电压（500～2500 V）时应戴绝缘手套，站在绝缘垫上进行，并使用高压测试表笔。

②电流测量：将万用表串联接入被测回路中；测量直流电流时，应使电流由红表笔流入、由黑表笔流出万用表；在测量中不许带电换挡，测量较大电流时应断开电源后再撤表笔。

③电阻测量：首先应进行电气调零，即将两表笔短接，同时调节面板上的"欧姆调零旋钮"，使指针指在电阻刻度的零点，若调不到零点，说明万用表内电池不足，需要更换电池；断开被测电阻器的电源及连接导线进行测量；测量过程中每变换一次量程挡位应重新进行欧姆调零；测量过程中表笔应与被测电阻器接触良好，手不得触及表笔的金属部分，以减少不必要的测量误差；被测电阻器不能有并联支路。

④音频电平测量：该功能主要用于测量电信号的增益或衰减。测量方法与交流电压的测量方法相同，读数是表面最下边一条刻度线，该刻度数值是量程选择开关在交流 10 V 挡时的直接读数值。当交流电压为 50 V、250 V、500 V 各挡时，测量结果应在表面读数值上分别加上＋14 dB、＋28 dB 和＋34 dB。

⑤晶体管直流放大系数 h_{FE} 测量：先将转换开关旋至晶体管调节 ADJ 位置进行电气调零，使指针对准 300 h_{FE} 刻度线；然后将转换开关旋至 h_{FE} 位置，把被测晶体管插入专用插孔进行测量。N 型管孔插 NPN 型晶体管，P 型管孔插 PNP 型晶体管。

⑥电感和电容的测量：将量程选择开关旋至交流 10 V 位置，将被测电容器或电感器串接于任一测试棒，而后跨接于 10 V 交流电压电路中进行测量。

（5）读数

读数时应根据不同的测量物理量及量程在相应的刻度尺上读出指针指示的数值。另外，读数时应尽量使视线与表面垂直，以减小由于视线偏差所引起的使用误差。

1.2　数字式万用表的使用

F15B 型数字式万用表是一块 $3\frac{3}{4}$ 位数字表，其外形如图 1-3 所示。

1.F15B 型数字式万用表的技术指标

F15B 型数字式万用表的各种技术指标如下：

直流电压：200 mV，2 V，20 V，200 V，1000 V。

交流电压：200 mV，2 V，20 V，200 V，750 V。

直流电流：$200\ \mu A$，$2\ mA$，$20\ mA$，$200\ mA$。

交流电流：$200\ \mu A$，$2\ mA$，$20\ mA$，$200\ mA$。

电阻：$200\ \Omega$，$2\ k\Omega$，$20\ k\Omega$，$200\ k\Omega$，$2\ M\Omega$，$20\ M\Omega$。

晶体管放大系数 h_{FE}：$0\sim300$。

二极管：显示正向导通压降数值。

线路通断：蜂鸣器提示线路的导通。

附加挡：DCA：$10\ A$，ACA：$10\ A$。

另外，F15B/17B型数字式万用表还具有自动调零、显示极性、超量程显示和低压指示等功能，并装有快速熔丝管、过流保护电路和过压保护电路。

图1-3　F15B型数字万用表的外形图

2.F15B型数字式万用表的使用方法

（1）电压测量

将红表笔插入"V·Ω"插孔，根据所测电压选择合适量程后，将两表笔与被测电路并联即可进行测量。但要注意，不同的量程测量精度也不同，不能用高量程挡去测小电压。

（2）电流测量

将红表笔插入"10 A"或"mA"插孔（根据测量值的大小选择），合理选择量程，将两表笔串联接入被测电路即可进行测量。

（3）电阻测量

将红表笔插入"V·Ω"插孔，合理选择量程即可进行测量。

（4）二极管测量

将量程开关拨至二极管挡，红表笔插入"V·Ω"插孔、接二极管正极，黑表笔接二极管负极，若管子正常，测锗管时应显示 $0.150\sim0.300\ V$，测硅管时应显示 $0.550\sim0.700\ V$，此为正向测量；反向测量时，将二极管反接，若管子正常将显示"1"，若管子不正常将显示"000"。

（5）h_{FE}值测量

根据被测管的类型选择量程开关的PNP挡或NPN挡，将被测管的三个管脚E、B、C插入相应的插孔，显示屏上将显示出 h_{FE} 值的大小。

（6）电路通断的检查

将红表笔插入"V·Ω"插孔，量程开关旋至蜂鸣器挡，让表笔触及被测电路，若表内蜂鸣器发出叫声，则说明电路是通的，反之则不通。

1.3　直流稳压电源的使用

直流稳压电源是一种常用的电子仪器，它将交流电转换成电子设备所需的直流电，为各种电子电路提供直流电源。直流稳压电源的种类很多，有单路和双路之分，有电流大小之分，有电压可调和不可调之分。常见的直流稳压电源一般是双路电压输出，电压在 $0\ V$ 到 $30\ V$ 之间可调，电流一般最大为 $3\ A$。

WYIC-301A稳压电源的面板如图1-4所示。

1.WYIC-301A稳压电源的主要技术指标

WYIC-301A稳压电源的主要技术指标如下：

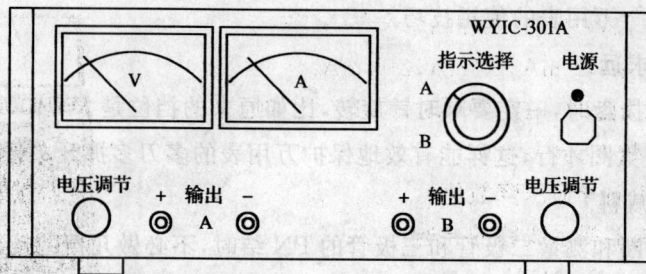

图 1-4　WYIC-301A 稳压电源的面板图

(1)电压可调范围:0~30 V 连续可调。

(2)输出电流:0~1 A。

(3)保护限流值:1.5 A。

(4)纹波系数:≤1 mV。

2.WYIC-301A 稳压电源的使用方法

(1)接通电源后,将"指示选择"旋钮打在 A 挡,调整 A 组"电压调节"旋钮观察电压表指示,就可以在 A 组输出端得到所调节的电压。同样,将"指示选择"旋钮打在 B 挡,调整 B 组"电压调节"旋钮观察电压表指示,就可以在 B 组输出端得到所调节的电压。

(2)当电路需要两组不同的电压时,可分别调好 A、B 两组电压,然后将 A、B 两组电压同时接入电路中。

(3)当需要正、负电压时,调整好 A、B 两组电压,将 A 组的负端与 B 组的正端相接作为接地端,那么 A 组的正端为正、负电源的正端,B 组的负端为负端。

【实际操作 1】　直流稳压电源和万用表的综合使用

1.用万用表测量直流稳压电源的输入电压值和输出电压值。

(1)将直流稳压电源通电预热。

(2)调节直流稳压电源面板上的输出旋钮,使其输出电压为某个预定值(如 12 V)。

(3)测量直流稳压电源的输入电压值(将万用表置于 AC250 V 挡)和输出电压值(将万用表置于 DC50 V 挡)。

(4)改变直流稳压电源的输出电压,再用万用表测量。

2.按照表 1-1 中所示,将直流稳压电源的电压输出调节到表中各个值,分别用指针式万用表和数字式万用表测量,将测得数据填入表中,并进行误差原因分析。

表 1-1　　　　　　　　　　　　万用表测量数据表

直流稳压电源 输出电压	3.0 V	6.0 V	9.0 V	12.0 V
指针式万用表 测量数值				
数字式万用表 测量数值				
误差值				
误差原因分析				

【技能与技巧】 万用表的使用技巧

技巧1："舍近求远"

转动万用表的拨盘时，一定要顺时针旋转，比如原来的挡位是$R\times100$，想要扭转到$R\times$ 1 k挡，就要旋转一大圈才行，这样能有效地保护万用表的多刀多掷开关，使之不损坏。

技巧2："偷工减料"

测量电路的通断和测量二极管和三极管的PN结时，不必做几挡的校准工作。

技巧3："联合作战"

用万用表测量发光二极管时，尽量用$R\times1$和$R\times10$低挡位，尽量减少电池的消耗，若表内没有9 V电池只能用$R\times1$ k挡，就不容易测量出发光二极管的正反向电路，因为此时表内的电池只有1.5 V，不能将PN结导通。采用两块万用表串联，将甲表的红表笔插入乙表的黑表笔插孔中，用甲表的黑表笔和乙表的红表笔来测量发光二极管。若仍用$R\times1$ k挡，则能明显看出正反向电阻的差别；若用$R\times10$挡，则在正向导通时，可使发光二极管发光。

技巧4："孤身迎敌"

在测量220～380 V或高压直流电时，要用一只手握表笔进行测量，以免造成意外触电事故。

技巧5：市电火线的判定

在没有试电笔的情况下，可以用万用表来判定市电的火线。方法是将万用表置于交流250 V或500 V挡，将一只表笔接电源的任一端，另一只表笔悬空，若此时指针产生少许偏转，则表笔所接一端即为火线；若指针不偏转，则为地线。

任务二 示波器的使用

示波器是一种常用的电子测量仪器，用它可以观测各种不同电信号的幅度随时间变化的波形曲线，还可以测定各种电量，如电压、电流、频率、周期、相位、失真度等。另外，若配以传感器，用示波器还可以对压力、温度、密度、速度、声、光、磁等非电量进行测量。

示波器的种类繁多，根据其用途及特点的不同，可以分为通用示波器、取样示波器、逻辑示波器、记忆与存储示波器等。

1.4 UT81A数字示波器介绍

UT81A数字示波器的外形如图1-5所示，其采用液晶显示和机械式换挡结构。高级的数字示波器一般采用自动换挡结构或者是按键式切换结构，使用极其方便。

UT81A数字示波器的技术指标见表1-2。

图1-5 UT81A数字示波器的外形图

表 1-2　　　　　　　　　　　**UT81A 数字示波器的技术指标**

基本功能		
项目	量程	基本精度
直流电压	400 mV/4 V/40 V/400 V/1000 V	±(0.8%+8)
交流电压	4 V/40 V/400 V/750 V	±(1%+15)
直流电流	400 μA/4000 μA/40 mA/400 mA/4 A/10 A	±(1%+8)
交流电流	400 μA/4000 μA/40 mA/400 mA/4 A/10 A	±(1.5%+8)
电阻器	400 Ω/4 kΩ/40 kΩ/400 kΩ/4 MΩ/40 MΩ	±(1%+5)
电容器	40 nF/400 nF/4 μF/40 μF/100 μF	±(3%+8)
频率	10 Hz~10 MHz	±(0.1%+3)
垂直精度		±(5%+1)
垂直灵敏度	20 mV/div~500 V/div(1-2-5)	√
水平精度		±(0.01%+1)
水平灵敏度	100 ns/div~5 s/div(1-2-5)	
实时带宽	8 MHz	√
显示分辨率	160×160	√
采样率	40 MSa/s	√
占空比	0.1%~99.9%	√
特殊功能		
二极管测试		√
音响通断		√
显示色彩	160×160 单色	√
触发模式	自动/正常/单次	√
波形存储/回放		√
对比度,亮度设置保存		√
测量输入阻抗		√
校偏		√
自动关机		√
低电压显示		√
背光		√
USB 接口		√
最大显示		√
一般特征		
电源	1.5 V 电池(R6)×4	
LCD 尺寸	60 mm×60 mm	
机身颜色	红色+铁灰	
机身重量	498 g	
机身尺寸	200 mm×100 mm×48 mm	
标准配件	说明书、表笔、保修卡、电池、鳄鱼夹、光盘软件、USB 接口线、电源适配器	
可选配件*	波形测试探头、探头连接线 BNC	

1.5　模拟式示波器的使用

采用阴极射线管作为显示器件的双踪示波器仍然是现在常用的示波器,有各种型号可供选用,但操作方法基本上是一样的。如图 1-6 所示,是现在常用的 YB-4320 型双踪四线示波器的面板图。

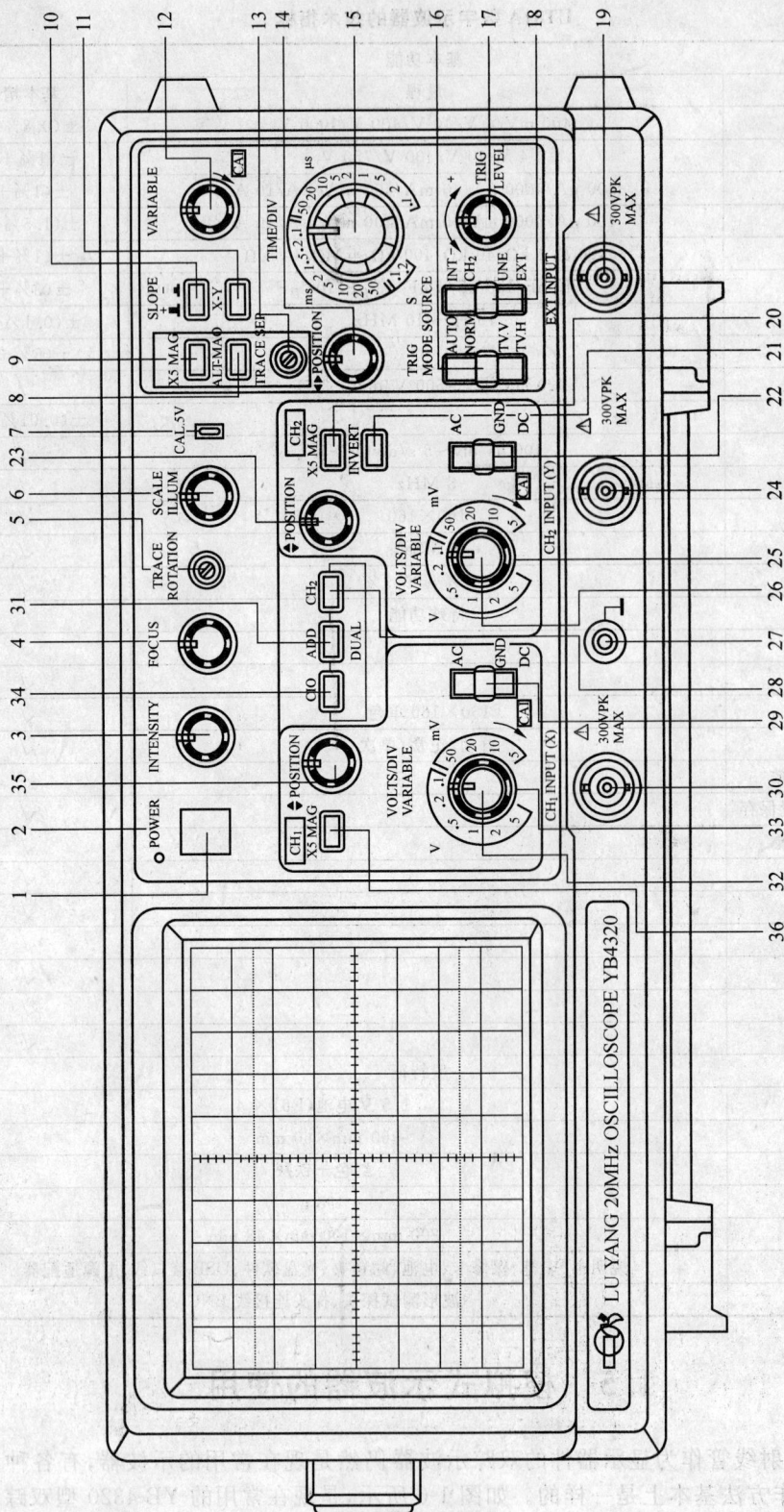

图 1-6　YB-4320 型双踪四线示波器的面板图

YB-4320 型双踪示波器面板上的主要控制旋钮及其作用见表 1-3。

表 1-3　　　　　　　　　YB-4320 型双踪示波器面板上的主要控制旋钮及其作用

控制旋钮	名称	作用
1	电源开关	控制电源的通断
2	电源指示	
3	辉度	调节扫描光迹的亮暗度
4	聚焦	调节扫描光迹的清晰度
5	光迹旋转	调节扫描线与屏幕水平刻度的平行度
6	刻度照明控制旋钮	用于调节屏幕亮度
7	校正信号	该端输出仪器内电路产生的频率为 1000 Hz、幅度为 0.5 V 的方波信号,用于校准示波器的读数
8	扩展旋钮	
9	扩展控制键	
10	触发极性控制键	
11	"X-Y"控制键	
12	扫描微调控制旋钮	
13	光迹分离控制旋钮	
14	水平位移旋钮	
15	扫描时间因数旋钮	
16	触发方式选择控制键	
17	触发电平控制旋钮	
18	触发源选择控制键	
19	外触发输入插座	
20,36	垂直扩展控制键	
21	CH_2 极性控制键	
22,29	垂直输入耦合选择控制键	
23,35	垂直位移控制旋钮	
24	通道 2(CH_2)输入端	
25,33	垂直微调旋钮	
26,32	衰减器旋钮	
27	接地端	
28	垂直扩展控制键	
30	通道 1(CH_1)输入端	
31	交替触发控制键	
34	工作方式选择控制键	

YB-4320 型双踪示波器的主要技术指标见表 1-4。

表 1-4   **YB-4320 型双踪示波器的主要技术指标**

项目	技术指标
频率响应	DC：0～20 Hz（−3 dB） AC：20 Hz～20 MHz（−3 dB）
输入阻抗	1 MΩ/30 pF±5％
输入耦合方式	AC、GND、DC
可输入最高电压	直接：250 V（直流＋交流峰值）　探头×1 位置：250 V（直流＋交流峰值） 探头×10 位置：400 V（直流＋交流峰值）
校正方波信号	频率：1 kHz±2％，幅度：0.5 V±2％
Y 轴输入方式	Y1、Y2、交替、断续、相加
触发方式	常态、自动、峰值
触发源选择	内、外、电源、极性
电源电压	220 V±10％，频率：50 Hz±5％

1. 双踪示波器的基本操作方法

使用示波器测量信号可按照三个基本步骤进行：基本调节、显示校准和信号测量。

（1）测量信号前的基本调节

这个步骤的目的是要使示波器出现良好的扫描基准线。

开启电源，经过约 15 s 的预热后，调节"辉度"和"聚焦"旋钮，使扫描基准线亮度适中，聚焦良好。再调节"水平位移"和"垂直位移"旋钮使基准线位于屏幕的中间位置。若基准线与水平刻度线不平行而是有夹角，可以用螺丝刀调节"光迹旋转"电位器，使基准线与水平刻度线重合。

（2）测量信号前的显示校准

这个步骤的目的是要使扫描线的长度代表准确的时间值，使扫描线的高度代表准确的电压值。利用示波器内的标准信号源可以完成校准工作。

将欲输入信号的通道探头（如 Y1）接到"校准"的输出端，"电压幅度"旋钮调至"0.5 V/格"，"扫描时间"旋钮调至"0.5 ms/格"，幅度"微调"至"校准"位置，时间"微调"至"校准"位置，屏幕上应出现高 1 格、水平为 2 格（此时周期为 1 ms）的方波信号。若方波所占的格数不符，就应调节垂直和水平增益旋钮，完成校准工作。

（3）信号测量

仪器上附带的探头上有衰减开关。将信号以 1：1（×1）或 10：1（×10）进行衰减，以便于对不同信号进行测量。

将衰减开关置于"×10"位置适合测量来自高输出阻抗源和较高频的信号，由于"×10"位置将信号衰减到 1/10，因此读出的电压值再乘以 10 才是被测量的实际电压值。将衰减开关置于"×1"位置适合测量低输出阻抗源的低频信号。

2.使用模拟式示波器测量具体信号的方法

对于各种用阴极射线管作为显示器件的双踪示波器而言,其转换开关设置基本相同,都可以按照下面的操作方法来进行。

(1)直流电压的测量

在被测信号中有直流电压时,可用仪器的地电位作为基准电位进行测量,步骤如下:

①置"扫描方式"开关于"自动"挡位,选择"扫描时间"旋钮位置使扫描线不发生闪烁为好。

②置"DC/GND/AC"开关于"GND"挡位,调节"垂直位移"旋钮使扫描基准线准确落在某水平刻度线上,作为 0 V 基准线。

③再置"DC/GND/AC"开关于"DC"挡位,并将被测信号电压加至输入端,扫描线所示波形的中线与 0 V 基准线的垂直位移即为信号的直流电压幅度。如果扫描线上移,则被测直流电压为正;如果扫描线下移,则被测直流电压为负。用"电压幅度"旋钮位置的电压值乘以垂直位移的格数,即可得到直流电压的数值。

(2)交流电压的测量

用示波器测量交流电压得到的是交流电压的峰-峰值或峰值,要得到其有效值需经过换算。例如,要求正弦波信号的有效值,则用下面的公式

$$有效值电压 = 峰\text{-}峰值电压 \div 2\sqrt{2}$$

操作步骤如下:置"DC/GND/AC"开关于"AC"挡位,调"垂直位移"旋钮使扫描基准线准确地落在屏幕中间的水平刻度线上,作为基准线。调节"电压幅度"旋钮使交流电压波形在垂直方向上占 4~5 个格数为好;再调节"扫描时间"旋钮,使信号波形稳定。以"电压幅度"旋钮位置的标称值乘以信号波形波峰与波谷间垂直方向的格数,即可得到交流电压的峰-峰值。

需要注意的是,当探头上的衰减开关置于"×10"挡位时,要将得到的数值乘以 10 才是真正的电压值。若仪器"电压幅度"旋钮为"0.1 V/div",且探头衰减开关置于"10∶1"挡位,则被测量信号的电压峰-峰值为

$$U_{P\text{-}P} = 0.1 \text{ V/div} \times 3.6 \text{ div} \times 10 = 3.6 \text{ V}$$

(3)时间的测量

对仪器"扫描时间"进行校准后,可对被测信号波形上任意两点的时间参数进行测量。选择合适的"扫描时间"开关位置,使波形在 X 轴上出现一个完整的波形为好。根据屏幕坐标的刻度,读出被测量信号两个特定点 P 与 Q 之间的格数,乘以"扫描时间"旋钮所在位置的标称值,即得到这两点间波形的时间。若这两个特定点正好是一个信号的完整波形,则所得时间就是信号的周期,其倒数即为该信号的频率。

需要注意的是,当使用"扩展×10"开关时,要将所得时间除以 10。

利用双踪示波器的"交替"显示方式,可以测量出两个信号的时间差。测量时,将两个信号分别输入 Y1 和 Y2 通道,从屏幕上读出两个信号相同部位的水平距离(格数),再乘以"扫描时间"旋钮位置的标称值,即可算出两个信号的时间差。

（4）相位的测量

利用双踪示波器可以很方便地测量两个信号的相位差。将双踪示波器置于"交替"显示方式，将两个信号分别输入 Y1 和 Y2 通道。从屏幕上读出第一个信号的一个完整波形所占的格数，用 360° 除以这个格数，得到每格对应的相位角；然后读出两信号相同部位的水平距离（格数），乘以每格相位角，即可算出两信号的相位差。若读出第一个信号的一个完整波形占了 8 格，两个信号相同部位的水平距离为 1.6 格，则这两个信号的相位差为

$$\Delta\phi = 360 \div 8 \times 1.6 = 72$$

（5）脉冲宽度的测量

测量脉冲宽度的步骤如下：先使屏幕中心显示出 Y 轴幅度为 3～4 格的脉冲波形，再调节"扫描时间"旋钮使波形在 X 轴方向上显示出 5～6 格的宽度。此时脉冲上升沿和下降沿中点距离 D 为脉冲宽度。只要读出 D 的格数，再乘以"扫描时间"旋钮所在位置的标称值，即得脉冲宽度的数值。

任务三　信号发生器的使用

信号发生器的种类很多，按频率和波段可分为低频、高频、脉冲信号发生器等。

1.6　低频信号发生器

低频信号发生器的输出频率范围通常为 20 Hz～20 kHz，所以又称为音频信号发生器。现在生产的低频信号发生器的输出频率范围已延伸到 1 Hz～1 MHz 频段，且可以产生正弦波、方波及其他波形的信号。

低频信号发生器广泛用于测试低频电路、音频传输网络、广播和音响等设备，还可为高频信号发生器提供外部调制信号。

1. FJ-XD22PS 低频信号发生器的功能

FJ-XD22PS 低频信号发生器是一种多用途的仪器，它能够输出正弦波、矩形波、尖脉冲、TTL 电平和单次脉冲五种信号，还可以作为频率计使用，测量外来输入信号的频率。FJ-XD22PS 低频信号发生器的面板如图 1-7 所示。

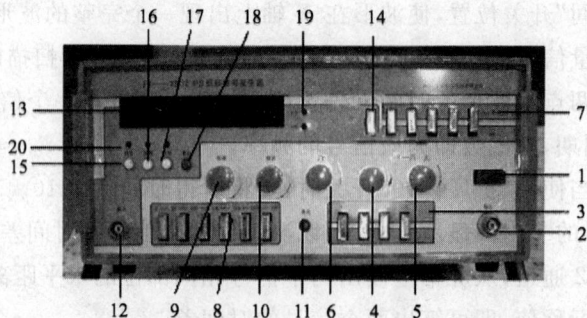

图 1-7　FJ-XD22PS 低频信号发生器的面板图

（1）FJ-XD22PS 低频信号发生器面板上各旋钮开关见表 1-5。

表 1-5　　　　　　　　　　　FJ-XD22PS 低频信号发生器面板上各旋钮开关

旋钮	名称	旋钮	名称
1	电源开关	11	单次脉冲按钮
2	信号输出端子	12	信号输入端子
3	输出信号波形选择键	13	六位数码显示窗口
4	正弦波幅度调节旋钮	14	频率计内测、外测功能选择键（按下：外测，弹起：内测）
5	矩形波、尖脉冲幅度调节旋钮	15	测量频率按钮
6	矩形脉冲宽度调节旋钮	16	测量周期按钮
7	输出信号衰减选择键	17	计数按钮
8	输出信号频段选择键	18	复位按钮
9	输出信号频率粗调旋钮	19	频率或周期指示发光二极管
10	输出信号频率细调旋钮	20	测量功能指示发光二极管

（2）FJ-XD22PS 低频信号发生器的主要技术性能

①信号源部分

频率范围：1 Hz～1 MHz，由频段选择和频率粗调、细调配合可分 6 挡连续调节；

频率漂移：1 挡≤0.4％；2、3、4、5 挡≤0.1％；6 挡≤0.2％；

正弦波：频率特性≤1 dB（第 6 挡≤1.5 dB），输出幅度≥5 V；波形非线性失真：20 Hz～20 kHz≤0.1％；

正、负矩形脉冲波：占空比调节范围 30％～70％，脉冲前、后沿≤40 ns；波形失真：在额定输出幅度时，前、后过冲及顶部倾斜均小于 5％；

输出幅度：高阻输出 ≥10 U_{P-P}，50Ω 输出 ≥5 U_{P-P}；

正、负尖脉冲：脉冲宽度 0.1 μs，输出幅度≥5 U_{P-P}。

②频率计部分（内测和外测）

功能：频率、周期、计数六位数码管（八段红色）显示；

输入波形种类：正弦波、对称脉冲波、正脉冲；

输入幅度：1 V≤脉冲正峰值≤5 V，1.2 V≤正弦波≤5 V；

输入阻抗：≥1 MΩ；

测量范围：1 Hz～20 MHz（精度：5×10⁻⁴±1 个字）；

计数速率：波形周期≥1 μs，计数范围：1～983040。

2. FJ-XD22PS 低频信号发生器的基本操作

FJ-XD22PS 低频信号发生器的基本操作方法可按照下列步骤进行：

（1）将电源线接入 220 V，50 Hz 交流电源上。应注意三芯电源插座的地线脚应与大地妥善接好，避免干扰。

（2）开机前应把面板上各输出旋钮旋至最小。

（3）为了得到足够的频率稳定度，需预热。

（4）频率调节：面板上的频率波段按键作频段选择用，按下相应的按键，然后再调节粗调和细调旋至所需要的频率上。此时"内外测"键置内测位，输出信号的频率由六位数码管显示。

（5）波形转换：根据需要波形种类，按下相应的波形键位。波形选择键从左至右依次是：正弦波、矩形波、尖脉冲、TTL电平。

（6）输出衰减有 0 dB、20 dB、40 dB、60 dB、80 dB 五挡，根据需要选择，在不需要衰减的情况下需按下"0 dB"键，否则没有输出。

（7）幅度调节：正弦波与脉冲波幅度分别由正弦波幅度旋钮和脉冲波幅度旋钮调节。本机充分考虑到输出的不慎短路，加了一定的安全措施，但是不要做人为的频繁短路实验。

（8）矩形波脉宽调节：通过矩形脉冲宽度调节旋钮调节。

（9）"单次"触发：需要使用单次脉冲时，先将六段频率键全部抬起，脉宽电位器顺时针旋到底，轻按一下"单次"输出一个正脉冲；脉宽电位器逆时针旋到底，轻按一下"单次"输出一个负脉冲，单次脉冲宽度等于按钮按下的时间。

（10）频率计的使用：频率计可以进行内测和外测，"内外测"键按下时为外测，弹起时为内测。频率计可以实现频率、周期、计数测量。轻按相应按钮开关后即可实现功能切换，请同时注意面板上相应的发光二极管的功能指示。当测量频率时，"Hz 或 MHz"发光二极管亮；当测量周期时，"ms 或 s"发光二极管亮。为保证测量精度，频率较低时选用周期测量，频率较高时选用频率测量。如发现溢出显示"-----"时请按复位键复位，如发现三个功能指示同时亮时可关机后重新开机。

3.测量实例

用 FJ-XD22PS 低频信号发生器输出频率为 1000 Hz、有效值为 10 mV 的正弦波。

操作步骤如下：

（1）通电预热数分钟后按下波形选择键中的"～"键，输出信号即为正弦波信号。

（2）让"内外测"键处于弹起状态，频率计内测输出信号频率。

（3）按下输出衰减"20 dB"键，正弦信号衰减了 20 dB 后输出。

（4）按下频率波段选择"1 k～10 k"按键，输出信号频率在 1 kHz～10 kHz 连续可调。

（5）轻按测量功能选择中的"频率"键，该键上方的红色发光二极管亮，窗口中显示的数字即为输出信号的频率，窗口右侧上方"Hz"红色发光二极管亮，表示频率单位为 Hz。

（6）调节频率"粗调"旋钮直到显示的频率值接近 1000 Hz 时，再改调频率"细调"旋钮，直到显示的频率值为 1000 Hz 为止。

必须说明的是：该信号发生器的测频电路的显示滞后于调节，所以旋转旋钮时要缓慢一些；信号发生器本身不能显示输出信号的电压值，需要另配交流毫伏表测量输出电压，当输出电压不符合要求时，可以选择不同的衰减再配合调节输出正弦信号的幅度旋钮，直到输出电压为 10 mV。

若要观察输出信号波形，可把信号输入示波器。需要输出其他信号，可参考上述步骤进行操作。

1.7 XFG-7 型高频信号发生器

1.XFG-7 型高频信号发生器的功能

高频信号发生器也称射频信号发生器，通常产生 200 kHz ～ 30 MHz 的正弦波或调幅波信号，在高频电子线路工作特性（如各类高频接收机的灵敏度、选择性等）测试中应用较广。目前,高频信号发生器的频率已延伸到 30 Hz~30 MHz 的甚高频信号范围,且通常具有一种或一种以上调制或组合调制功能,包括正弦调幅、正弦调频及脉冲调制,特别是具有 μV 级的小信号输出,以满足接收机测试的需要,这类信号发生器通常也称为标准信号发生器。

XFG-7 型高频信号发生器的面板如图 1-8 所示。

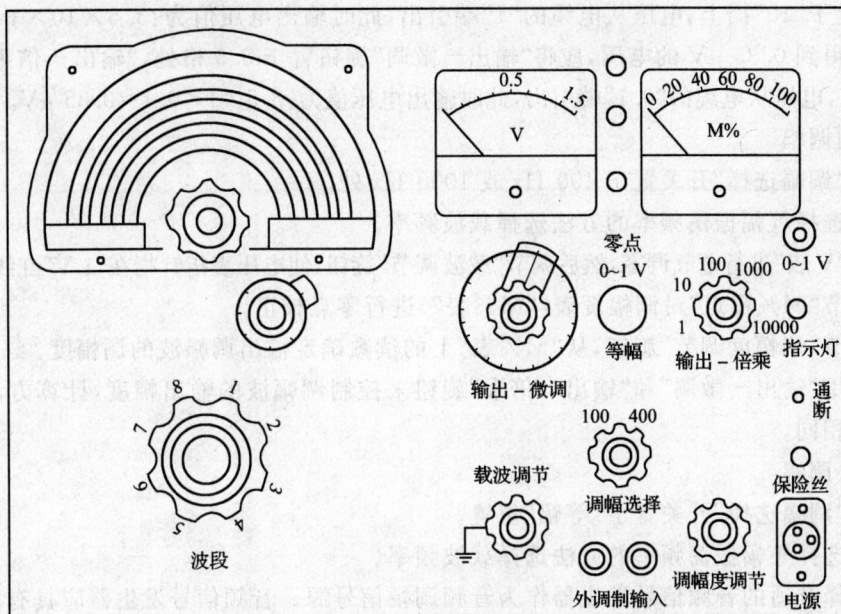

图 1-8 XFG-7 型高频信号发生器的面板图

2.XFG-7 型高频信号发生器的基本操作

XFG-7 型高频信号发生器的基本操作可按照下列步骤进行:

(1)准备工作

①先检查仪器是否有良好的接地线,如果没有,则需在使用者脚下垫上绝缘板,因为仪器的电源电路中接有高频滤波电容器,使仪器外壳存在一定的电位。

②将各开关旋钮置于起始位置。

③电表的机械调零:调节"V 表"和"M 表"上的机械调零螺丝,使指针对准零点。

④接通电源,指示灯亮。仪器一般需预热 5 分钟,若要进行精确测量,则应预热 30 分钟。

⑤"V 表"的电气调零:将波段开关置于任何两挡之间,然后调节"V 零点"旋钮,使"V 表"指针指准零点。

(2)等幅高频正弦信号输出

①将"调幅选择"开关置于"400"位置。

②将"波段"开关置于所需频率的波段上,然后调节"频率调节"的粗、细调旋钮至准确的频率。

③调节"载波调节"旋钮使电压表指针指在"1 V"红线上。注意:在以下调节"输出一微调"旋钮时,会引起电压表指针偏离"1 V"红线,此时应反复调节"载波调节"旋钮使指针指在"1 V"红线上。

④当需要 0.1~1 V 的信号电压时,应从"0~1 V"插孔输出。例如要得到 0.8 V 电压输出,则将"输出一微调"旋钮置于"7"处即可。

⑤为了得到 0～0.1 V 的电压输出，应将带有终端分压器的电缆插入"0～1 V"插孔；为避免漏辐射，应用铜盖帽将"0～1 V"插孔盖住。调节"输出－微调"和"输出－倍乘"旋钮，再结合电缆输出端即可得到所需电压，电压值的读数为："输出－微调"×"输出－倍乘"×"电缆分压器"。例如需要 35 μV 的电压，可将"输出－微调"旋钮置于 3.5 格处，"输出－倍乘"旋钮置于"10"挡上，电压从电缆的"1"端引出，此时输出电压值为：3.5×10×1＝35 μV。又例如要得到 0.35 μV 的电压，应将"输出－微调"旋钮置于 3.5 格处，"输出－倍乘"旋钮置于"1"挡上，电压从电缆的"0.1"端引出，此时输出电压值为：3.5×1×0.1＝0.35 μV。

（3）内调幅

①将"调幅选择"开关置于 400 Hz 或 1000 Hz 处。

②按选择等幅振荡频率的方法选择载波频率。

③对"V表"进行电气调零，然后调节"载波调节"旋钮，使电压表指针指在"1 V"红线上。

④调节"M‰零点"对调幅度表（"M‰表"）进行零点校正。

⑤调节"调幅度调节"旋钮，从"M‰表"上的读数确定输出调幅波的调幅度。

⑥利用"输出－微调"和"输出－倍乘"旋钮来控制调幅波的输出幅度，计算方法与等幅振荡部分相同。

（4）外调幅

①将"调幅选择"开关置于"等幅"位置。

②按选择等幅振荡频率的方法选择载波频率。

③选择合适的音频信号发生器作为音频调幅信号源。音频信号发生器应具有相适应的工作频段，而且其输出应能提供 0.5 W 以上的功率。

④将音频信号发生器的输出调至最小后接到 XFG-7 的"外调制输入"端，逐渐增大音频信号发生器的输出，直到 XFG-7 的调幅度表上的读数满足需要为止。这时的读数就是输出调幅波的调幅度。

⑤利用"输出－微调"和"输出－倍乘"旋钮来控制载波的输出幅度，计算方法与等幅振荡部分相同。

任务四　电子毫伏表的使用

电子毫伏表是一种测量交流电压的仪器，一般的万用表只能测量频率为 50 Hz 的交流电压，而电子毫伏表可以测量频率为 20 Hz～1 MHz 的交流电压。

1.8　智能数字化电子毫伏表

电子技术的进步使得电子毫伏表已经进入数字化时代，采用液晶或者数码管进行显示，其技术指标大大提高。

1. WY1971D 智能数字化毫伏表的功能

WY1971D 是一款智能数字化毫伏表，能测量频率从 5 Hz～2 MHz 的正弦波电压有效值和相应电平值，电压测量范围从 30 μV～1000 V，分辨率为 0.1 μV，是目前国内生产此类产品的最高水平。WY1971D 配有 LCD 显示屏，菜单式显示多参数和变化动态指针，可实现量程自动调整。WY1971D 智能数字化毫伏表的外形如图 1-9 所示。

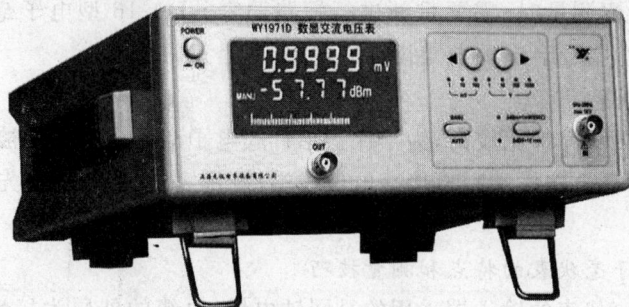

图 1-9　WY1971D 智能数字化毫伏表的外形图

2. WY1971D 智能数字化毫伏表的特点

(1)12000 五位 LCD 数显电压,最高 0.1 μV 分辨率。

(2)LCD 四位数显 dB 值,分辨率为 0.01 dB。

(3)测量范围宽:30 μV~1000 V。

(4)频率响应宽:5 Hz~2 MHz。

(5)输入高阻抗:≥10 MΩ/30 pF。

(6)测量高精度:0.5%±5 个字。

(7)自动/手动量程控制。

3. WY1971D 智能数字化毫伏表主要技术指标

(1)测量电压范围:30 μV~1000 V,7 挡量程:1 mV,10 mV,100 mV,1 V,10 V,100 V,1000 V,分辨率为 0.1 μV。

(2)测量电平范围:-90 dBm~+60 dBm(0 dBm=0.775 V),以及 dBV 显示(0 dBV=1 Vrms),分辨率为 0.01 dBm。

(3)测量频率响应:5 Hz~2 MHz。

(4)电压测量固有误差:±0.5%±5 个字,线性度 0.5%,1 mV 挡±1%±5 个字。

(5)电压测量频响误差(以 1 kHz 为基准):20 Hz~100 kHz±3%,10 Hz~1 MHz±5%,5 Hz~2 MHz±7%。

(6)输入阻抗:≥10 MΩ/30 pF。

(7)输出特性:指针满量程时,输出电压约 100 mV,输出阻抗为 600 Ω。

1.9　指针式电子毫伏表

1. 指针式电子毫伏表的基本操作方法

指针式电子毫伏表到现在仍然被广泛使用,其操作方法如下:

(1)机械调零

将毫伏表水平置于桌面上,通电前先检查表头指针是否指零;若不指零,则调整面板上的机械调零旋钮使指针指示为零。

(2)电气调零

接通电源进行短路调零。即将两个输入端短路,将量程开关选在需要的挡位上,调节电气调零旋钮使指针指零；然后将量程开关置于高量程挡，拆除输入端的短路线。

注意：当改变量程测量时，需要重新进行短路调零。DA-16 型电子毫伏表在小量程挡时，由于噪声的干扰，指针会出现微微抖动的现象，这是正常的。

（3）连接测量线路

电子毫伏表的灵敏度都比较高，为了保护指针式电子毫伏表的指针被撞击损坏，在接线时一定要先接地线（低电位线端），再接高电位线端；测量完毕拆线时，应先拆高电位线端，后拆低电位线端。

2. DA-16 型电子毫伏表的特点和测量技巧

DA-16 型电子毫伏表的输入端采用的是同轴电缆，电缆的外层为接地线，为安全起见，在使用毫伏级电压量程时，接线前最好将量程开关置于高电压挡，接线完毕后再选择所需量程。另外在测量毫伏级的电压量时，为避免外部环境的干扰，测量导线应尽可能短，且最好选用屏蔽导线。

当所测的未知电压难以估计其大小时，就需要从大量程开始试测，逐渐降低量程直至合适为止。当使用较高的灵敏度挡（毫伏级挡）时，应先接地线，然后再接另一输入端；将量程开关由高到低依次转换，直至指针指示满刻度值的三分之二以上时，即可读出被测电压值。

量程开关置 10 mV、100 mV、1 V 等挡时，从满刻度为 10 的上刻度盘读数；量程开关置 30 mV、300 mV、3 V 等挡时，从满刻度为 30 的下刻度盘读数。刻度盘的最大值（即满量程值）为量程开关所处挡的指示值。如量程开关置 1 V，则上刻度盘的满量程值就是 1 V。

【实际操作 2】 示波器、信号发生器和毫伏表的综合使用

将示波器、信号发生器和毫伏表联合起来运用，可以很快达到熟练操作这些仪器的目的，再将一台电视机的信号作为信号源，就可以进行综合测试了。测量内容和步骤如下：

1. 正弦波信号的测量

（1）将低频信号发生器的输出端与示波器的 Y 轴输入端相连。

（2）开机后，调节信号发生器的输出频率和电压值如表 1-6 中所示，并使用电子毫伏表进行监测。同时调节示波器，使屏幕上显示出稳定的正弦波，测量出正弦波的幅度和周期，把测量数据填入表 1-6 中。

表 1-6　　　　　　　　　　　　　　正弦波信号的测量数据

低频信号发生器的输出	50 Hz	100 Hz	500 Hz	1 kHz	5 kHz	10 kHz	500 kHz	800 kHz	1 MHz
	0.5 V	1 V	1 V	2 V	2 V	3 V	4 V	5 V	6 V
电子毫伏表的测量值									
示波器测量值	V/div 挡级									
	读数（div）									
	U_{P-P}/V									
	U_{rms}									
	t/div 挡级									
	读数（div）									
	周期									

2.用李萨茹图形测量信号的频率

将作为标准信号源的低频信号发生器接入示波器的 X 通道,将作为被测信号源的信号发生器接入示波器的 Y 通道。

调节作为标准信号源的信号发生器,使之输出频率分别为 50 Hz、500 Hz、1 kHz、3 kHz,再相应地调节作为被测信号源的信号发生器,调节示波器使屏幕上显示出稳定的李萨茹图形。

画出相应的李萨茹图形,算出被测量信号频率值,填入表 1-7 中。

表 1-7　　　　　　　　用李萨茹图形法测量正弦波频率

标准信号源频率	50 Hz	500 Hz	1 kHz	3 kHz
李萨茹图形				
m 值				
n 值				
被测信号源频率				

3.使用示波器观测电视机电路的波形

(1)将电视机印制电路板置于实验台上,通电后使其正常工作。

(2)将电视机关闭后,在老师的指导下,将待测量点与示波器连接。

(3)将示波器和电视机都开机,调节示波器使图形稳定,分别观测电视机的行振荡波形和场输出波形,记录被测量点的波形形状,计算出该波形的频率。

(4)把观测到的电视机行振荡波形和场输出波形与电视机原理图上的波形进行比较。

【小结】

1.万用表有指针式万用表和数字式万用表,是最常用的测量仪器。

2.示波器是直接用于显示各种电信号的幅度随时间变化波形曲线的仪器,可以测定电压、电流、频率、周期、相位、失真度等等。若配以传感器,还可以对压力、温度、密度、速度、声、光、磁等非电量进行测量。

3.电子毫伏表是可以测量频率为 20 Hz~1 MHz 的交流电压的专用仪器。

4.低频信号发生器和高频信号发生器是专门用于产生不同频率的正弦波信号的仪器,在电路中作为信号源使用。

5.直流稳压电源是专门用于给实验电路提供各种直流电源的仪器,其输出电压可调。

【课后练习】

1.用指针式万用表测量电流、电压或电阻时,从指针偏转位置的角度,应如何选择量程,才能使测量误差较小?

2.模拟式万用表与数字式万用表都有红、黑两只表笔,使用电阻挡进行测量时,两类万用表的红、黑表笔所代表的电源极性有差别吗? 为什么?

3.测量幅度大约为 2 V、频率约为 1kHz 的正弦波信号,DA-16 型电子毫伏表的量程应打到哪一挡?

4.示波器都有哪些测量功能?

5.交流毫伏表能否测量电路的静态工作点? 它与万用表有何区别?

6.画出低频信号发生器、电子毫伏表和示波器联合使用的接线图。

7.将下列测得数字保留 3 位有效数字:4.577 V,3.6351 V,3.806 V,5.876 V。

项目2

线性电子元件的检测与识别

任务一　电阻(位)器的检测与识别

【项目要求】

通过对一个功率放大器的实际解剖,要求学生会识别电阻(位)器的种类,熟悉各种电阻(位)器的名称,了解不同类型电阻(位)器的作用,掌握电阻(位)器的检测方法。

1.知识要求

(1)掌握各种电阻器的种类、作用与标志方法。

(2)掌握各种电阻器的主要参数。

(3)掌握各种电位器的种类、作用与标志方法。

(4)掌握各种电位器的主要参数。

2.技能要求

(1)能用目视法判断识别常见电阻器的种类,能正确叫出各种电阻器的名称。

(2)对电阻器上标志的主要参数能正确识读,知晓该电阻器的作用和用途。

(3)能用目视法判断识别常见电位器的种类,能正确叫出各种电位器的名称。

(4)对电位器上标志的主要参数能正确识读,知晓该电位器的作用和用途。

(5)会使用万用表对各种电阻器和电位器进行正确测量,并对其质量做出评价。

【实施器材】

1.电子产品:功率放大器若干台,两人配备一台机器。

2.各种类型、不同规格的新电阻器和电位器若干。

3.各种类型、不同规格的已经损坏的电阻器和电位器若干(可到电子产品维修部寻找)。

4.每两个人配备指针式万用表和数字式万用表各一只。

【初识电阻(位)器】

1.各种电阻器的认识

观察功率放大器印制电路板上各种固定电阻器的外形,再看一看如图 2-1 所示的各种电阻器的照片,查找相关资料,认识各种不同种类的电阻器。

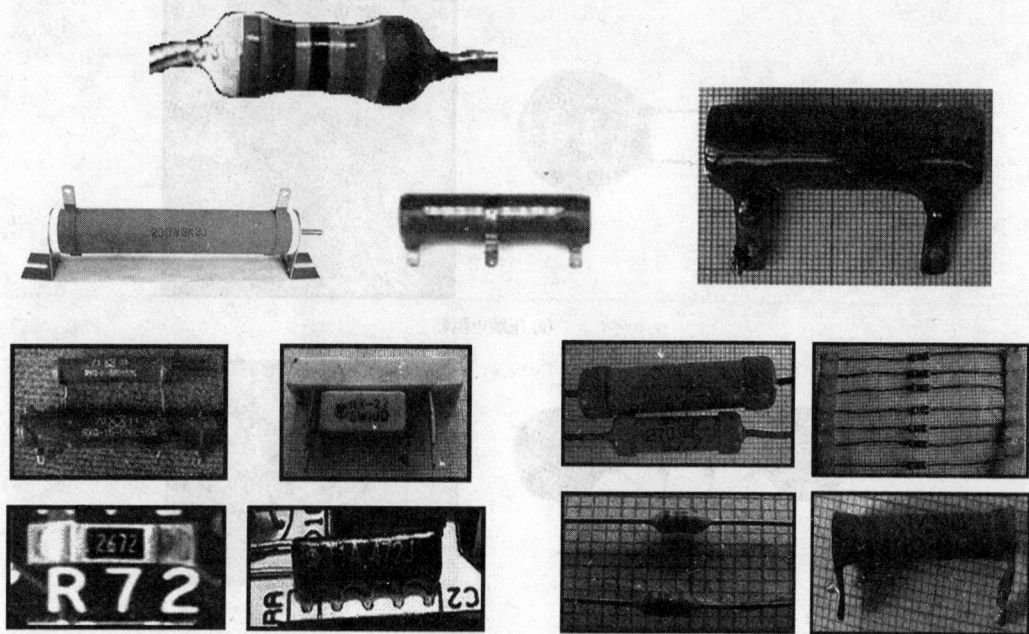

图 2-1　各种电阻器的实物照片

2.各种电位器的认识

观察功率放大器印制电路板上各种电位器的外形,再看一看如图 2-2 所示的各种电位器的照片,认识各种不同种类的电位器。

图 2-2　各种电位器的实物照片

3.特殊电阻器的认识

观察功率放大器印制电路板上有无如图 2-3 所示的各种特殊电阻器,查找相关资料,认识各种不同种类的特殊电阻器。

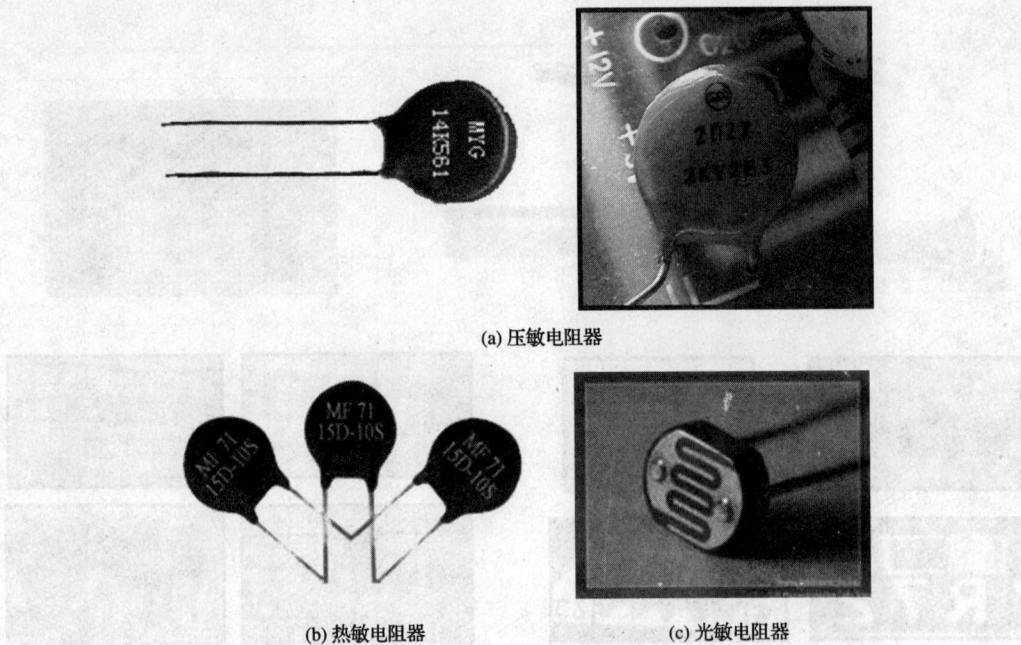

(a) 压敏电阻器

(b) 热敏电阻器

(c) 光敏电阻器

图 2-3　特殊电阻器的实物照片

【知识链接】

　　电阻器和电位器是电子产品中用量最大的元器件，打开任何一台电子仪器设备，都会看到其内部的印制电路板上排满了各种电子元器件，其中有各种类型的电阻器和电位器。

　　电阻器在电路中的作用可以简单记为：串联分压，并联分流。即用在串联电路中起着限流和分压的作用，在并联电路中起着分流的作用。

　　电阻器的文字符号用大写字母"R"表示，电位器的文字符号用大写字母"W"表示，单位是欧姆（Ω），常用的单位还有千欧姆（kΩ）、兆欧姆（MΩ）。

　　它们之间的换算关系是：$1\ M\Omega = 10^3\ k\Omega = 10^6\ \Omega$。

2.1　电阻器的类型

　　电阻器从结构上可分为固定电阻器和可变电阻器两大类。常见电阻器和电位器的外形和图形符号如图 2-4 所示。

　　固定电阻器的阻值是固定不变的，阻值的大小即为它的标称阻值。固定电阻器按其材料的不同可分为碳膜电阻器、金属膜电阻器、线绕电阻器等。

　　可变电阻器的阻值可以在一定的范围内调整，它的标称阻值是最大值，其滑动端到任意一个固定端的阻值在 0 和最大值之间连续可调。可变电阻器又有可调电阻器和电位器两种。可调电阻器有立式和卧式之分，分别用于不同的电路安装。

　　电位器就是在可调电阻器上再加一个开关，做成同轴联动形式，如收音机中的音量旋钮和电源开关就是一个电位器。

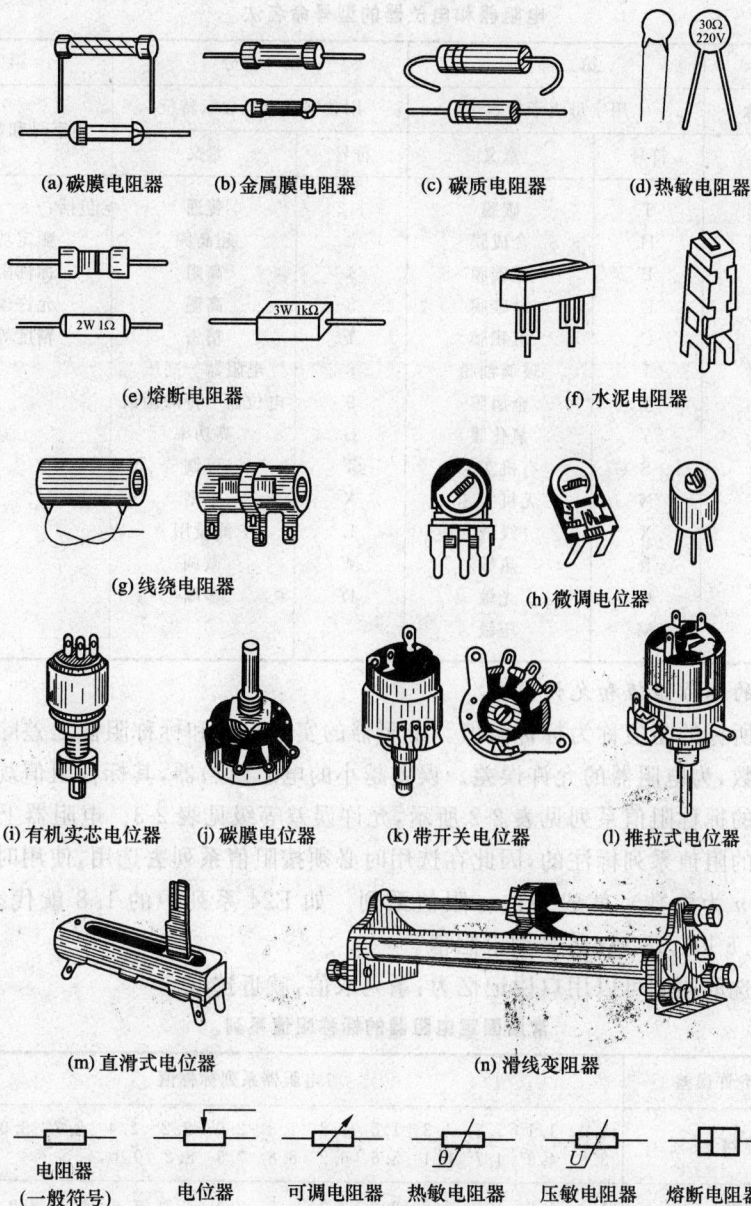

(a) 碳膜电阻器　　(b) 金属膜电阻器　　(c) 碳质电阻器　　(d) 热敏电阻器

(e) 熔断电阻器　　　　　　　　　　　(f) 水泥电阻器

(g) 线绕电阻器　　　　　　　　　　(h) 微调电位器

(i) 有机实芯电位器　　(j) 碳膜电位器　　(k) 带开关电位器　　(l) 推拉式电位器

(m) 直滑式电位器　　　　　　　　　(n) 滑线变阻器

电阻器　　　电位器　　可调电阻器　　热敏电阻器　　压敏电阻器　　熔断电阻器
(一般符号)

图 2-4　常见电阻器和电位器的外形和图形符号

根据使用场合不同可分为：精密电阻器、大功率电阻器、高频电阻器、高压电阻器、热敏电阻器、光敏电阻器、熔断电阻器等。

2.2　固定电阻器的主要参数

固定电阻器的主要参数有标称阻值、允许误差、额定功率。

根据国家标准 GB 2470-1995 的规定，固定电阻器和电位器的型号由四个部分组成，见表 2-1。

表 2-1　　　　　　　　　　　　　　电阻器和电位器的型号命名法

第一部分		第二部分		第三部分		第四部分
用字母表示主称		用字母表示材料		用数字或字母表示特征		用字母和数字表示意义
符号	意义	符号	意义	符号	意义	
R	电阻器	T	碳膜	1,2	普通	包括:
W	电位器	H	合成膜	3	超高频	额定功率
		P	硼碳膜	4	高阻	标称阻值
		U	硅碳膜	5	高温	允许误差
		C	沉积膜	7	精密	精度等级等
		I	玻璃釉膜	8	电阻器—高压	
		J	金属膜	9	电位器—特殊函数	
		Y	氧化膜	G	高功率	
		S	有机实芯	T	可调	
		N	无机实芯	X	小型	
		X	线绕	L	测量用	
		R	热敏	W	微调	
		G	光敏	D	多圈	
		M	压敏			

1. 电阻器的标称阻值和允许误差

电阻器上所标的阻值称为标称阻值。电阻器的实际阻值和标称阻值之差除以标称阻值所得到的百分数，为电阻器的允许误差。误差越小的电阻（位）器，其标称阻值规格越多。常用固定电阻器的标称阻值系列见表 2-2 所示，允许误差等级见表 2-3。电阻器上的标称阻值是按国家规定的阻值系列标注的，因此在选用时必须按阻值系列去选用，使用时将表中的数值乘以 10^n Ω（n 为整数），就成为这一阻值系列。如 E24 系列中的 1.8 就代表有 1.8 Ω、18 Ω、180 Ω、1.8 kΩ、18 kΩ 等系列电阻值。

电阻器的选取原则可以用口诀记忆为：系列取值，就近选取。

表 2-2　　　　　　　　　　　　　　常用固定电阻器的标称阻值系列

系列	允许误差	电阻器系列标称值
E24	Ⅰ级±5%	1.0　1.1　1.2　1.3　1.5　1.6　1.8　2.0　2.2　2.4　2.7　3.0　3.3　3.6　3.9　4.3　4.7　5.1　5.6　6.2　6.8　7.5　8.2　9.1
E12	Ⅱ级±10%	1.0　1.2　1.5　1.8　2.2　2.7　3.3　3.9　4.7　5.6　6.8　8.2
E6	Ⅲ级±20%	1.0　1.5　2.2　3.3　4.7　6.8

表 2-3　　　　　　　　　　　　　　常用固定电阻器的允许误差等级

允许误差	±0.5%	±1%	±5%	±10%	±20%
等级	005	01	Ⅰ	Ⅱ	Ⅲ
文字符号	D	F	J	K	M

随着电子技术的发展，对器件数值的精密度要求也越来越高，所以近年来，国家又相继公布了 E48、E96、E192 系列标准，使电阻器的系列值得以增加，阻值误差也越来越小，E48、E96、E192 系列标准见表 2-4。

表 2-4   固定电阻器 E48、E96、E192 标称阻值系列

系列	允许误差	电阻器系列标称值											
E48	±1%	1.00	1.05	1.10	1.15	1.21	1.27	1.33	1.40	1.47	1.54	1.62	1.69
		1.78	1.87	1.96	2.05	2.15	2.26	2.37	2.49	2.61	2.74	2.87	3.01
		3.16	3.32	3.48	3.65	3.83	4.02	4.22	4.42	4.64	4.87	5.11	5.36
		5.62	5.90	6.19	6.49	6.81	7.15	7.50	7.87	8.25	8.66	9.09	9.53
E96	±1%	1.00	1.02	1.05	1.07	1.10	1.13	1.15	1.18	1.21	1.24	1.26	1.27
		1.29	1.30	1.32	1.33	1.35	1.37	1.38	1.40	1.42	1.43	1.45	1.47
		1.49	1.50	1.52	1.54	1.58	1.62	1.65	1.69	1.74	1.78	1.82	1.87
		1.91	1.96	2.00	2.05	2.10	2.15	2.21	2.26	2.32	2.37	2.43	2.49
		2.55	2.61	2.67	2.74	2.80	2.87	2.94	3.01	3.09	3.16	3.24	3.32
		3.40	3.48	3.57	3.65	3.74	3.83	3.92	4.02	4.12	4.22	4.32	4.42
		4.53	4.64	4.75	4.87	4.99	5.11	5.23	5.36	5.49	5.62	5.76	5.90
		6.04	6.19	6.34	6.49	6.65	6.81	6.98	7.15	7.32	7.50	7.68	7.87
		8.06	8.25	8.45	8.66	8.87	9.09	9.31	9.53	9.76	9.88		
E192	±1%	1.00	1.01	1.02	1.04	1.05	1.06	1.07	1.09	1.10	1.11	1.13	1.14
		1.15	1.17	1.18	1.20	1.21	1.23	1.24	1.26	1.27	1.29	1.30	1.32
		1.33	1.35	1.37	1.38	1.40	1.42	1.43	1.45	1.47	1.49	1.50	1.52
		1.54	1.56	1.58	1.60	1.62	1.64	1.65	1.67	1.69	1.72	1.74	1.76
		1.78	1.80	1.82	1.84	1.87	1.89	1.91	1.93	1.96	1.98	2.00	2.03
		2.05	2.08	2.10	2.13	2.15	2.18	2.21	2.13	2.26	2.29	2.32	2.34
		2.37	2.40	2.43	2.46	2.49	2.52	2.55	2.61	2.64	2.67	2.71	2.74
		2.77	2.80	2.84	2.87	2.91	2.94	2.98	3.01	3.05	3.09	3.12	3.16
		3.20	3.24	3.28	3.32	3.36	3.40	3.44	3.48	3.52	3.57	3.61	3.65
		3.70	3.74	3.79	3.83	3.88	3.92	3.97	4.02	4.07	4.12	4.17	4.22
		4.27	4.32	4.37	4.42	4.48	4.53	4.59	4.64	4.70	4.75	4.81	4.87
		4.93	4.99	5.05	5.11	5.17	5.23	5.30	5.36	5.42	5.49	5.56	5.62
		5.69	5.76	5.83	5.90	5.97	6.04	6.12	6.19	6.26	6.34	6.42	6.49
		6.57	6.65	6.73	6.81	6.90	6.98	7.06	7.15	7.23	7.32	7.41	7.50
		7.59	7.68	7.77	7.87	7.96	8.06	8.16	8.25	8.35	8.45	8.56	8.66
		8.76	8.87	8.98	9.09	9.20	9.31	9.42	9.53	9.65	9.76	9.88	9.96

2. 电阻器阻值和允许误差的标志方法

电阻器阻值和允许误差常用的标志方法有下列两种：

(1) 直接标志法

将电阻器的阻值和误差等级直接用数字印在电阻器上。对小于 1000 Ω 的阻值只标出数值，不标单位；对 kΩ、MΩ 只标注 k、M。精度等级标Ⅰ或Ⅱ级，Ⅲ级不标明。如图 2-5 所示。

(a) 实物图   (b) 示意图

图 2-5 电阻器阻值直接标志法

将需要标志的主要参数与技术指标用文字和数字符号有规律地标志在产品表面上。如：欧姆用 Ω 表示；千欧用 k 表示；兆欧(10^6 Ω)用 M 表示；吉欧(10^9 Ω)用 G 表示；太欧

（10^{12} Ω）用 T 表示。

（2）色环标志法

对体积很小的电阻和一些合成电阻器，其阻值和误差常用色环来标注，如图 2-6 所示。色环标志法有 4 环和 5 环两种。4 环电阻器的 4 道色环，第 1 色环和第 2 色环分别表示电阻的第 1 位和第 2 位有效数字，第 3 色环表示 10 的乘方数（10^n，n 为颜色所表示的数字），第 4 色环表示允许误差（若无第 4 色环，则误差为±20%）。色环电阻的单位一律为 Ω。

(a) 实物图

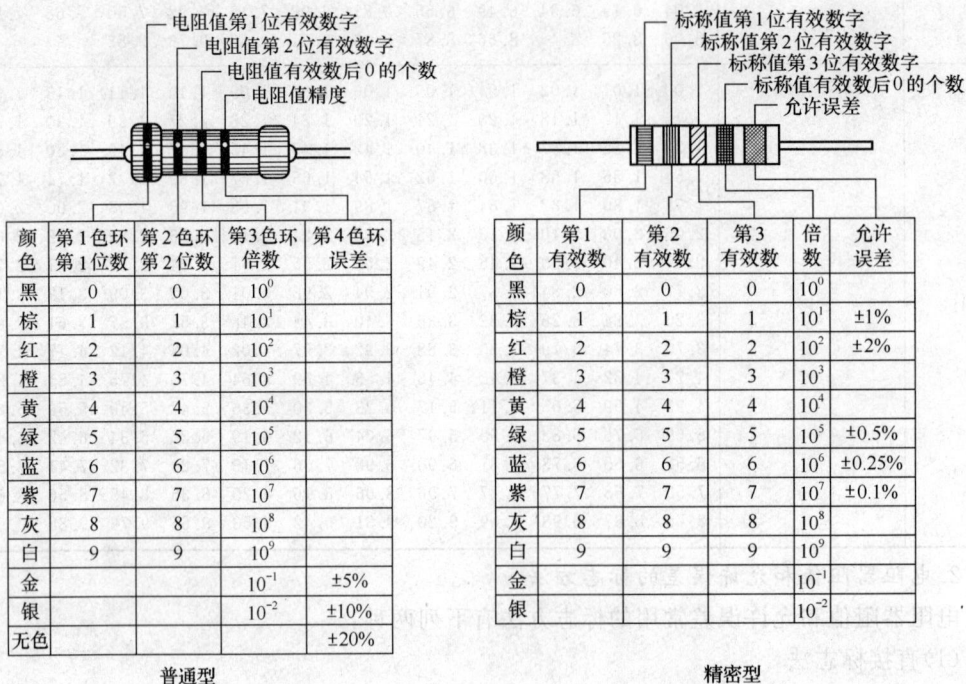

颜色	第1色环 第1位数	第2色环 第2位数	第3色环 倍数	第4色环 误差
黑	0	0	10^0	
棕	1	1	10^1	
红	2	2	10^2	
橙	3	3	10^3	
黄	4	4	10^4	
绿	5	5	10^5	
蓝	6	6	10^6	
紫	7	7	10^7	
灰	8	8	10^8	
白	9	9	10^9	
金			10^{-1}	±5%
银			10^{-2}	±10%
无色				±20%

普通型

颜色	第1 有效数	第2 有效数	第3 有效数	倍数	允许 误差
黑	0	0	0	10^0	
棕	1	1	1	10^1	±1%
红	2	2	2	10^2	±2%
橙	3	3	3	10^3	
黄	4	4	4	10^4	
绿	5	5	5	10^5	±0.5%
蓝	6	6	6	10^6	±0.25%
紫	7	7	7	10^7	±0.1%
灰	8	8	8	10^8	
白	9	9	9	10^9	
金				10^{-1}	
银				10^{-2}	

精密型

(b) 示意图

图 2-6　电阻器的色环标志法

现在普遍使用的是精密电阻器，精密电阻器一般用 5 道色环标注，它用前 3 道色环表示 3 位有效数字，第 4 色环表示 10^n（n 为颜色所代表的数字），第 5 色环表示阻值的允许误差。

采用色环标志的电阻（位）器，颜色醒目，标志清晰，不易退色，从不同的角度都能看清阻值和允许误差，目前在国际上都广泛采用色环标志法。

3. 电阻器的额定功率

电阻器在交直流电路中长期连续工作所允许消耗的最大功率，称为电阻器的额定功率。电阻器的额定功率系列见表 2-5，常用的有：1/20 W，1/8 W，1/4 W，1/2 W，1 W，2 W，5 W，10 W，25 W 等。

种类	额定功率(W)																
线绕电阻器	1/20	1/8	1/4	1/2	1	2	3	4	8	10	16	25	40	50	75	100	150 250 500
非线绕电阻器			1/20	1/8	1/4	1/2	1	2	5	7	10	25	50	100			

表 2-5　电阻器的额定功率系列

各种功率的电阻器在电路图中的符号如图 2-7 所示。在选取电阻器的额定功率时,要遵循"系列取值,宁大勿小"的原则。

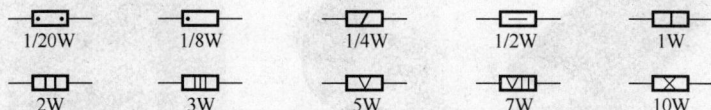

图 2-7　电阻器额定功率的符号表示

2.3　电位器

1. 电位器的类型

按照电位器上的电阻体所用的材料可将电位器分为碳膜电位器(WT)、金属膜电位器(WJ)、有机实芯电位器(WS)、玻璃釉电位器(WI)和线绕电位器(WX)等;按照电位器的物理结构可将电位器分为单圈电位器、多圈电位器、单联电位器、双联电位器和多联电位器;按照电位器上开关的形式分为旋转式、推拉式、按键式;按照电位器阻值调节的方式分为旋转式和直滑式两种。

(1) 碳膜电位器

碳膜电位器主要由马蹄形电阻片和滑动臂构成,其结构简单,阻值随滑动触点位置的改变而改变。碳膜电位器的阻值范围较宽(100 Ω～4.7 MΩ),工作噪声小,稳定性好,品种多,因此广泛用于无线电电子设备和家用电器中。电位器的外形、符号及连接方法如图 2-8 所示。

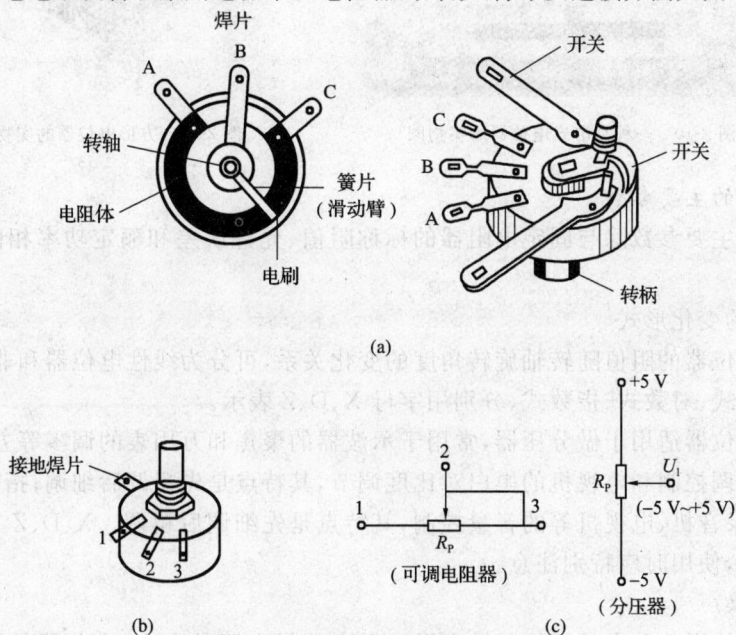

图 2-8　碳膜电位器的外形、符号及连接方法

（2）线绕电位器

线绕电位器由合金电阻丝绕在环状骨架上制成。其优点是能承受大功率且精度高，耐热性和耐磨性较好。其缺点是分布电容和分布电感较大，影响高频电路的稳定性，故在高频电路中不宜使用。几种线绕电位器的实物图如图 2-9 所示。

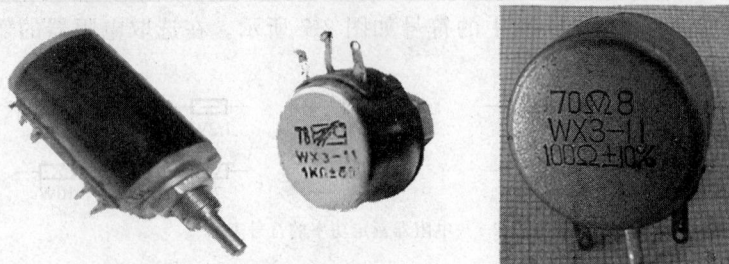

图 2-9　几种线绕电位器的实物图

（3）直滑式电位器

直滑式电位器其外形为长方体，电阻体为板条形，通过滑动触头改变阻值。直滑式电位器多用于收录机和电视机中，其功率较小，阻值范围为 470 Ω～2.2 MΩ。一种直滑式电位器的实物图如图 2-10 所示。

（4）方形电位器

这是一种新型电位器，采用碳精接点，耐磨性好，装有插入式焊片和插入式支架，能直接插入印制电路板，不用另设支架。常用于电视机的亮度、对比度和色饱和度的调节，阻值范围在 470 Ω～2.2 MΩ，这种电位器属旋转式电位器。方形电位器的实物图如图 2-11 所示。

图 2-10　一种直滑式电位器的实物图　　　　图 2-11　方形电位器的实物图

2. 电位器的主要参数

电位器的主要参数除与固定电阻器的标称阻值、允许误差和额定功率相同之外还有如下参数：

（1）阻值的变化形式

这是指电位器的阻值随转轴旋转角度的变化关系，可分为线性电位器和非线性电位器。常用的有直线式、对数式、指数式，分别用字母 X、D、Z 表示。

直线式电位器适用于做分压器，常用于示波器的聚焦和万用表的调零等方面；对数式电位器常用于音调控制和电视机的黑白对比度调节，其特点是先粗调后细调；指数式电位器常用于收音机、录音机、电视机等的音量控制，其特点是先细调后粗调。X、D、Z 字母符号一般印在电位器上，使用时应特别注意。

（2）动态噪声

由于电阻体阻值分布的不均匀性和滑动触点接触电阻的存在，电位器的滑动臂在电阻体上移动时会产生噪声，这种噪声对电子设备的工作将产生不良影响。

2.4 特殊电阻器元件

1. 熔断电阻器

熔断电阻器又称为保险丝电阻器,是一种具有电阻和保险丝双重功能的元件。几种熔断电阻器的外形如图 2-12 所示。

熔断电阻器的底色大多为灰色,用色环或数字表示其电阻值,额定功率则由电阻器的尺寸大小决定。在正常情况下使用时,具有普通电阻器的电气特性;一旦电路发生故障,流过保险丝电阻器的电流过大时,保险丝电阻器就会在规定的时间内熔断,从而起到保护其他重要元件的作用。

熔断电阻器的测量方法一般采用万用表的欧姆挡,如图 2-13 所示。只要指针接近于 $0\ \Omega$,就认为是好的。

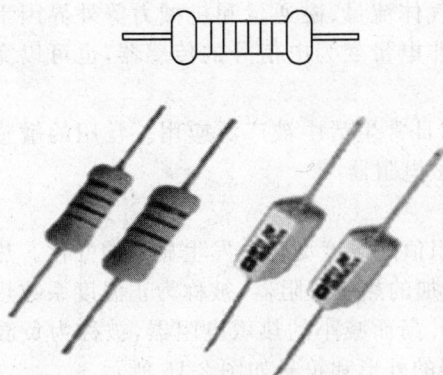

图 2-12 几种熔断电阻器的外形   图 2-13 熔断电阻器的测量方法

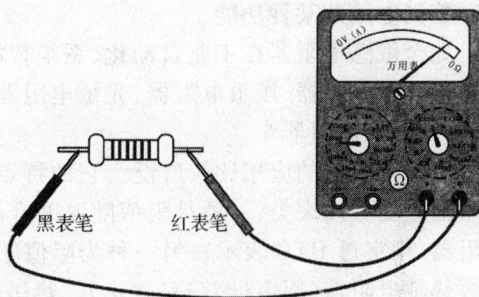

目前国内外一般采用的是具有不可修复性质(一次性)的保险丝电阻器。保险丝电阻器的额定功率有 0.25 W、0.5 W、1 W、2 W 和 3 W 等规格,阻值可以做到 $0.22\ \Omega \sim 5.1\ \text{k}\Omega$。保险丝电阻器的外形有圆柱形、长方形等。

例如某电视机的行输出电流应小于或等于 180 mA,若电流太大,则容易损坏行输出管。因为行输出管的价格较高,为保护行输出管,特采用阻值为 51 Ω 的熔断电阻器串接在行输出管电路中,起到保护行输出管的作用。该熔断电阻器的功率计算应为 $P = I^2 R = 0.18^2 \times 51 = 1.65\ \text{W}$,可选用 RJ90-2 W-51 Ω 型金属膜熔断电阻器。

RJ90-2 W-51 Ω 型金属膜熔断电阻器的熔断电流为 600 mA。当电路出现故障,流过行输出管的电流超过 600 mA 时,熔断电阻器会因过负荷而熔断,从而保护了行输出管。

2. 有机实芯电阻器

有机实芯电阻器是把颗粒状导电物、填充料和黏合剂等材料混合均匀后热压在一起,然后装在塑料壳内,它的引线直接压在电阻体内。几种有机实芯电阻器的外形如图 2-14 所示。

由于有机实芯电阻器的导体截面较大,因此具有很强的过负荷能力,且可靠性高、价格低。有机实芯电阻器的主要缺点是精度比较低。

有机实芯电阻器一般用在负载不能断开的地方,如音频输出耳机的电路、彩色电视机视频输出接显像管阴极间串联的电阻器,都必须使用有机实芯电阻器。

3. 水泥电阻器

水泥电阻器是一种用陶瓷做外壳的功率型线绕电阻器，因为用白色水泥作为填充物，所以习惯上就称做水泥电阻器。水泥电阻器的额定功率有 2 W、3 W、5 W、7 W、8 W、10 W、15 W、20 W、30 W 和 40 W 等规格。一种水泥电阻器的外形如图 2-15 所示。

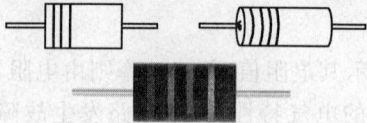

图 2-14　几种有机实芯电阻器的外形

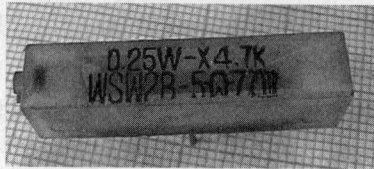

图 2-15　一种水泥电阻器的外形

水泥电阻器具有额定功率大、散热效果好、阻值稳定和绝缘性能强的特点，它在电路过流的情况下会迅速熔断，起到保护电路的作用。水泥电阻器的价格相对较高。

4. 敏感电阻器

敏感电阻器是指对温度、电压、湿度、光通量、气体流量、磁通量和机械力等外界因素表现比较敏感的电阻器。这类电阻器既可以作为把非电量变为电信号的传感器，也可以完成自动控制电路的某种功能。

如今敏感电阻器在工业自动化、系统智能化和日常生活中被广泛应用。常用的敏感电阻器有热敏电阻器、压敏电阻器、光敏电阻器和湿敏电阻器。

(1) 热敏电阻器

热敏电阻器的应用比较广泛。它的特点是其阻值随温度变化会发生显著的变化。热敏电阻器主要分两大类：一种是阻值随温度升高而增加的热敏电阻器，被称为正温度系数热敏电阻器(用字母 PTC 表示)；另一种为阻值随温度升高而减小的热敏电阻器，被称为负温度系数热敏电阻器(用字母 NTC 表示)。热敏电阻器的外形和符号如图 2-16 所示。

热敏电阻器上标称的阻值一般是指在 25 ℃ 条件下所呈现的阻值。判断热敏电阻器对温度是否敏感，可以用万用表的电阻挡测量热敏电阻器的阻值。在测量过程中，把烧热的电烙铁靠近被测电阻器，看热敏电阻器的阻值是否产生变化，如果变化较明显，则说明此电阻器较敏感。

(2) 压敏电阻器

压敏电阻器是一种很好的固态保险元件，常用于过压保护电路、消火花电路、能量吸收回路和防雷电路中。

压敏电阻器是以氧化锌(ZnO)为主要材料制成的金属－氧化物－半导体陶瓷元件，在其外形上常常标有字母 MY，其中 M 代表敏感，Y 代表电压。当压敏电阻器两端的电压低于标称值时，其阻值为无穷大。当压敏电阻器两端的电压高于标称值时，其阻值急剧减小。压敏电阻器的外形和符号如图 2-17 所示。

图 2-16　热敏电阻器的外形和符号

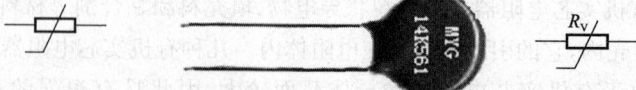

图 2-17　压敏电阻器的外形和符号

压敏电阻器常常和保险丝配合使用，当电路中的电流急剧增大时，保险丝就会熔断，起到保护电路的作用。

压敏电阻器的特点如下：

①响应速度快。压敏电阻器的响应速度可达十几纳秒至几秒,选择好适当的参数,使压敏电阻器能在被保险元件损坏之前启动,可靠地保护了后面的电路。

②耐冲击电流强。压敏电阻器在受到过压冲击后能迅速恢复初始状态,使用寿命长。

③规格多。压敏电阻器的击穿电压可以从几伏到几千伏多种规格中选择,能广泛用于各种级别的过压保护和防雷保护。

可以用万用表的 $R \times 1k$ 挡测量压敏电阻器两引脚之间的正反向绝缘电阻。好的压敏电阻,其正反向绝缘电阻均为无穷大,否则说明其漏电流大。若所测的电阻很小,说明该压敏电阻器的性能不良,不能使用。检测方法如图 2-18 所示。

（3）光敏电阻器

光敏电阻器又叫光感电阻器,是利用半导体的光电效应制成的一种电阻值随入射光的强弱而改变的电阻器。当入射光强时,光敏电阻器的电阻值减小;当入射光弱时,光敏电阻器的电阻值增大。光敏电阻器一般用于对光的强弱进行测量,实现光的控制和光电转换（将光的变化转换为电的变化）等。

通常,光敏电阻器都制成薄片结构,以便吸收更多的光能。当它受到光的照射时,半导体片（光敏层）内就激发出电子-空穴对,参与导电,使电路中电流增强。一般光敏电阻器的结构、外形和符号如图 2-19 所示。

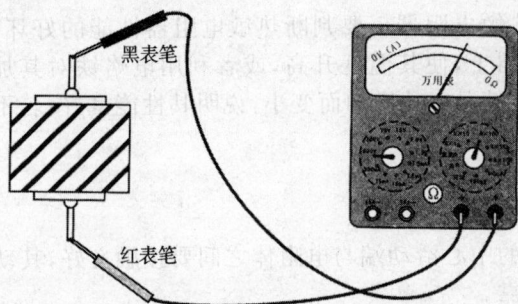

图 2-18　压敏电阻器的检测方法　　图 2-19　光敏电阻器的结构、外形和符号

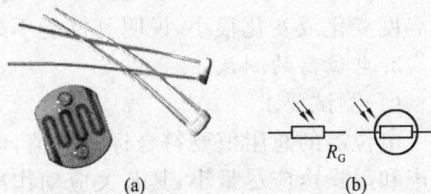

用于制造光敏电阻器的材料主要是金属的硫化物、硒化物和碲化物等半导体。

根据光敏电阻器的光谱特性,可分为三种：

①紫外光敏电阻器

紫外光敏电阻器对紫外线较灵敏,包括硫化镉、硒化镉光敏电阻器等,用于探测紫外线。

②红外光敏电阻器

红外光敏电阻器主要有硫化铅、硒化铅、碲化铅、锑化铟光敏电阻器等,广泛用于导弹制导、天文探测、非接触测量、人体病变探测、红外光谱、红外通信等国防、科学研究和工农业生产中。

③可见光光敏电阻器

可见光光敏电阻器包括硒、硫化镉、硒化镉、碲化镉、砷化镓、硅、锗、硫化锌光敏电阻器等。主要用于各种光电控制系统,如光电自动开关门户,航标灯、路灯和其他照明系统的自动亮灭,自动给水和自动停水装置,机械上的自动保护装置和“位置检测器”,极薄零件的厚度检测器,照相机自动曝光装置,光电计数器,烟雾报警器,光电跟踪系统等方面。

光敏电阻器的主要参数有亮电阻、暗电阻、光电特性、光谱特性、频率特性、温度特性。光敏电阻器没有极性,纯粹是个电阻器件,使用时可加直流也可加交流。

光敏电阻器的应用广泛，例如：照相机自动测光、光电控制、室内光线控制、报警器、工业控制、光控开关、光控灯、电子玩具、光控音乐 IC、电子验钞机等。

2.5 电阻器和电位器的检测方法

1. 普通电阻器的测试

当电阻器的参数标志因某种原因脱落或欲知道其精确阻值时，就需要用仪器对电阻器的阻值进行测量。对于常用的碳膜电阻器、金属膜电阻器以及线绕电阻器的阻值，可用普通指针式万用表的电阻挡直接测量。在具体测量时应注意以下几点：

(1)合理选择量程

先将万用表功能选择置于"Ω"挡，由于指针式万用表的电阻挡刻度线是一条非均匀的刻度线，因此必须选择合适的量程，使被测电阻器的指示值尽可能位于刻度线的 0 刻度到全程 2/3 的这一段位置上，这样可提高测量的精度。对于上百千欧的电阻(位)器，则应选用 $R×10$ k 挡来进行测量。

(2)注意调零

所谓"调零"就是将电表的两只表笔短接，调节"调零"旋钮使指针指向表盘上的"0 Ω"位置上。

2. 负温度系数热敏电阻器的测试

目前在电路中应用较多的是负温度系数热敏电阻器。要判断热敏电阻器性能的好坏，可在测量其电阻的同时，用手指捏在热敏电阻器上，使其温度升高，或者利用电烙铁对其加热(注意不要让电烙铁接触电阻器)。若其阻值随温度的增加而变小，说明其性能良好；若不随温度变化或变化很小，说明其性能不好或已损坏。

3. 电位器的测试

(1)测试要求

电位器的总阻值要符合标志数值，电位器的中心滑动端与电阻体之间要接触良好，其动噪声和静噪声应尽量小，其开关应动作准确可靠。

(2)检测方法

先测量电位器的总阻值，即两端片之间的阻值应为标称值，然后再测量它的中心端片与电阻体的接触情况。将一只表笔接电位器的中心焊接片，另一只表笔接其余两端片中的任意一个，慢慢将其转柄从一个极端位置旋转至另一个极端位置，其阻值则应从零(或标称值)连续变化到标称值(或零)。如图 2-20 所示。

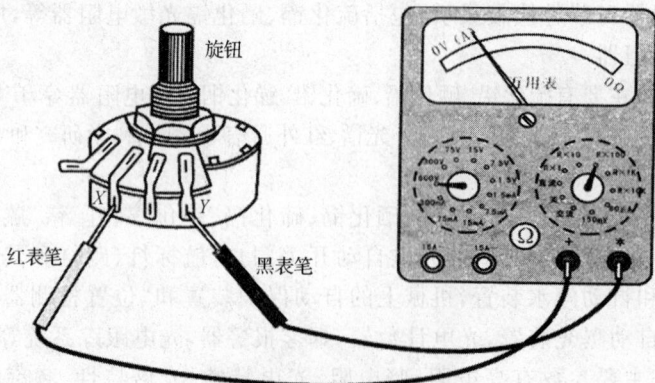

图 2-20 电位器的检测方法

【技能与技巧】 色环电阻器阻值的读数技巧和额定功率的判别技巧

在实践中发现,有些色环电阻器的排列顺序不甚分明,往往容易读错,在识别时,可运用如下技巧加以判断。

技巧 1:由误差色环排定色环顺序

最常用的表示电阻器误差的颜色是:金、银、棕,尤其是金环和银环,一般绝少用做电阻器色环的第 1 色环,所以在电阻器上只要有金环和银环,就可以基本认定这是色环电阻器的最末一色环。

技巧 2:对棕色环是否是误差环的判别

棕色环既常用做误差环,又常作为有效数字环,且常常在第 1 色环和最末一色环中同时出现,使人很难识别谁是第 1 色环。在实践中,可以按照色环之间的间隔加以判别:比如对于一个 5 道色环的电阻器而言,第 5 色环和第 4 色环之间的间隔比第 1 色环和第 2 色环之间的间隔要宽一些,据此可判定色环的排列顺序。

技巧 3:由电阻器生产序列值来判别色环顺序

在仅靠色环间距还无法判定色环顺序的情况下,还可以利用电阻器的生产序列值来加以判别。比如有一个电阻的色环读序是:棕、黑、黑、黄、棕,其值为 $100 \times 10^4 \ \Omega = 1 \ \mathrm{M\Omega}$,误差为 1%,属于正常的电阻系列值;若是反顺序读:棕、黄、黑、黑、棕,其值为 $140 \times 10^0 \ \Omega = 140 \ \Omega$,误差为 1%。显然按照后一种排序所读出的电阻值在电阻器的生产序列中是没有的,故后一种色环顺序是不对的。

当然,如果上述方法均不奏效,就只好使用最后一招:用万用表对色环电阻器的阻值进行直接测量。

技巧 4:小型电阻器额定功率的判别技巧

小型电阻器的额定功率一般在电阻体上并不标出,但根据电阻体的长度和直径的大小是可以确定其额定功率值大小的。表 2-6 给出了常用的不同长度和直径的碳膜电阻器、金属膜电阻器所对应的额定功率值,供读者使用时参考。

表 2-6 碳膜电阻器和金属膜电阻器的长度、直径与额定功率关系表

额定功率/W	碳膜电阻器(RT)		金属膜电阻器(RJ)	
	长度/mm	直径/mm	长度/mm	直径/mm
1/8	11	3.9	6~7	2~2.5
1/4	18.5	5.5	7~8.3	2.5~2.9
1/2	28.5	5.5	10.8	4.2
1	30.5	7.2	13	6.6
2	48.5	9.5	18.5	8.6

【新器件与新产品】 PTC 及其应用

热敏电阻器有负温度系数电阻器和正温度系数电阻器两种,过去常用的是负温度系数电阻器(NTC),一般将其用在放大器电路中,以稳定电路的工作点。现在正温度系数电阻

器（PTC）也有了许多新用场，应用在许多新产品中。

PTC 热敏电阻器的电阻值在达到某一个特定温度前，会随着温度的上升而缓慢下降，当温度超过这个特定温度时，其阻值会急剧增大，这个特定温度被称为居里点。PTC 热敏电阻器的居里点可以在生产制造过程中，通过改变其组成材料中各成分的比例人为加以设定。

在彩色电视机中，有一个消磁线圈，就是用铜线圈和串联一个 PTC 热敏电阻器制造而成。当电视机通电时，在消磁线圈中产生一个随着时间不断减弱的磁场，达到给显像管消磁的目的。

在电饭锅中有一个温控器，当温度达到 103 ℃ 时，就自动切断电源，保证米饭不会糊锅，这也是 PTC 热敏电阻器所起的作用。

近年来，市场上出现了一种新型电暖气，升温快且没有明火，当达到设定温度时，就会自动切断电源，当温度下降到一定温度时，又会自动接通电源，这就是 PTC 电暖气。PTC 电暖气还可以做成一幅画挂在墙上，又好看又实用。

【实施步骤】

1. 拆卸功率放大器外壳，观看其内部结构，认识各种类型的电阻器和电位器，识读电阻器和电位器上的各种数字和其他标志。

2. 用万用表对板上的电阻器和电位器进行在线检测。

3. 用万用表对与板上相同的新电阻器和电位器进行离线检测，并分析比较在线检测与离线检测的结果。

4. 完成下列操作，将操作结果填入相应的表格中。

操作 1　固定电阻器的识别

要求：对功率放大器印制电路板上各种固定电阻器的类别、阻值大小、功率大小和允许误差进行直观识别，识别结果填入表 2-7 中。

表 2-7　　　　　　　　　　　　固定电阻器的直观识别记录表

序号	电阻器底色	电阻器类别	阻值标称方法 （色环/直标/文字符号）	标称阻值	误差表示方法	误差大小

操作 2　固定电阻器的质量检测

要求：用万用表对碳膜电阻器、金属膜电阻器、线绕电阻器、水泥电阻器、热敏电阻器、压敏电阻器的阻值进行测量，对各电阻器的标称阻值和实际测量阻值进行比较，测量和比较结果填入表 2-8 中。

表 2-8　　　　　　　　　　　固定电阻器阻值的测量记录表

序号	电阻器类型	标称阻值	实际测量阻值	标称阻值误差	实际阻值误差

操作 3　电位器的直观识别和质量检测

要求：先对各种电位器和可调电阻器进行直观识别，再用万用表对 X 形电位器、D 形电位器、Z 形电位器、立式可调电阻器、卧式可调电阻器的阻值进行测量，对各类电位器和可调电阻器的标称阻值和实际测量阻值进行比较，测量和比较结果填入表 2-9 中。

表 2-9　　　　　　　　　　电位器和可调电阻器的测量记录表

序号	电位器和可调电阻器类型	标称阻值	实际测量阻值	标称阻值误差	实际阻值误差

操作 4　敏感电阻器的质量检测

要求：先对不同规格的热敏电阻器和压敏电阻器进行直观识别，再用万用表对热敏电阻器和压敏电阻器的阻值进行测量，测量结果填入表 2-10 中。

表 2-10　　　　　　　　　　　敏感电阻器的测量记录表

序号	敏感电阻器类型	标称阻值	室温下测量阻值	加热(压)后的测量阻值	阻值变化量
	热敏电阻器 1				
	热敏电阻器 2				
	压敏电阻器 1				
	压敏电阻器 2				

【考核方法】

采取单人逐项考核方法，教师(或是教师已经考核优秀的学生)对每个同学都要进行三次考核，分别是：

1.功率放大器主板上各种类型的电阻器和电位器名称；

2.不同类型的电阻器和电位器主要指标的识读；

3.将新的电阻器和电位器元器件和已经损坏的元器件混合在一起，先进行外观识别，再用万用表进行检测，找出已经损坏的元器件，说明其故障类型。检查操作记录表。

【小结】

电阻（位）器最常用的主要技术指标有两个：阻值和额定功率。

测量电阻（位）器的方法主要是用万用表的欧姆挡对其进行测量，通过表的读数与电阻（位）器上的标志读数进行比较，判断其是否有阻值变大或断路等故障。

电阻器的生产是有系列的，在选取电阻器时，按照计算值的结果，在系列值中选取，可以记做：系列取值，就近选取。

【课后练习】

1.电阻器有何作用？主要有哪些性能参数？

2.电位器有何作用？如何用万用表测量电位器的性能？

3.写出下列标有色环的电阻器的标称阻值和误差，并指出其标志方法。

　红黄绿金棕　棕绿黑棕棕　橙蓝黑黑棕　黄紫绿金棕

4.写出下列标有数字和字母的电阻器的标称阻值和误差，并指出其标志方法。

　103K　4R7　223J　104　109　224K　68

任务二　电容器的检测与识别

【项目要求】

通过对一个功率放大器的实际解剖，要求学生会识别电容器的种类，熟悉各种电容器的名称，了解不同类型电容器的作用，掌握电容器的检测方法。

1.知识要求

(1)掌握各种电容器的种类、作用与标志方法。

(2)掌握各种电容器的主要参数。

2.技能要求

(1)能用目视法判断识别常见电容器的种类，能正确叫出各种电容器的名称。

(2)对电容器上标志的主要参数能正确识读，知晓该电容器的作用和用途。

(3)会使用万用表对各种电容器进行正确测量，并对其质量做出评价。

【实施器材】

1.电子产品：功率放大器（或 VCD 机、电视机、收音机）若干台，两人配备一台机器。

2.各种类型、不同规格的新电容器若干。

3.各种类型、不同规格的已经损坏的电容器若干。

4.每两个人配备指针式万用表和数字式万用表各一只。

【初识电容器】

1.固定容量电容器的认识

观察功率放大器印制电路板上各种固定容量电容器的外形，再看一看如图 2-21 所示的各种电容器，查找相关资料，认识各种不同种类的电容器件。

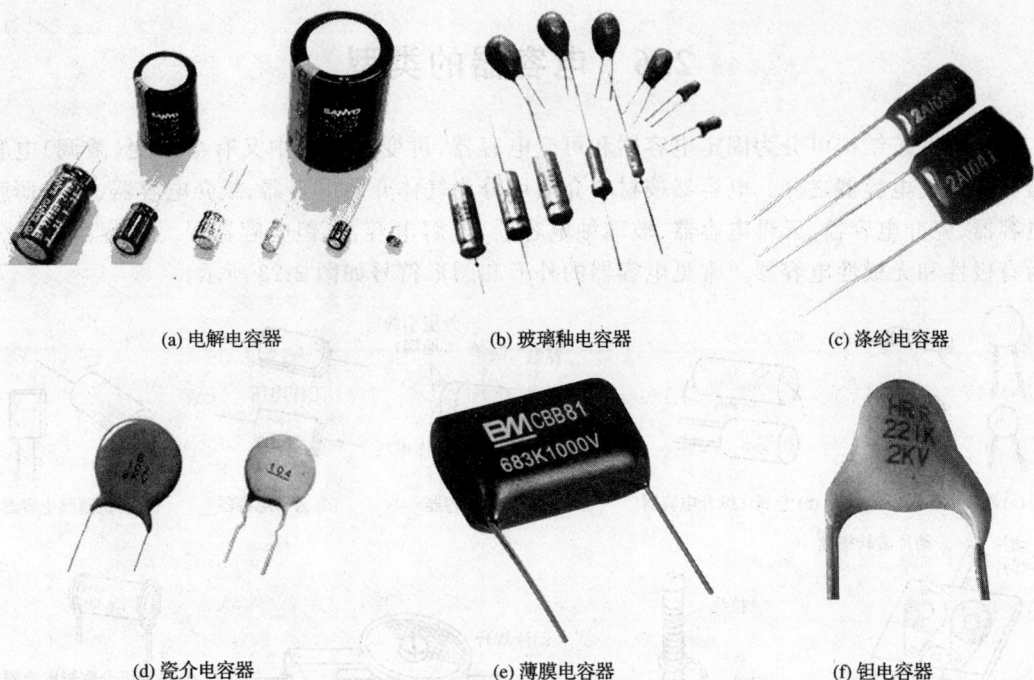

(a) 电解电容器　　　　　(b) 玻璃釉电容器　　　　　(c) 涤纶电容器

(d) 瓷介电容器　　　　　(e) 薄膜电容器　　　　　(f) 钽电容器

图 2-21　固定容量电容器

2. 可变容量电容器的认识

观察收音机印制电路板上可变容量电容器的外形,再看一看如图 2-22 所示的各种可变容量电容器,查找相关资料,认识各种不同种类的可变容量电容器。

(a) 塑料介质双联可变电容器　　　(b) 薄膜介质微调可变电容器　　　(c) 陶瓷介质微调可变电容器

图 2-22　可变容量电容器

【知识链接】

电容器(简称电容)是一种能存储电能的元件,其特性可用 12 字口诀来记忆:通交流、隔直流、通高频、阻低频。

电容器在电路中常用做交流信号的耦合、交流旁路、电源滤波、谐振选频等。

电容器的文字符号用大写字母"C"表示。电容器的单位是法拉(F),常用的单位还有毫法(mF)、微法(μF)、纳法(nF)、皮法(pF)。它们之间的换算关系是:1 F $=10^3$ mF $=10^6$ μF$=10^9$ nF$=10^{12}$ pF。

2.6　电容器的类型

电容器按结构可分为固定电容器和可变电容器,可变电容器中又有半可变(微调)电容器和全可变电容器之分。电容器按材料介质可分为气体介质电容器、纸介电容器、有机薄膜电容器、瓷介电容器、云母电容器、玻璃釉电容器、电解电容器、钽电容器等。电容器还可分为有极性和无极性电容器。常见电容器的外形和图形符号如图 2-23 所示。

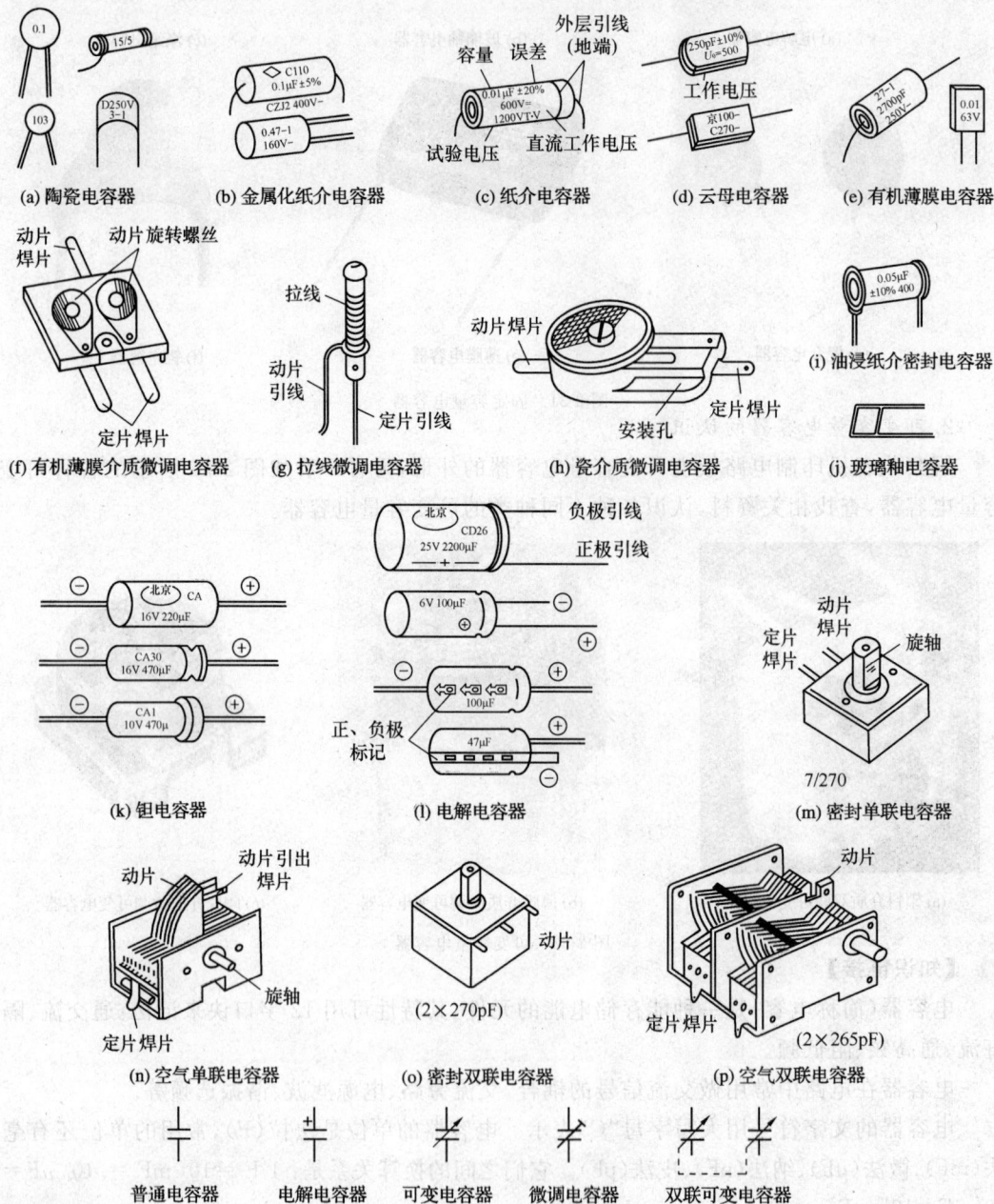

(a) 陶瓷电容器　　(b) 金属化纸介电容器　　(c) 纸介电容器　　(d) 云母电容器　　(e) 有机薄膜电容器

(f) 有机薄膜介质微调电容器　　(g) 拉线微调电容器　　(h) 瓷介质微调电容器　　(i) 油浸纸介密封电容器　　(j) 玻璃釉电容器

(k) 钽电容器　　(l) 电解电容器　　(m) 密封单联电容器

(n) 空气单联电容器　　(o) 密封双联电容器　　(p) 空气双联电容器

普通电容器　　电解电容器　　可变电容器　　微调电容器　　双联可变电容器

图 2-23　常见电容器的外形和图形符号

根据国标 GB 2470-1995 的规定,电容器的产品型号一般由四部分组成,各部分含义见表 2-11 所示。

表 2-11　　　　　　　　　　　　　　　　电容器型号命名法

第一部分		第二部分		第三部分		第四部分
用字母表示主体		用字母表示材料		用字母表示特征		用数字或字母表示序号
符号	意义	符号	意义	符号	意义	意义
C	电容器	C	瓷介	T	铁电	包括: 　品种、尺寸代号、温度 特性、直流工作电压、标称 值、允许误差、标准代号等
		I	玻璃釉	W	微调	
		O	玻璃膜	J	金属化	
		Y	云母	X	小型	
		V	云母纸	S	独石	
		Z	纸介	D	低压	
		J	金属化纸	M	密封	
		B	聚苯乙烯	Y	高压	
		F	聚四氟乙烯	C	穿心式	
		L	涤纶			
		S	聚碳酸酯			
		Q	漆膜			
		H	纸膜复合			
		D	铝电解			
		A	钽电解			
		G	金属电解			
		N	铌电解			
		T	钛电解			
		M	压敏			
		E	其他电解材料			

2.7　电容器的主要参数和标志方法

1.电容器的主要参数

电容器的主要参数有两个:容量和额定耐压。在电容器上标注的容量值,称为标称容量。电容器的标称容量与实际容量之差,再除以标称值所得的百分比,就是允许误差。一般分为 8 个等级,如表 2-12 所示。

表 2-12　　　　　　　　　　　　　　电容器的允许误差等级

级别	01	02	I	II	III	IV	V	VI
允许误差	1%	±2%	±5%	±10%	±20%	+20%～-30%	+50%～-20%	+100%～-10%

容量和误差的标志方法一般有三种:

(1)将容量和误差直接标志在电容器上。

(2)用罗马数字 I、II、III 分别表示 ±5%、±10%、±20%。

(3)用英文字母表示误差等级。用 J、K、M、N 分别表示 ±5%、±10%、±20%、±30%;用 D、F、G 分别表示 ±0.5%、±1%、±2%;用 P、S、Z 分别表示 ±100%～0%、±50%～±20%、±80%～±20%。

2.电容器的标称容量系列

固定电容器的标称容量系列见表 2-13 所示,任何电容器的标称容量都满足表中标称容量系列再乘以 10n(n 为正或负整数)。

在选取电容的容量时,要遵循"系列取值,宁大勿小"的原则。

表 2-13 固定电容器的标称容量系列

电容器类别	允许误差	电容器系列标称值										
高频纸介质、云母介质、玻璃釉介质、高频(无极性)有机薄膜介质	±5%	1.0 1.1 1.1 1.3 1.5 1.6 1.8 2.0 2.2 2.4 2.7 2.0 2.3 2.6 2.9 4.3 4.7 5.1 5.6 6.2 6.8 7.5 8.2 9.1										
纸介质、金属化纸介质、复合介质、低频(有极性)有机薄膜介质	±10%	1.0 1.5 2.0 2.2 2.3 4.0 4.7 5.0 6.0 6.8 8.2										
电解电容器	±20%	1.0 1.5 2.2 2.3 4.7 6.8										

3.电容器容量的标志方法

电容器容量的标志方法有如下四种:

(1)直标法(直接标志法)

在产品的表面上直接标志出产品的主要参数和技术指标的方法,如图 2-24 所示,直接在电容器上标志:2200 μF、25 V。

(2)文字符号法

将需要标志的主要参数与技术性能用文字、数字符号有规律地组合标志在产品的表面上。采用文字符号法时,将容量的整数部分写在容量单位标志符号前面,小数部分放在单位标志符号后面。如:2.3 pF 标志为 2p3,1000 pF 标志为 1n,6800 pF 标志为 6n8,2.2 μF 标志为 2μ2。

(3)数字标志法

体积较小的电容器常用数字标志法。一般用 3 位整数,第 1 位、第 2 位为有效数字,第 3 位表示有效数字后面零的个数,单位为皮法(pF),但是当第 3 位数是 9 时表示 10^{-1}。如图 2-25 所示。

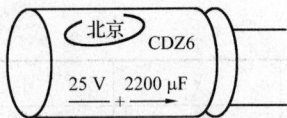

图 2-24 电容量的直接标志

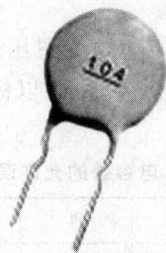

图 2-25 小容量电容器常用的数字标志

如:"104"表示容量为 100000 pF,"332"表示容量为 3300 pF,而"339"表示容量为 33×10^{-1} pF(3.3 pF)。

(4)色标法

电容器容量的色标法原则上与电阻(位)器类似。对于圆片或矩形片状等电容器,非引线端部的一环为第 1 色环,以后依次为第 2、第 3 色环。黑、棕、红、橙、黄、绿、蓝、紫、灰、白分别表示 0~9 的 10 个数字,通常,第 1、第 2 色环为电容器的有效数值,第 3 色环为倍乘数,第 4 色环为允许误差,第 5 色环为电压等级。

电容器容量色标的第 5 色环一般为电压等级特性或工作电压,其工作电压按从小到大依次为黑、棕、红、橙、黄、绿、蓝、紫、灰、白,两两之间相差 5～10 V。

采用色标法的电容器单位为 pF。另外,如果某个色环的宽度等于标准宽度的 2 或 3 倍,则表示相同颜色的 2 个或 3 个色环。

4.电容器的额定耐压系列

电容器的额定耐压是指在规定温度范围下,电容器正常工作时能承受的最大直流电压。固定电容器的耐压系列值有:1.6 V、6.3 V、10 V、16 V、25 V、32 V*、40 V、50 V、63 V、100 V、125 V*、160 V、250 V、300 V*、400 V、450 V*、500 V、1000 V 等(带 * 号的只限于电解电容器使用)。耐压值一般直接标志在电容器上,但有些电解电容器在正极根部用色点来表示耐压等级,如 6.3 V 用棕色,10 V 用红色,16 V 用灰色。电容器在使用时不允许超过这个耐压值,若超过此值,电容器就可能损坏或被击穿,甚至爆裂。

在选取电容器的额定耐压时,要遵循"系列取值,宁大勿小"的原则。

2.8　各种电容器的特点和选用原则

1.固定容量电容器的特点

(1)纸介电容器(CZ 型)的特点

纸介电容器的电极用铝箔或锡箔做成,绝缘介质用浸过蜡的纸相叠后卷成圆柱体密封而成。其特点是容量大、构造简单、成本低,但热稳定性差、损耗大、易吸湿,适用于在低频电路中用做旁路电容器和隔直电容器。金属纸介电容器(CJ 型)的两层电极是将金属蒸发后沉积在纸上形成的金属薄膜,其体积小,特点是被高压击穿后有自愈作用。常见两种纸介电容器的外形和结构如图 2-26 所示。

图 2-26　两种纸介电容器的外形和结构

(2)有机薄膜电容器(CB 或 CL 型)的特点

有机薄膜电容器是用聚苯乙烯、聚四氟乙烯、聚碳酸酯或涤纶等有机薄膜代替纸介,以铝箔或在薄膜上蒸发金属薄膜作电极卷绕封装而成。其特点是体积小、耐压高、损耗小、绝缘电阻大、稳定性好,但是温度系数较大。适于用在高压电路、谐振回路、滤波电路中。常见的有机薄膜电容器的外形如图 2-27 所示。

(3)瓷介电容器(CC 型)的特点

瓷介电容器是以陶瓷材料作介质,在介质表面上烧渗银层作电极,有管状和圆片状。其特点是结构简单、绝缘性能好、稳定性较高、介质损耗小、固有电感小、耐热性好,但其机械强度低、容量不大,适用于在高频高压电路中和温度补偿电路中。两种瓷介电容器的外形如图 2-28 所示。

图 2-27　有机薄膜电容器的外形

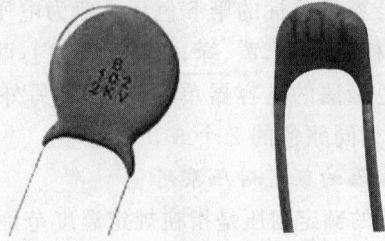

图 2-28　两种瓷介电容器的外形

（4）云母电容器（CY 型）的特点

云母电容器是以云母为介质，上面喷覆银层或用金属箔作电极后封装而成。其特点是绝缘性好、耐高温、介质损耗极小、固有电感小，因此其工作频率高、稳定性好、工作耐压高，应用广泛。适于用在高频电路中和高压设备中。两种云母电容器的外形如图 2-29 所示。

（5）玻璃釉电容器（CI 型）的特点

玻璃釉电容器是用玻璃釉粉加工成的薄片作为介质。其特点是介电常数大，体积也比同容量的瓷片电容器小，损耗更小。与云母和瓷介电容器相比，它更适于在高温下工作，广泛用于小型电子仪器中的交直流电路、高频电路和脉冲电路中。玻璃釉电容器的外形如图 2-30 所示。

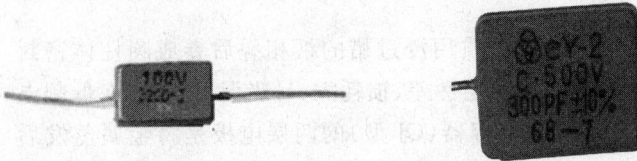

图 2-29　两种云母电容器的外形

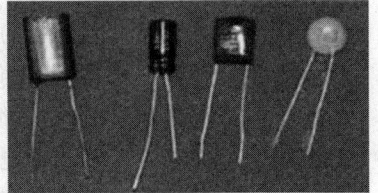

图 2-30　玻璃釉电容器的外形

（6）电解电容器的特点

电解电容器以附着在金属极板上的氧化膜层作介质，阳极金属极片一般为铝、钽、铌、钛等，阴极是填充的电解液（液体、半液体、胶状），且有修补氧化膜的作用。氧化膜具有单向导电性和较高的介质强度，所以电解电容器为有极性电容器。新出厂的电解电容器其长脚为正极，短脚为负极，在电容器的表面上还印有负极标志。电解电容器在使用中一旦极性接反，则通过其内部的电流过大，导致其过热击穿，温度升高产生的气体会引起电容器外壳爆裂。

电解电容器的优点是其容量最大，并且在短时间过压击穿后，能自动修补氧化膜并恢复绝缘。其缺点是误差大、体积大、有极性要求，并且其容量随信号频率的变化而变化，稳定性差，绝缘性能低，工作电压不高，寿命较短，长期不用时易变质。电解电容器适于在整流电路中进行滤波、电源去耦、放大器中的耦合和旁路等。电解电容器的外形如图 2-31 所示。

在去耦电路和滤波电路中，常常可以见到在大容量的电解电容器旁边并联一个小容量的瓷片电容器。这是为什么呢？由电工学可知，电容量的大小与构成电容器的极板

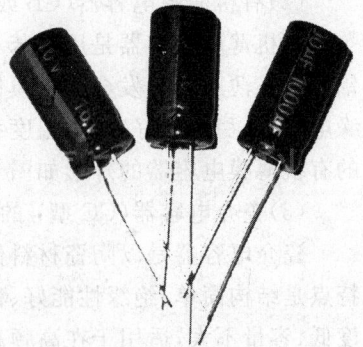

图 2-31　电解电容器的外形

面积、介质的介电常数及极板之间的距离有关,所以,电解电容器为追求大的容量,必须使两极板的铝箔增大变长。但铝箔卷绕起来后就自然形成了一个较大的附加电感器,在高频工作状态下,一个电解电容器不能认为是单纯的电容器,而是电容器和附加电感器相串联的混合体。在去耦电路和滤波电路中,为了消除附加电感器对高频电流的阻抗,就需要在电解电容器上并联一个较小的固定电容器。即大容量的电解电容器对低频成分去耦和滤波,而对高频成分的去耦和滤波则由小容量的无感电容器来完成。

(7)独石电容器的特点

独石电容器是以碳酸钡为主材料烧结而成的一种瓷介电容器,其容量比一般瓷介电容器大($10\ \mu F \sim$ $10\ pF$),且具有体积小、耐高温、绝缘性好、成本低等优点,因而得到广泛应用。独石电容器不仅可替代云母电容器和纸介电容器,还取代了某些钽电容器,广泛应用于小型和超小型电子设备中,如在液晶手表和微型仪器中就广泛使用了独石电容器。独石电容器的外形如图 2-32 所示。

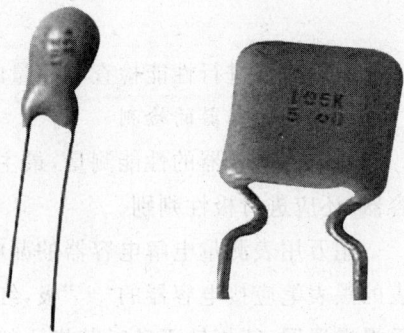

图 2-32　两种独石电容器的外形

2.可变电容器的特点

(1)空气可变电容器

这种电容器以空气为介质,用一组固定的定片和一组可旋转的动片(两组金属片)为电极,两组金属片互相绝缘。动片和定片的组数分为单联、双联、多联等。其特点是稳定性高、损耗小、精确度高,但体积大。常用于老式收音机的调谐电路中。

(2)薄膜介质可变电容器

这种电容器的动片和定片之间用云母或塑料薄膜作为介质,外面加以封装。由于动片和定片之间距离极近,因此在相同的容量下,薄膜介质可变电容器比空气电容器的体积小,重量也轻。常用的薄膜介质密封单联和双联电容器在便携式收音机中广泛使用。

(3)微调电容器

微调电容器有云母、瓷介和瓷介拉线等几种类型,其容量的调节范围极小,一般仅为几 pF 到几十 pF,常用于在电路中作补偿和校正等。

3.在电路中各种电容器的选用原则

(1)电容器的类型选择

在电源滤波和退耦电路中可选用电解电容器;在高频电路和高压电路中可选用瓷介和云母电容器;在谐振电路中可选用云母、陶瓷和有机薄膜等电容器;用做隔直时可选用纸介、涤纶、云母、电解等电容器;用在谐振回路时可选用空气或小型密封可变电容器。

(2)电容器的耐压选择

电容器的额定电压应高于其实际工作电压的 $10\% \sim 20\%$,以确保电容器不被击穿损坏。

(3)电容器允许误差的选择

在业余制作电路时一般不考虑电容器的允许误差;对于用在振荡和延时电路中的电容器,其允许误差应尽可能小(一般小于 5%);在低频耦合电路中的允许误差可以稍大一些(一般为 $10\% \sim 20\%$)。

（4）电容器的代用选择

电容器在代用时要与原电容器的容量基本相同，对于旁路和耦合电容器，容量可比原电容器大一些；耐压值要不低于原电容器的额定电压。在高频电路中，电容器的代用一定要考虑其频率特性应满足电路的频率要求。

2.9 电容器的检测方法

对电容器进行性能检查和容量的检测，应视电容器型号和容量的不同采取不同方法。

1. 电解电容器的检测

对电解电容器的性能测量，最主要的是容量和漏电流的测量。对正、负极标志脱落的电容器，还应进行极性判别。

用万用表测量电解电容器的漏电流时，可用万用表电阻挡测电阻的方法来估测。万用表的黑表笔应接电容器的"＋"极，红表笔应接电容器的"－"极，此时指针迅速向右摆动，然后慢慢退回，待指针不动时其指示的电阻值越大表示电容器的漏电流越小；若指针根本不向右摆，说明电容器内部已断路或电解质已干涸失去容量。

用上述方法还可以鉴别电容器的正、负极。对失掉正、负极标志的电解电容器，或先假定某极为"＋"，让其与万用表的黑表笔相接，另一个电极与万用表的红表笔相接，同时观察并记住指针向右摆动的幅度；将电容器放电后，把两只表笔对调重新进行上述测量。哪一次测量中，指针最后停留的摆动幅度较小，说明该次对其正、负极的假设是对的。

2. 小容量无极性电容器的检测

这类电容器的特点是无正、负极之分，绝缘电阻很大，因而其漏电流很小。若用万用表的电阻挡直接测量其绝缘电阻，则指针摆动范围极小不易观察，用此法主要是检查电容器的断路情况。对于 $0.01~\mu F$ 以上的电容器，必须根据容量的大小，分别选择万用表的合适量程，才能正确加以判断。如测 $300~\mu F$ 以上的电容器可用 $R \times 10~k$ 或 $R \times 1~k$ 挡；测 $0.47 \sim 10~\mu F$ 的电容器可用 $R \times 1~k$ 挡；测 $0.01 \sim 0.47~\mu F$ 的电容器可用 $R \times 10~k$ 挡等。具体方法是：用两表笔分别接触电容器的两根引线（注意双手不能同时接触电容器的两极），若指针不动，将指针对调再测，仍不动说明电容器断路。

对于 $0.01~\mu F$ 以下的电容器，不能用万用表的欧姆挡判断其是否断路，只能用其他仪表（如 Q 表）进行鉴别。

3. 对可变电容器的检测

对可变电容器主要是测其是否发生碰片（短接）现象。选择万用表的电阻（ $R \times 1$ ）挡，将表笔分别接在可变电容器的动片和定片的连接片上。旋转电容器动片至某一位置时，若发现有直通（即指针指零）现象，说明可变电容器的动片和定片之间有碰片现象，应予以排除后再使用。

【新器件与新产品】 片状陶瓷电容器、片状钽电容器和无极性电解电容器

近年来，有许多新型的电容器产品问世，片状陶瓷电容器、片状钽电容器和无极性电解电容器就是其中的典型产品。

片状电容器是一种新器件,主要有片状陶瓷电容器和片状钽电容器。

片状陶瓷电容器是片状电容器中产量最大的一种,有3216型和3215型两种。片状陶瓷电容器的容量范围宽(1~47800 pF),耐压为25 V、50 V,常用于混合集成电路和电子手表电路中。

片状钽电容器的体积小、容量大。其正极使用钽棒并露出一部分,另一端是负极。片状钽电容器的容量范围为0.1~100 μF,其耐压值常用的是16 V和35 V。它广泛应用在台式计算机、手机、数码照相机和精密电子仪器等电路中。

无极性电解电容器是能用在电压极性变换电路中的电解电容器,其特点是容量大、无极性且耐高压。实质上它是在制造过程中,用两个有极性的电解电容器将负极对接而成的。

【实施步骤】

1.拆卸功率放大器外壳,观看其内部结构,认识各种类型的电容器,识读电容器上的各种数字和其他标志。

2.用万用表对板上的电容器进行在线检测。

3.用万用表对与板上相同规格的新电容器进行离线检测,并分析比较在线检测与离线检测的结果。

4.完成下列操作,将操作结果填入相应的表格中。

操作1 对功率放大器印制电路板上电容器的直观识别

要求:对印制电路板上各种电容器的类别、容量大小、额定耐压和允许误差进行直观识别,识别结果填入表2-14中。

表2-14 电容器的直观识别记录表

序号	电容器底色	电容器类别	容量标称方法 (直标/文字符号/色标)	标称容量	误差表示方法	误差大小

操作2 用指针式万用表对电容器进行质量检测

要求:用指针式万用表的欧姆挡对各种容量的高频瓷片电容器、云母电容器、涤纶电容器、铝电解电容器、钽电解电容器、瓷介微调电容器、双联可变电容器进行测量,将测量结果填入表2-15中。

表2-15 电容器容量的测量记录表(指针式万用表的欧姆挡)

序号	电容器类型	电容器标称容量	电容器实际测量阻值	标称电容量误差	备注

操作3　用数字式万用表对电容器进行质量检测

要求：用数字式万用表的电容挡对各种小容量的高频瓷片电容器、云母电容器、涤纶电容器、瓷介微调电容器、双联可变电容器进行测量，将测量结果填入表2-16中。

表2-16　　　　　　　　　电容器容量的测量记录表（数字式万用表的电容挡）

序号	电容器类型	电容器标称容量	电容器实际测量阻值	标称电容量误差	备注

操作4　电容器上标志的识读

要求：读取高频瓷片电容器、云母电容器、涤纶电容器、瓷介微调电容器、双联可变电容器、电解电容器上的标志，将识读结果填入表2-17中。

表2-17　　　　　　　　　电容器上标志的识读记录表

序号	电容器标志	电容器名称	电容值	额定耐压	误差

操作5　电容器容量的识读

要求：读取高频瓷片电容器、云母电容器、涤纶电容器、瓷介微调电容器、双联可变电容器、电解电容器上的容量标志，将识读结果填入表2-18中。

表2-18　　　　　　　　　电容器上容量标志的识读记录表

序号	电容器容量标志	容量说明	用数字表的电容挡测量电容值	误差
	2p2			
	6n8			
	103			
	104			
	0.22			
	p33			
	10n			
	7/27			
	220			

【考核方法】

采取单人逐项考核方法，教师（或是教师已经考核优秀的学生）对每个同学都要进行三

次考核,分别是:

1.功率放大器主板上各种类型的电容器名称;

2.不同类型的电容器主要指标的识读;

3.将新的电容器和已经损坏的电容器元器件混合在一起,先进行外观识别,再用万用表进行检测,找出已经损坏的元器件,说明其故障类型。检查操作记录表。

【小结】

1.电容器最常用的主要技术指标有两个:容量和额定耐压。

2.测量电容器的方法主要是用指针式万用表的欧姆挡测量其阻值,一般阻值均应为无穷大。也可以用数字表的电容挡直接测量其容量,通过表的读数与电容器上的标志读数进行比较,判断其是否有容量变小或断路等故障。

3.电容器的容量和额定耐压都是有系列的,在选取电容器的容量时,按照计算值的结果,在系列值中选取,可以记做:系列取值,宁大勿小。即应该选取系列值中高于计算值的规格。在选取电容器的额定耐压时,也要按照"系列取值,宁大勿小"的原则进行选取,即应该选取系列值中高于计算值的规格。

【课后练习】

1.电容器有何作用? 主要有哪些性能参数?

2.如何用万用表测量电容器的容量?

3.写出下列标有色环电容器的标称容量。

红黄棕　棕绿棕　蓝紫黑　黄紫棕

4.写出下列标有数字和字母的电容器的标称容量。

103K 4n7 223J 104 109 224K 68 3m3 p33 R22

任务三　　电感器和变压器的检测与识别

【项目要求】

通过对一个功率放大器的实际解剖,要求学生会识别电感器和变压器的种类,熟悉各种电感器和变压器的名称,了解不同类型电感器和变压器的作用,掌握电感器和变压器的检测方法。

1.知识要求

(1)掌握电感器的种类、作用与标志方法。

(2)掌握各种电感器的主要参数。

(3)掌握变压器的种类、作用与标志方法。

(4)掌握变压器的主要参数。

2.技能要求

(1)能用目视法判断识别常见电感器的种类,能正确叫出各种电感器的名称。

(2)对电感器上标志的主要参数能正确识读,知晓该电感器的作用和用途。

(3)能用目视法判断识别常见变压器的种类,能正确叫出各种变压器的名称。

(4)对变压器上标志的主要参数能正确识读,知晓该变压器的作用和用途。

(5)会用万用表对各种电感器和变压器进行正确测量,并对其质量做出评价。

【实施器材】

1. 电子产品：功率放大器若干台，两人配备一台机器。
2. 各种类型、不同规格的新电感器和变压器若干。
3. 各种类型、不同规格的已经损坏的电感器和变压器若干（可到电子产品维修部寻找）。
4. 每两个人配备指针式万用表和数字式万用表各一只。

【初识电感器】 固定电感量电感器的认识

观察功率放大器印制电路板上各种固定电感量电感器的外形，再看一看如图 2-33 所示的各种电感器的照片，查找相关资料，认识各种不同种类的电感器件。

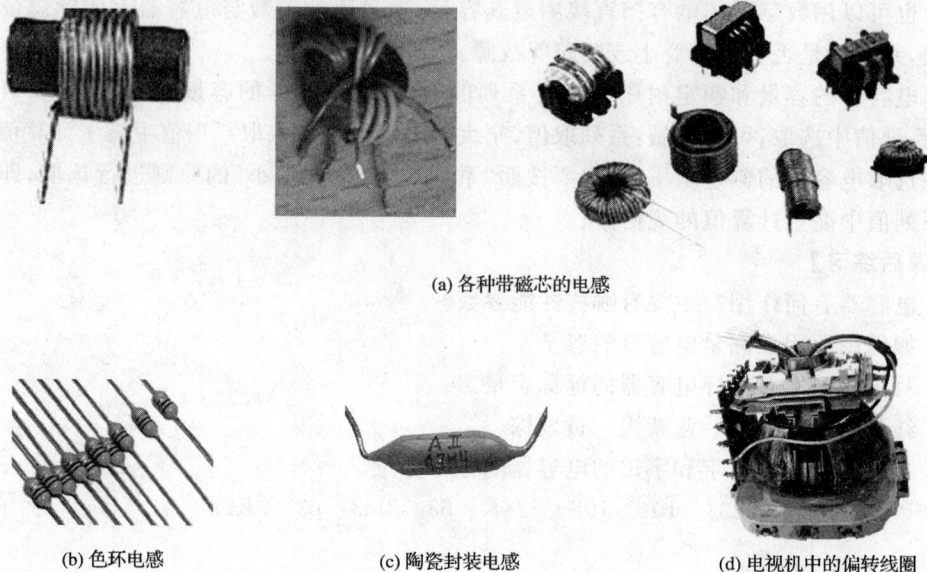

(a) 各种带磁芯的电感

(b) 色环电感　　　　　　(c) 陶瓷封装电感　　　　　　(d) 电视机中的偏转线圈

图 2-33　各种电感器的实物照片

【知识链接】

电感器（简称电感）也是构成电子电路的基本元件，其基本特性也可用 12 字口诀来记忆：通直流、阻交流、通低频、阻高频。电感器在电路中常用做交流信号的扼流、电源滤波、谐振选频等。电感的用处还有许多，要根据其在电路中的位置具体分析。

电感器的文字符号用大写字母"L"表示。电感的单位是亨利（H），常用的单位还有毫亨（mH）、微亨（μH）。它们之间的换算关系是：$1\ H = 10^3\ mH = 10^6\ \mu H$。

2.10　电感器和变压器的类型与主要参数

1. 常见电感器和变压器的外形和图形符号

常见电感器和变压器的外形和图形符号如图 2-34 所示。

2. 各种电感器的类型与特点

电感器可分为固定电感器和可变电感器两大类。按导磁性质可分为空芯线圈、磁芯线圈和铜芯线圈等；按用途可分为高频扼流线圈、低频扼流线圈、调谐线圈、退耦线圈、提升线圈和稳频线圈等；按结构特点可分为单层、多层、蜂房式、磁芯式等。

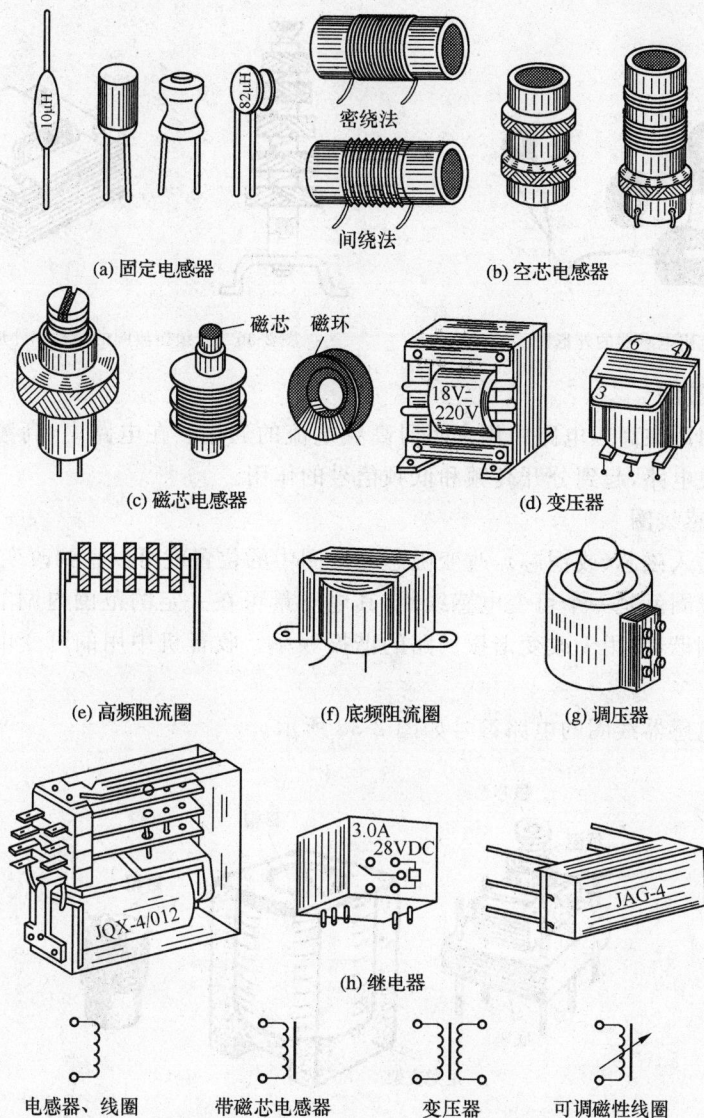

(a) 固定电感器　密绕法　间绕法　(b) 空芯电感器

磁芯　磁环　18V-220V

(c) 磁芯电感器　(d) 变压器

(e) 高频阻流圈　(f) 底频阻流圈　(g) 调压器

3.0A 28VDC　JQX-4/012　JAG-4

(h) 继电器

电感器、线圈　带磁芯电感器　变压器　可调磁性线圈

图 2-34　常见电感器和变压器的外形和图形符号

（1）色码电感器

这种电感线圈是将铜线绕在磁芯上，再用环氧树脂或塑料封装而成。它的电感量用直标法和色标法表示，又称色码电感器。色码电感器的外形如图 2-35 所示。

色码电感器具有体积小、重量轻、结构牢固和安装使用方便等优点，因而广泛用于收录机、电视机等电子设备中，在电路中用于滤波、陷波、扼流、振荡、延迟等。固定电感器有立式和卧式两种，其电感量一般为 $0.1 \sim 3000\ \mu H$，允许误差分为 Ⅰ、Ⅱ、Ⅲ 三挡，即 $\pm 5\%$、$\pm 10\%$、$\pm 20\%$，工作频率为 $10\ kHz \sim 200\ MHz$。

（2）低频扼流圈

低频扼流圈又称滤波线圈，一般由铁芯和绕组等构成。其结构有封闭式和开启式两种，封闭式的结构防潮性能较好。低频扼流圈常与电容器组成滤波电路，以滤除整流后残存的交流成分。低频扼流圈的结构和外形如图 2-36 所示。

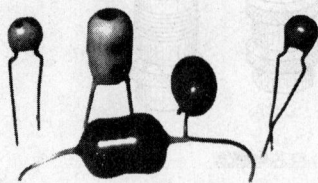

图 2-35 色码电感器的外形图

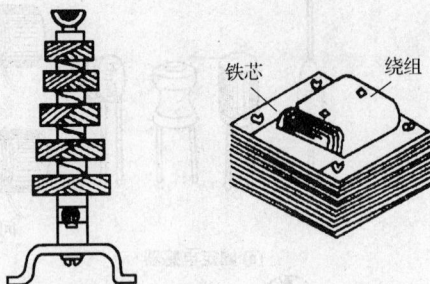

图 2-36 低频扼流圈的结构和外形图

（3）高频扼流圈

高频扼流圈用在高频电路中用来阻碍高频电流的通过。在电路中，高频扼流圈常与电容串联组成滤波电路，起到分开高频和低频信号的作用。

（4）可变电感线圈

在线圈中插入磁芯（或铜芯），改变磁芯在线圈中的位置就可以达到改变电感量的目的。如磁棒式天线线圈就是一个可变电感线圈，其电感量可在一定的范围内调节。它还能与可变电容器组成调谐器，用于改变谐振回路的谐振频率。收音机中用的可变电感器线圈如图2-37 所示。

几种可变电感器线圈的电路符号如图 2-38 所示。

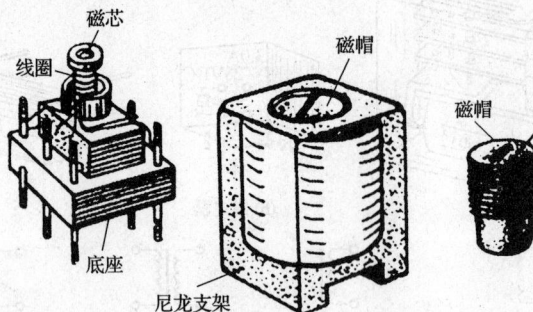

图 2-37 收音机中用的可变电感器线圈

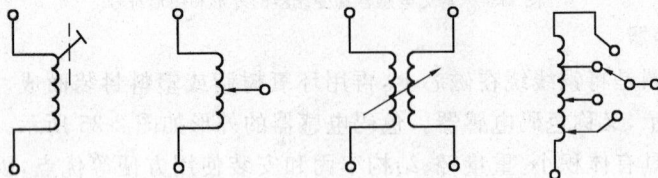

图 2-38 几种可变电感器线圈的电路符号

3. 电感器的主要参数

（1）电感量标称值与误差

电感器的电感量也有标称值，单位有 μH（微亨）、mH（毫亨）和 H（亨利）。它们之间的换算关系为：$1\ H = 10^3\ mH = 10^6\ \mu H$。电感量的误差是指线圈的实际电感量与标称值的差异，对振荡线圈的要求较高，允许误差为 $0.2\% \sim 0.5\%$；对耦合阻流线圈要求则较低，一般为 10％～15％。电感器的标称电感量和误差的常见标志方法有直接法和色标法,标志方式类似于电阻(位)器的标志方法。目前大部分国产固定电感器将电感量、误差直接标在电感器上,如图 2-39 所示。

图 2-39　电感器标称电感量和误差的直接标志法

(2)品质因数

电感器的品质因数 Q 是线圈质量的一个重要参数。它表示在某一工作频率下,线圈的感抗对其等效直流电阻的比值,Q 值愈高,线圈的铜损耗愈小。在选频电路中,Q 值愈高,电路的选频特性也愈好。

(3)额定电流

额定电流是指在规定的温度下,线圈正常工作时所能承受的最大电流值。对于阻流线圈、电源滤波线圈和大功率的谐振线圈,这是一个很重要的参数。

(4)分布电容

分布电容是指电感线圈匝与匝之间、线圈与地以及屏蔽盒之间存在的寄生电容。分布电容使 Q 值减小、稳定性变差,为此可将导线用多股线或将线圈绕成蜂房式,对天线线圈则采用间绕法,以减少分布电容的数值。

4.各种变压器的类型与特点

变压器在电路中被用做变换电路中的电压、电流和阻抗的器件。按变压器工作频率的高低可分为低频变压器、中频变压器和高频变压器。

(1)低频变压器

低频变压器又分为音频变压器和电源变压器两种,它主要用在阻抗变换和交流电压的变换上。音频变压器的主要作用是实现阻抗匹配、耦合信号、将信号倒相等,因为只有在电路阻抗匹配的情况下,音频信号的传输损耗及其失真才能降到最小;电源变压器是将 220 V 交流电压升高或降低,变成所需的各种交流电压。常见电源变压器的外形和电路符号如图 2-40 所示。

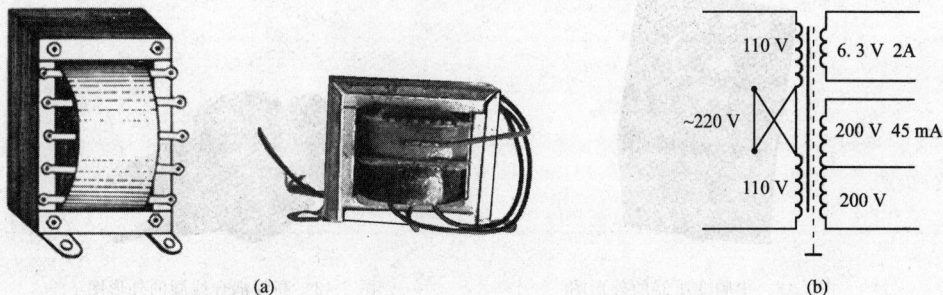

(a)　　　　　(b)

图 2-40　电源变压器的外形和电路符号

中波收音机中的音频变压器是一对,叫做输入变压器和输出变压器,其外形和电路符号如图 2-41 所示。

(2)中频变压器

中频变压器是超外差式收音机和电视机中的重要元件,又叫中周。中周的磁芯和磁帽是用高频或低频特性的磁性材料制成的。低频磁芯用于收音机,高频磁芯用于电视机和调

(a)

(b)

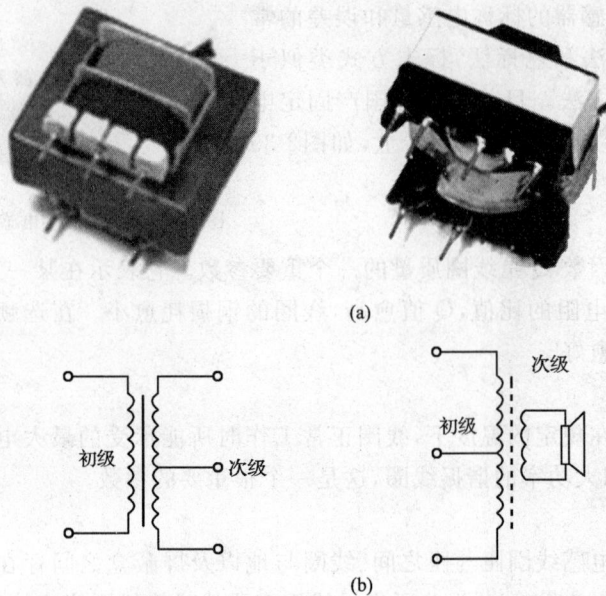

图 2-41 收音机中输入变压器和输出变压器的外形和电路符号

频收音机。中周的调谐方式有单调谐和双调谐两种，收音机多采用单调谐电路。常用的中周 TFF-1、TFF-2、TFF-3 等型号为收音机所用；10TV21、10LV23、10TS22 等型号为电视机所用。中频变压器的适用频率范围从几千赫兹到几十兆赫兹，在电路中起选频和耦合等作用，在很大程度上决定了接收机的灵敏度、选择性和通频带。中频变压器的外形如图 2-42 所示。

（3）高频变压器

高频变压器又分为耦合线圈和调谐线圈两类。调谐线圈与电容器可组成串、并联谐振回路，用于选频等作用。天线线圈、振荡线圈等都是高频线圈。高频耦合线圈的外形如图 2-43所示。

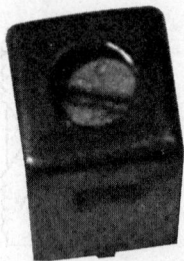

图 2-42 中频变压器的外形图

图 2-43 高频耦合线圈的外形图

（4）行输出变压器

行输出变压器又称逆行程变压器，接在电视机行扫描的输出级，将行逆程反峰电压升压后再经过整流、滤波，为显像管提供几万伏的阳极高压和几百伏的加速极电压、聚焦极电压以及其他电路所需的直流电压。新产品均为将整流和升压合为一体的行输出变压器。

5.电感线圈和变压器的型号及命名方法

电感线圈的命名方法如图 2-44 所示，由四部分组成。

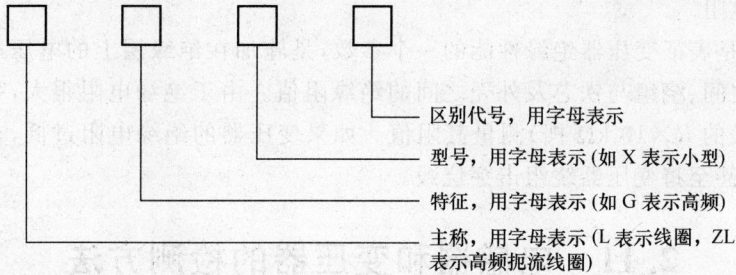

图 2-44 电感线圈的命名方法

中频变压器的型号由三部分组成：

第一部分：主称，用字母表示；

第二部分：尺寸，用数字表示；

第三部分：级数，用数字表示。

各部分的字母和数字所表示的意义见表 2-19。

表 2-19 中频变压器型号各部分所表示的意义

主称		尺寸		级数	
字母	名称、特征、用途	数字	外形尺寸/mm	数字	用于中波级数
T	中频变压器	1	7×7×12	1	第一级
L	线圈或振荡线圈	2	10×10×14	2	第二级
T	磁性瓷芯式	3	12×12×16	3	第三级
F	调幅收音机用	4	20×25×36		
S	短波段				

示例：TTF-2-1 型，表示调幅收音机用磁性瓷芯式中频变压器，外形尺寸为 10 mm× 10 mm×14 mm，用于中波第一级。

主称部分字母所表示的意义见表 2-20。

表 2-20 变压器型号中主称部分字母所表示的意义

字母	意义	字母	意义
DB	电源变压器	HB	灯丝变压器
CB	音频输出变压器	SB 或 ZB	音频(定阻式)变压器
RB	音频输入变压器	SB 或 EB	音频(定压式或自耦式)变压器
GB	高频变压器		

6.变压器的主要参数

(1)额定功率

额定功率是指在规定的频率和电压下，变压器能长期工作而不超过规定温升的最大输出视在功率，单位为 V·A。

(2)效率

效率是指在额定负载时，变压器的输出功率(P_2)和输入功率(P_1)的比值，即

$$\eta = (P_2/P_1) \times 100\%$$

（3）绝缘电阻

绝缘电阻是表征变压器绝缘性能的一个参数，是施加在绝缘层上的电压与漏电流的比值，包括绕组之间、绕组与铁芯及外壳之间的绝缘阻值。由于绝缘电阻很大，一般只能用兆欧表（或万用表的 $R \times 10 \text{ k}\Omega$ 挡）测量其阻值。如果变压器的绝缘电阻过低，在使用中可能出现机壳带电甚至将变压器绕组击穿烧毁。

2.11　电感器和变压器的检测方法

1.电感器线圈的测量

对电感器进行测量首先要进行外观检查，看线圈有无松散，引脚有无折断、生锈现象。然后用万用表的欧姆挡测量线圈的直流电阻。若为无穷大，说明线圈（或与引出线间）有断路；若比正常值小很多，说明有局部短路；若为零，则线圈被完全短路。对于有金属屏蔽罩的电感器线圈，还需检查它的线圈与屏蔽罩间是否短路；对于有磁芯的可调电感器，螺纹配合要好。用万用表欧姆挡测量线圈的直流电阻如图 2-45 所示。

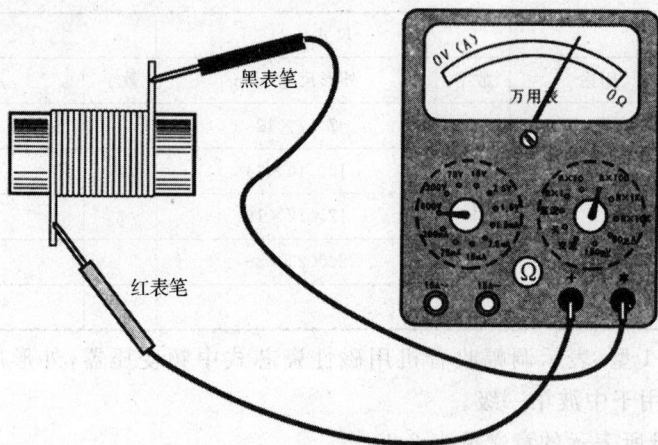

图 2-45　用万用表欧姆挡测量线圈的直流电阻

2.变压器线圈的测量

对变压器的测量主要是测量变压器线圈的直流电阻和各绕组之间的绝缘电阻。

（1）线圈直流电阻的测量

由于变压器线圈的直流电阻很小，所以一般用万用表的 $R \times 1 \text{ }\Omega$ 挡来测绕组的电阻值，可判断绕组有无短路或断路现象。对于某些晶体管收音机中使用的输入、输出变压器，由于它们体积相同，外形相似，一旦标志脱落，直观上很难区分，此时可根据其线圈直流电阻值进行区分。一般情况下，输入变压器的直流电阻值较大，初级多为几百 Ω，次级多为 $1 \sim 200 \text{ }\Omega$；输出变压器的初级多为几十～上百 Ω，次级多为零点几～几 Ω。

（2）绕组间绝缘电阻的测量

变压器各绕组之间以及绕组和铁芯之间的绝缘电阻可用 500 V 或 1000 V 兆欧表（摇表）进行测量。根据不同的变压器，选择不同的摇表。一般电源变压器和扼流圈应选用 1000 V 摇表，其绝缘电阻应不小于 1000 MΩ；晶体管输入变压器和输出变压器用 500 V 摇表,其绝缘电阻应不小于 100 MΩ。若无摇表,也可用万用表的 $R\times10$ kΩ 挡,测量时,表头指针应不动(相当于电阻为∞)。

3.电感器和变压器 Q 值的测量

电感器和变压器的品质因数是个重要的参数,其测量需要用到专用仪器,一般是用高频 Q 表进行测量。当线圈受潮后或者是线圈局部短路时,用测量线圈阻值的方法很难加以判断,此时就需要用 Q 表对线圈进行测量。

4.电感器和变压器的故障及检修

电感器和变压器的故障有开路和短路两种。开路的检查方法可用万用表的欧姆挡测量绕组的电阻来判断,只要测得的电阻为无穷大,则肯定是开路故障。电感器和变压器的开路故障大都是由引出端线断线引起的,通过仔细观察或者将引出端暴露出来就可以看到。这种开路故障只要将引线端头重新焊好就可以了。

电感器和变压器的短路故障则比较难判断,当变压器和电感器的线圈匝数不多时,则测得的线圈直流电阻很小,近似于线圈短路或者是局部短路。若电感器和变压器的匝数比较多,则测得的线圈直流电阻比较大,这时基本上可以判定该线圈绕组是正常的。

当测得变压器和电感的线圈电阻很小时,要判断电感器和变压器是否有局部短路故障,除了可以用专用仪器进行检查外,还可以通过空载通电的方法对其进行判断。当电感器和变压器空载通电后,在短时间内,电感器和变压器的温升比较快,就说明电感器和变压器有局部短路故障。

【技能与技巧】　自制小电感器

在电路制作中,常常买不到合适的小电感器,这时可以自己制作一个带磁芯的小电感器。

电感器的电感量与磁芯的导磁率及尺寸有关。根据常用的电感计算方法,当线圈的尺寸、长度、直径以及采用的磁芯材料选定后,则其相应参数就可以认为是一个确定值,可以看成是常数。此时线圈的电感值仅与其绕组匝数的平方成正比。由此可以得出小电感器的计算公式

$$L=KW^2$$

式中,W 为线圈的匝数;K 为电感系数,一般应由磁芯生产厂家提供,其单位为纳亨(nH)。

漆包线的电感系数也是由厂家提供的。如果不了解漆包线的电感系数 K 的数值,则可先在磁芯上绕上 W_1 圈,再用万用电桥测出其电感量 L_1,那么,利用 $K=L_1/W_1^2$,即可求出该漆包线的电感系数值 K。

初步制作完毕后,可以用万用电桥边测边调,即可达到满意的结果。

目前市场上有"电感测试仪"销售,价格大约在 $200\sim300$ 元。

【新器件与新产品】　色码电感器

现在市场上出现了用颜色环带(或色点)表示电感器线圈电感量的小电感器,称为色码电感器。色码电感器以铁氧体磁芯为基体,在其外表进行色点涂覆。色码电感器的适用频率一般在 10 kHz～200 MHz,它的工作电流可分为 50 mA、150 mA、300 mA、700 mA 和1.6 A五个挡位。它的结构有卧式和立式两种。

小型固定电感器的特性见表 2-21。

表 2-21　　　　　　　　　　　　　　　　小型固定电感器的特性

电感系列标称值	等级误差			允许通过最大电流（mA）				
E2 系列	Ⅰ	Ⅱ	Ⅲ	A	B	C	D	E
1,1.2,1.5, 1.8,2.2,2.7, 4.3,4.9,2.7, 5.6,6.8,8.2, 乘 $10^{-1},10^{0},10^{1},10^{2}$…所得的值	±5%	±10%	±20%	50	150	300	700	1600

　　色码电感器有 LG1、LGX、LG400、LG402 和 LG404 共 5 种类型,色码电感器的型号及性能见表 2-22。

表 2-22　　　　　　　　　　　　　　　色码电感器的型号及性能

型号	外形尺寸系列	电流组别	电感容量范围
LG1、LGX 型（卧式）	$\phi5,\phi6,\phi8,\phi10,\phi15$	A 组 B 组 C 组 E 组	10 μH～10 mH 100 μH～10 mH 1 μH～10 mH 0.1 μH～560 μH
LG400 型（立式）	$\phi13$	A 组	10 μH～820 μH
LG402 型（立式）	$\phi9$	A 组	10 μH～820 μH
LG404 型（立式）	$\phi5,\phi8,\phi18$	A 组	10 μH～10 mH
		D 组	10 μH～820 μH

【实施步骤】

　　1.拆卸功率放大器外壳,观看其内部结构,认识各种类型的电感器和变压器,识读电感器和变压器上的各种数字和其他标志。

　　2.用万用表对板上和机箱内部的电感器和变压器进行在线检测。

　　3.用万用表对与板上相同的新电感器和变压器进行离线检测,并分析比较在线检测与离线检测的结果。

　　4.完成下列操作,将操作结果填入相应的表格中。

　　操作 1　功率放大器印制电路板上电感器的直观识别

　　要求:对印制电路板上各种电感器的类别、电感量大小、额定电流进行直观识别,将识别结果填入表 2-23 中。

表 2-23　　　　　　　　　　　　　　电感器的直观识别记录表

序号	电感器底色	电感器类别	电感器标称方法 （色环/直标/文字符号）	标称电感量	额定电流	备注

操作2 电感器的质量检测

要求:用万用表对空芯电感器、磁芯电感器、可变电感器、蜂房式电感器、收音机中周的阻值进行测量,对各电感器的标称电感量进行识读,将测量和识读结果填入表2-24中。

表 2-24　　　　　　　　　　　　　　电感器线圈阻值的测量记录表

序号	电感器类型	电感器实测阻值	电感器标称电感量	额定电流	备注

操作3 色码电感器的识读

要求:对各种标志的色码电感器进行识读,将识读结果填入表2-25中。

表 2-25　　　　　　　　　　　　　　色码电感器的识读记录表

型号	色点颜色和从左至右顺序	电感器电感量	误差等级	额定电流	电流组别
LG1	黑橙黄金				A
LG400	金橙橙金				A
LG402	黑绿棕金				A
LG404	黑绿橙金				D
LGX	金橙绿金				B

操作4 变压器的直观识别和质量检测

要求:先对各种变压器进行直观识别,再用万用表对磁芯变压器、铁芯变压器、带中心抽头式变压器各个绕组的阻值进行测量,将测量结果填入表2-26中。再将电源变压器的初级接上220 V交流电,用万用表对电源变压器的次级输出电压进行空载测量,将测量结果填入表2-26中。

表 2-26　　　　　　　　　　　　　　变压器各绕组阻值的测量记录表

序号	变压器类型	变压器初级绕组阻值	变压器次级绕组阻值	变压器额定功率	变压器次级标定输出电压	变压器次级实际输出电压

【考核方法】

采取单人逐项考核方法,教师(或是教师已经考核优秀的学生)对每个同学都要进行三次考核,分别是:

1.功率放大器主板上各种类型的电感器和变压器名称;

2.不同类型的电感器和变压器主要指标的识读;

3.将新的电感器和变压器和已经损坏的元器件混合在一起,先进行外观识别,再用万用表进行检测,找出已经损坏的电感器和变压器,说明其故障类型。检查操作记录表。

【实训报告】

项目实训报告内容应包括项目实施目标,项目实施器材,项目实施步骤,电阻器、电容器、电感器和变压器测量数据和实训体会。

【小结】

电感器最常用的主要技术指标有三个:电感量、Q值和额定电流。

变压器最常用的主要技术指标有三个:额定功率、效率和绝缘电阻。

测量电感器和变压器的方法主要是用万用表的欧姆挡测量其线圈阻值,当线圈阻值为无穷大时,就可以判定电感器和变压器的绕组断路。当测得的线圈直流电阻很小近似为零时,可以怀疑线圈短路或者是局部短路,当然若是变压器和电感器的线圈匝数不多时,这种判断就值得商榷。可以用空载通电的方法对其进行判断,也可以通过专用仪器高频Q表来进行测量。

【课后练习】

1.电感器和变压器有何作用？主要有哪些性能参数？

2.如何用万用表来判断电感器和变压器的好坏？

项目 3

非电子元件的检测与识别

任务一　半导体二极管的检测与识别

【项目要求】

通过对一个功率放大器的实际解剖,要求学生会识别半导体二极管的种类,熟悉各种二极管的名称,了解不同类型的二极管的作用,掌握用万用表检测二极管的方法。

1. 知识要求

(1)掌握二极管的种类、作用与标示方法。

(2)掌握各种二极管的主要参数。

2. 技能要求

(1)能用目视法判断识别常见二极管的种类,能正确叫出各种二极管的名称。

(2)对二极管上标志的型号能正确识读,知晓该二极管的作用和用途。

(3)会用万用表对各种二极管进行正确测量,并对其质量做出评价。

【实施器材】

1. 电子产品:功率放大器若干台,两人配备一台机器。

2. 各种类型、不同规格的新二极管若干。

3. 各种类型、不同规格的已经损坏的二极管若干(可到电子产品维修部寻找)。

4. 每两个人配备指针式万用表和数字式万用表各一只。

【初识二极管】

观察功率放大器印制电路板上各种二极管的外形,再看一看如图 3-1 所示的各种二极管的照片,查找相关资料,认识各种不同类型的二极管。

【知识链接】

半导体器件是近 60 年来发展起来的新型电子器件,具有体积小、重量轻、耗电省、寿命长、工作可靠等一系列优点，应用十分广泛。常用半导体二极管的外形和封装形式如图3-2所示。

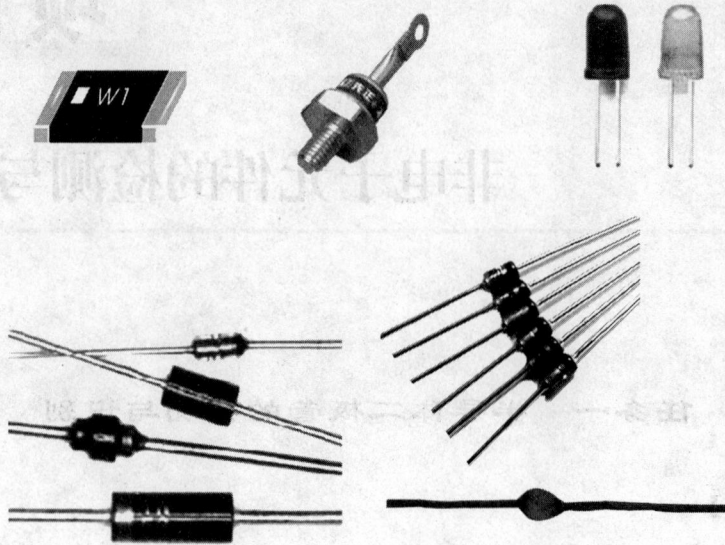

图3-1　各种二极管的照片（大功率二极管、整流二极管、发光二极管、高频二极管）

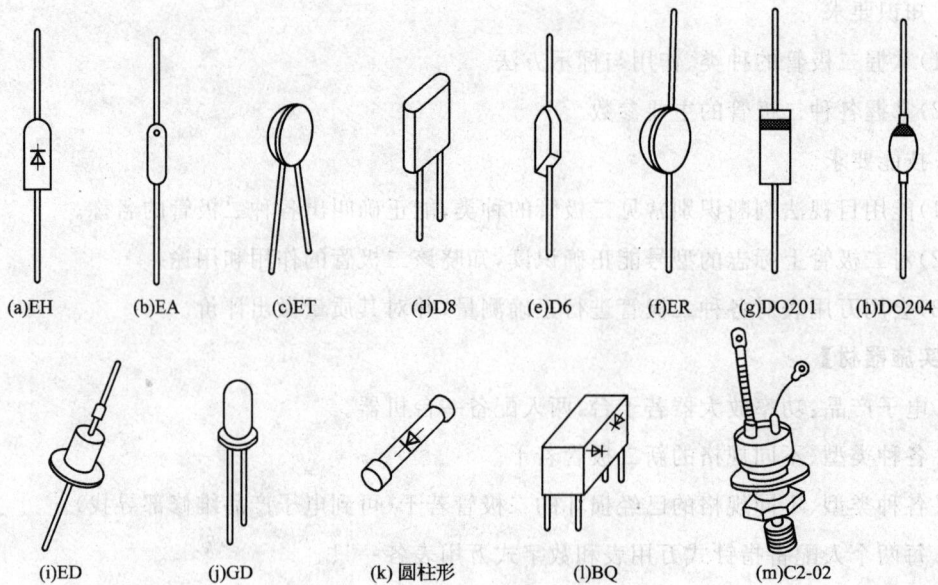

(a)EH　　(b)EA　　(c)ET　　(d)D8　　(e)D6　　(f)ER　　(g)DO201　　(h)DO204

(i)ED　　(j)GD　　(k)圆柱形　　(l)BQ　　(m)C2-02

图3-2　常用半导体二极管的外形和封装形式

3.1　国产半导体二极管器件型号命名法

国产半导体二极管器件型号由五部分组成，见表3-1。

表 3-1   **国产半导体二极管器件型号命名法**

第一部分		第二部分		第三部分		第四部分	第五部分
用数字表示器件的电极数目		用字母表示器件的材料和类型		用字母表示器件的用途		用数字表示序号	用字母表示规格
符号	意义	符号	意义	符号	意义	意义	意义
2	二极管	A B C D	N 型,锗材料 P 型,锗材料 N 型,硅材料 P 型,硅材料	P V W C Z S GS K T Y B J CS BT PIN GJ	小信号管 混频检波器 稳压管 变容器 整流管 隧道管 光电子显示器 开关管 半导体闸流管 体效应器件 雪崩管 阶跃恢复管 场效应器件 半导体特殊器件 PIN 管 激光管	反映了极限参数、直流参数和交流参数的差别	反映承受反向击穿电压的程度。如规格号为 A、B、C、D……,其中 A 承受的反向击穿电压最低,B 次之……

3.2 半导体二极管的类型与用途

    二极管的外包装材料有塑料、玻璃和金属三种。按二极管的结构材料可分为硅和锗两种;按制作工艺可分为点接触型和面接触型;按用途可分为整流二极管、稳压二极管、检波二极管、开关二极管、双向二极管、变容二极管、阻尼二极管、高压硅堆和敏感类二极管(光敏、温敏、压敏、磁敏等)。

    1. 整流二极管

    整流二极管主要用于把交流电变换成脉动的直流电。整流二极管的结构为面接触型,其结电容较大,因此工作频率范围较窄(3 kHz 以内)。常用的型号有 2CZ 型、2DZ 型等,还有用于高压和高频整流电路的高压整流堆,如 2CGL 型、DH26 型、2CL51 型等。常用的整流二极管的外形如图 3-3 所示。

图 3-3 常用的整流二极管的外形图

    选择整流二极管的型号时,最需要考虑的参数是最大整流电流和最高反向工作电压是否满足要求。

    工厂为了满足用户的需要,常将两个二极管做在一起并加以封装,就组成了一个半桥,以适应全波整流的需要；将四个二极管做在一起并加以封装，就组成了一个全桥，以适应桥式整流的需要。如图 3-4 所示，就是整流二极管半桥和全桥的外形。

全桥通常也叫做桥堆。其中标示"～"符号的两个引出线为交流电源输入端，另两个引出线为直流输出端，分别标有"＋"号和"－"号。

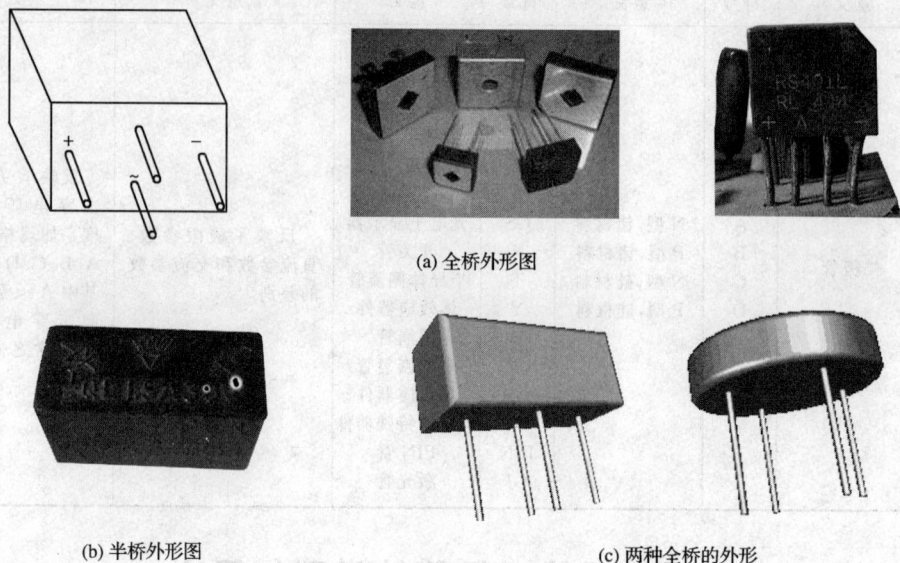

(a) 全桥外形图

(b) 半桥外形图　　　　　　　　　　　　　　(c) 两种全桥的外形

图 3-4　几种规格半桥和全桥的外形图

桥堆的测量方法可以按照测量二极管的方法，对桥堆内部的四个二极管分别进行测量。只要每个二极管的正反向电阻都符合要求，就是好的桥堆。当然，若测量到哪个二极管的正反向电阻不符合正向导通、反向截止的规律，则这个二极管就是坏的。对于内部断路的二极管，可以采取在桥堆的外部并联一个好的二极管加以修复，要注意二极管的正负极不要接错。对于内部短路的二极管，则只能将整个桥堆报废了。

2. 检波二极管

检波二极管的主要作用是把高频信号中的低频信号检出，其结构为点接触型。检波二极管的结电容比较小，一般为锗管。检波二极管常采用玻璃外壳封装，主要型号有 2AP 型和 1N4148 型（国外型号）等。常见检波二极管的结构和外形如图 3-5 所示。

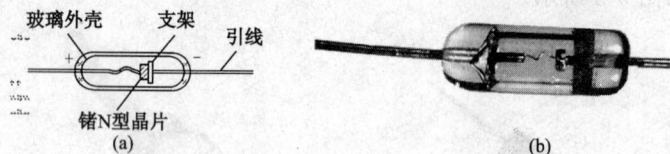

图 3-5　常见检波二极管的结构和外形图

选用检波二极管时，最需要考虑的参数是工作频率，常用的检波二极管有 2AP 系列，还可用锗开关管 2AK 型代用。

3. 稳压二极管

稳压二极管也常简称为稳压管，它是用特殊工艺制造的面接触型半导体二极管，一般都是采用硅材料制作。稳压二极管的特点是工作于反向击穿区，当其被反向击穿后，若外加电压减小或消失，稳压二极管的 PN 结能自动恢复而不至于损坏。

稳压二极管主要用在电路中的稳压环节和直流电源电路中,常用的有 2CW 型和 2DW 型。

稳压二极管的符号和外形如图 3-6 所示。

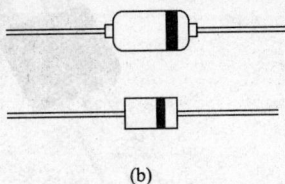

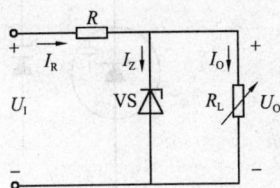

在实际中使用稳压二极管必须要同时满足两个条件:一是要反向运用,即稳压二极管的负极接高电位,正极接低电位,使管子反向偏置,保证管子工作在反向击穿状态;二是要有限流电阻配合使用,保证流过管子的电流在允许范围内。如图 3-7 所示,是典型的稳压二极管稳压电路,稳压二极管和负载是并联关系,限流电阻器和稳压二极管、负载是串联关系。

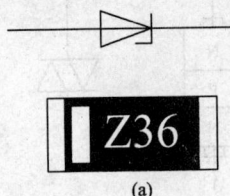

图 3-6 稳压二极管的符号和外形图   图 3-7 稳压二极管的典型应用电路

稳压二极管用于稳压时,电路的输出电压是固定值。现在已经有新的并联型稳压器件 TL431 问世,且稳定电压可从 2.5 V 到 36 V 连续可调。如图 3-8 所示,是 TL431 的外形、符号和应用电路。只要选择合适的精密电阻器 R_1 和 R_2,则输出电压

$$U_O = (1 + R_1/R_2)U_{Zmin}$$

U_{Zmin} 是 TL431 的最小稳压值,为 2.5 V。

TL431 除了用于做并联型稳压外,多用于做电源电路的基准电压,因其稳压精度可达微伏级,且在 $-55\ ℃\sim+125\ ℃$ 环境下,均能可靠工作。

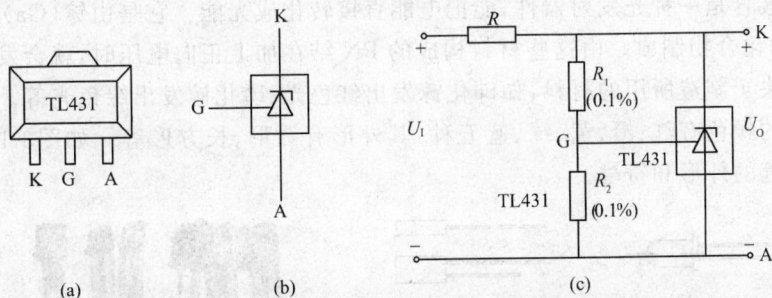

图 3-8 新型稳压器件 TL431 及其应用电路

4. 变容二极管

当 PN 结加上反向电压时,此时的 PN 结就相当于一个小电容器。反偏电压越大,该 PN 结的绝缘层加宽,其结电容就越小。利用这个原理制作的二极管就叫做变容二极管。如 2CB14 型变容二极管,当反向电压在 $3\sim25$ V 变化时,其结电容在 $20\sim30$ pF 变化。

变容二极管主要用在高频电路中作自动调谐、调频、调相等,例如在电视机中就使用它作为调谐回路的可变电容器,实现电视频道的选择。在高频电路中,变容二极管作为变频器的核心元件,是信号发射机中不可缺少的器件。变容二极管的符号如图 3-9 所示。

5. 双向二极管

双向二极管是一个二端器件,在满足一定条件下,等效于一个双向开关。双向二极管的正反向特征完全对称。当加在双向二极管两端的电压小于某一个值时,呈断路状态;当加在

双向二极管两端的电压大于该值时,呈短路状态。这个电压值称为正向和反向转折电压。也就是说,当加在双向二极管两端的电压小于转折电压时,它相当于一个断开的开关,成断路状态;当加在双向二极管两端的电压大于转折电压时,它相当于一个闭合的开关,成短路状态。双向二极管只有导通和截止两种工作状态。双向二极管的外形和符号如图3-10所示。

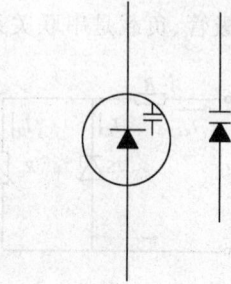

图 3-9   变容二极管的符号   图 3-10   双向二极管的外形和符号

双向二极管的转折电压值大致分为三个等级:20～60 V、100～150 V 和 200～250 V。在实际应用中,除根据电路的要求选择适当的转折电压外,还应选取转折电流小、转折电压偏差小的双向二极管。

双向二极管主要用在触发电路中。当触发电平超过双向二极管的转折电压时,双向二极管就将该电路导通。

6. 发光二极管(LED)

发光二极管是一种光发射器件,能把电能直接转化成光能。它是由镓(Ga)、砷(As)、磷(P)等元素的化合物制成。由这些材料构成的 PN 结在加上正向电压时,就会发出光。光的颜色主要取决于制造所用的材料,如砷化镓发出红色光、磷化镓发出绿色光等。目前市场上发光二极管的颜色有红、橙、黄、绿、蓝五种,其外形有圆形、长方形等。如图3-11所示,是常见发光二极管的外形和符号。

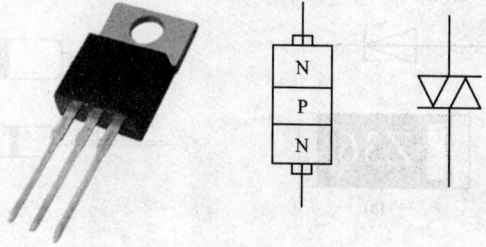

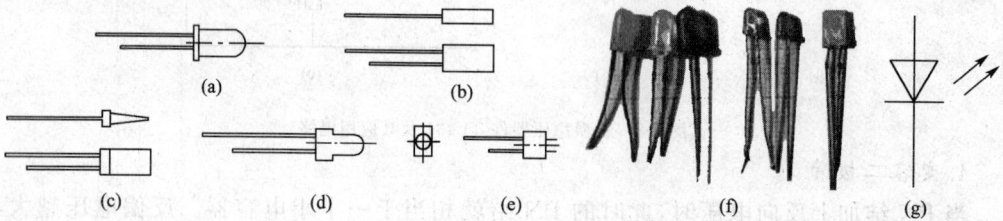

图 3-11   常见发光二极管的外形和符号

发光二极管的导通电压比普通二极管大,一般为 1.7～2.4 V,它的工作电流一般取 5～20 mA。应用时,加上正向电压,并接入相应的限流电阻器即可。发光二极管的发光强度基本上与电流大小呈线性关系。

发光二极管具有体积小、用电省、工作电压低、抗冲击振动、寿命长、单色性好、响应速度快等优点,常用做微型计算机、电视机、音响设备、仪器仪表中的电源和信号的指示器,市场有各种型号的产品出售。

发光二极管也可以组成字母、汉字和其他符号,用于广告显示。也可做成数字形状,用于显示数字。七段 LED 数码管就是用 7 个发光二极管组成一个发光显示单元,可以显示数字(0、1、2、3、4、5、6、7、8、9)。将 7 个发光二极管的负极接在一起,就是共阴极数码管;将 7 个发光二极管的正极接在一起,就是共阳极数码管。

7. 光电二极管

光电二极管又称光敏二极管,是一种光接收器件,其 PN 结工作在反偏状态。如图 3-12 所示,是光电二极管的结构和符号。

光电二极管的管壳上有一个玻璃窗口以便接收光照。当窗口受到光照时,就形成反向电流,通过接在回路中的电阻器就可获得电压信号,从而实现了光电转换。光电二极管作为光电器件,广泛应用于光的测量和光电自动控制系统。如光纤通信中的光接收机、电视机和家庭音响的遥控接收,都离不开光电二极管。

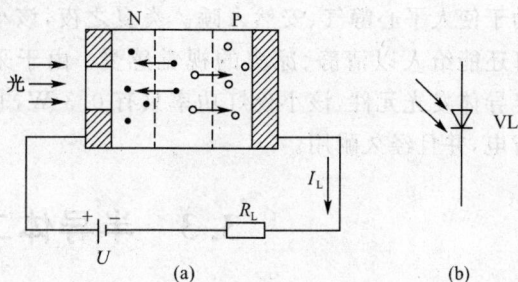

图 3-12　光电二极管的结构和符号

大面积的光电二极管可用来作为能源即光电池,是最有发展前途的绿色能源。近年来,科学家又研制成线性光电器件,通称为光耦,可以实现光与电的线性转换,在信号传送和图形图像处理领域有广泛的应用。

8. 激光二极管

激光(是英文 Laser 的意译)是由人造的激光器产生的,在自然界中尚未有发现。激光器分为固体激光器、气体激光器和半导体激光器。半导体激光器是所有激光器中效率最高、体积最小的一种,现在已投入使用的半导体激光器是砷化镓激光器,即激光二极管。激光二极管的应用非常广泛,计算机的光驱、激光唱机(即 CD 唱机)和激光影碟机(有 LD、VCD 和 DVD 影碟机)中都少不了它。激光二极管工作时,接正向电压,当 PN 结中通过一定的正向电流时,PN 结发射出激光。

【新技术与新器件】　有机发光二极管

一般的发光二极管由无机半导体材料如镓、砷、磷等制成,工艺复杂,成本较高。另外,普通无机发光二极管为点光源,较难应用于大面积并需要高分辨率的组件,并且不可能做得很薄。

中科院长春应用化学研究所马研究员领导的研究小组,在 2009 年 4 月,利用类似于塑料的碳基有机材料制成了有机发光二极管,其加工比较简单,成本较低,而且这种有机发光二极管是一种光源面积较大的面光源。

实验结果表明,这种有机发光二极管只需要单发光层就能实现高效率,而不需要多个复杂的发光层,把单元有机发光二极管串联起来,就可以实现更高的工作效率。这种有机发光二极管在成本、发光模式等方面优势明显,在照明、显示器背光源等领域拥有良好的应用前景。

【技能与技巧】　电子保健微光小夜灯

在原有台灯的基础上,加几个小元件,就可以制作一个电子保健微光小夜灯,其电路如图 3-13 所示。电阻器 R 起降压限流作用,其规格为 20 kΩ/3 W,将通过发光二极管(LED)的电流限制在 20 mA 以内,保护二极管 VD_1 采用 1N4007 即可,它的作用是为了防止 220 V 交流电的负半周对发光二极管的电压冲击,以免发光二极管损坏。发光二极管采用 4 个发绿色光的普通发光二极管，因为绿色能让人安静和放松。开关 K_1 用来控制发光二极管的亮灭，开关 K_2 是原有台灯电路的开关。

电子保健微光小夜灯光线柔和，能产生类似月光的照明效果，创造出朦胧温馨的光照环境，有助于使人平心静气、安然入睡。炎夏之夜，该小夜灯还能给人以清静、凉爽的视觉感受。由于采用半导体发光元件，该小夜灯功率只有 0.3 W，非常省电，并且经久耐用。

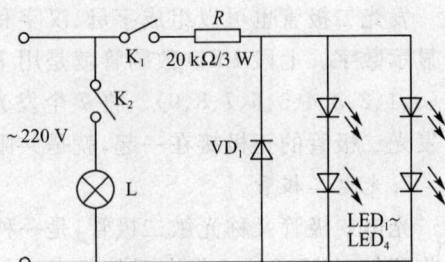

图 3-13　电子保健微光小夜灯电路图

3.3　半导体二极管的检测

1. 用万用表测试普通二极管的方法

普通二极管外壳上均印有型号和标记。标记方法有箭头、色点、色环三种，箭头所指方向或靠近色环的一端为二极管的负极，有色点的一端为正极。若型号和标记脱落时，可用万用表的欧姆挡进行判别。主要原理是根据二极管的单向导电性，其反向电阻远远大于正向电阻。具体过程如下：

(1) 判别极性

将万用表选在 $R×100$ 或 $R×1$ k 挡，两表笔分别接二极管的两个电极。若测出的电阻值较小（硅管为几百 Ω～几千 Ω，锗管为 100 Ω～1 kΩ），说明是正向导通，此时黑表笔接的是二极管的正极，红表笔接的则是负极；若测出的电阻值较大（几十 kΩ～几百 kΩ），为反向截止，此时红表笔接的是二极管的正极，黑表笔为负极。

(2) 检查好坏

可通过测量正反向电阻来判断二极管的好坏。一般小功率硅二极管正向电阻为几 kΩ～几千 kΩ，锗管约为 100 Ω～1 kΩ。

(3) 判别硅、锗管

若不知被测的二极管是硅管还是锗管，可根据硅、锗管的导通压降不同的原理来判别。将二极管接在电路中，当其导通时，用万用表测其正向压降，硅管一般为 0.6～0.7 V，锗管一般为 0.1～0.3 V。

也可以用数字表直接测量二极管的正向压降，可马上判断出该二极管的材料。

2. 用万用表测试稳压二极管的方法

(1) 极性的判别

与普通二极管的判别方法相同。

(2) 检查好坏

将万用表置于 $R×10$ k 挡，黑表笔接稳压管的"－"极，红表笔接"＋"极，若此时的反向电阻很小（与使用 $R×1$ k 挡时的测试值相比较），说明该稳压管正常。因为万用表 $R×10$ k 挡的内部电压都在 9 V 以上，可达到被测稳压管的击穿电压，使其阻值大大减小。

3. 用万用表测试双向二极管的方法

将万用表置于 $R×1$ k 或 $R×10$ k 挡，测量双向二极管的正反向电阻。因为双向二极管的转折电压值均在 20 V 以上,所以测量一个正常的双向二极管的正反向电阻的阻值都应是无穷大。

(1)外加电源测量法

给双向二极管外加一个能高于双向二极管转折电压的电源,一般小管子 50 V 就够了。测量时,将万用表的电流挡串接在电路中,逐渐增加电源电压,当电流表的指针有较明显摆动时,就说明该双向二极管导通了,此时的电压就可认为是双向二极管的转折电压。

然后再改变电源的极性,可测出双向二极管另一方向的转折电压。两次转折电压值的差,即为转折电压偏差值 ΔU_B,双向二极管的转折电压偏差值 ΔU_B 愈小愈好。

(2)使用兆欧表和万用表检测双向二极管

使用兆欧表的目的是由兆欧表提供一个击穿电压。将兆欧表和双向二极管并联,再将万用表置于直流电压挡也与双向二极管并联,慢慢加速摇动兆欧表,观察直流电压表指针的变化。当直流电压表的指示突然下降时,在下降前的直流电压值,即为双向二极管的转折电压值。然后调换双向二极管的电极,测出双向二极管的反向转折电压值,即可求出双向二极管的转折电压偏差值 ΔU_B。

4.常用二极管的主要参数

(1)1N×× 系列硅整流二极管和 2CW 系列稳压二极管的主要参数

①1N×× 系列硅整流二极管是近年来被广泛使用的电子元件,其参数见表 3-2。

表 3-2 　　　　　　　　1N×× 系列硅整流二极管的主要参数

参数 型号	最大反向工作 电压 U_{RM}/V	额定整流电流 I_F/A	最大正向压降 U_{FM}/V	最高结温 T_{JM}/℃	封装形式	国内对照型号
1N4001	50					
1N4002	100					
1N4003	200					2CZ11~2CZ11J
1N4004	400	1.0	≤1.0	175	DO-41	2CZ55B~M
1N4005	600					
1N4006	800					
1N4007	1000					
1N5391	50					
1N5392	100					
1N5393	200					
1N5394	300					
1N5395	400	1.5	≤1.0	175	DO-15	2CZ86B~M
1N5396	500					
1N5397	600					
1N5398	800					
1N5399	1000					
1N5400	50					
1N5401	100					
1N5402	200					2CZ12~2CZ12J
1N5403	300					2DZ2~2DZ2D
1N5404	400	3.0	≤1.2	170	DO-27	2CZ56B~M
1N5405	500					
1N5406	600					
1N5407	800					
1N5408	1000					

②2CW 系列稳压二极管的主要参数

2CW 系列稳压二极管的主要参数见表 3-3。

表 3-3 2CW 系列稳压二极管的主要参数

型号	稳定电压/V	最大工作电流/mA
2CW50	1.0～2.8	33
2CW51	3.5～3.8	71
2CW52	3.2～3.5	55
2CW53	3.0～3.8	41
2CW54	3.5～6.5	38
2CW55	6.2～7.5	33
2CW56	7.0～8.8	27

（2）CD 机、VCD 机、DVD 机常用激光二极管的主要参数

现在市场上流行的 CD 机、VCD 机、DVD 机常用激光二极管的主要参数见表 3-4。

表 3-4 CD 机、VCD 机、DVD 机常用激光二极管的主要参数

参数 型号	波长 /nm	额定功率 /mW	阀值电流 /mA	典型工作电流 /mA	封装形式
SLD104AU	780	5	45	52	M
RLD78MA	780	5	35	45	M
RLD78AP	780	5	35	45	P
RLD78MV	780	5	45	55	M
RLD78PA	80	5	45	55	M
SLD1122VS	670	5	40	50	N
TOLD9221M	670	5	35	45	N
HLDA6712MG	670	5	40	50	N

【实施步骤】

1. 拆卸功率放大器外壳,观看其内部结构,认识各种类型的二极管,识读二极管上的各种数字和其他标志。

2. 用万用表对板上的二极管进行在线检测。

3. 用万用表对与板上型号和规格相同的新二极管进行离线检测,并分析比较在线检测与离线检测的结果。

4. 完成在项目实训报告中要求的操作,将操作结果填入相应的表格中。

操作 1 功率放大器印制电路板上二极管的直观识别

要求:对印制电路板上各种二极管进行直观识别,将识别结果填入表 3-5 中。

表 3-5　　　　　　　　　　　印制电路板上二极管的直观识别记录表

序号	二极管的外形	二极管的型号	二极管的材料(硅或锗)	二极管在电路中的用途	备注

操作 2　用指针式万用表对二极管进行质量检测

要求:用指针式万用表对各种二极管的正向电阻和反向电阻进行测量,将测量和判断结果填入表 3-6 中。

表 3-6　　　　　　　　　　二极管的正向电阻和反向电阻的测量记录表

序号	二极管的型号	二极管的正向电阻	二极管的反向电阻	万用表的挡位	二极管质量判断结果	备注

操作 3　用数字式万用表对二极管进行质量检测

要求:用数字式万用表对各种二极管的正向压降和反向压降进行测量,将测量和判断结果填入表 3-7 中。

表 3-7　　　　　　　　　　　二极管正反向压降的测量记录表

序号	二极管的型号	二极管的正向压降	二极管的反向压降	万用表的挡位	二极管质量判断结果	备注

【考核方法】

采取单人逐项考核方法,教师(或是教师已经考核优秀的学生)对每个同学都要进行三次考核,分别是:

1.功率放大器主板上各种类型的二极管名称;

2.不同类型的二极管主要指标的识读;

3.将新的二极管和已经损坏的二极管混合在一起,先进行外观识别,再用万用表进行检测，找出已经损坏的二极管，说明其故障类型。检查操作记录表。

【小结】

1.二极管最常用的主要技术指标有两个：最大正向额定电流和反向耐压。

2.检测二极管最常用的方法是用万用表测量 PN 结的正反向电阻，根据测量结果可以判断二极管的好坏。

【课后练习】

1.二极管有何用途？

2.二极管主要有哪些性能参数？

3.如何用万用表来判断二极管的好坏和极性？

4.在维修电路时，若发现有一个稳压二极管 2CW55 损坏，是否可以到市场上买来一只同型号的二极管换上就可以了？

5.测量高压硅堆的正反向电阻时，需要用万用表的哪一个挡位？

任务二 半导体三极管的检测与识别

【项目要求】

通过对一个功率放大器的实际解剖，要求学生会识别半导体三极管的种类，熟悉各种三极管的名称，了解不同类型的三极管的作用，掌握用万用表检测三极管的方法。

1.知识要求

(1)掌握三极管的种类、作用与标示方法。

(2)掌握各种三极管的主要参数。

2.技能要求

(1)能用目视法判断识别常见三极管的种类，能正确叫出各种三极管的名称。

(2)对三极管上标示的型号能正确识读，知晓该三极管的作用和用途。

(3)会用万用表对各种三极管进行正确测量，并对其质量做出评价。

【实施器材】

1.电子产品：功率放大器若干台，两人配备一台机器。

2.各种类型、不同规格的新三极管若干。

3.各种类型、不同规格的已经损坏的三极管若干（可到电子产品维修部寻找）。

4.每两个人配备指针式万用表和数字式万用表各一只。

【初识三极管】

观察功率放大器印制电路板上各种三极管的外形，再看一看如图 3-14 所示的各种三极管的照片，查找相关资料，认识各种不同类型的三极管。

【知识链接】

半导体三极管是近 60 年来发展起来的新型电子器件，具有体积小、重量轻、耗电省、寿命长、工作可靠等一系列优点，应用十分广泛。常用半导体三极管的外形和封装形式如图 3-15 所示。

现在最常用的小功率三极管是 90 系列，如 9013，其管脚排列如图 3-16 所示。

图 3-14　各种三极管的外形图

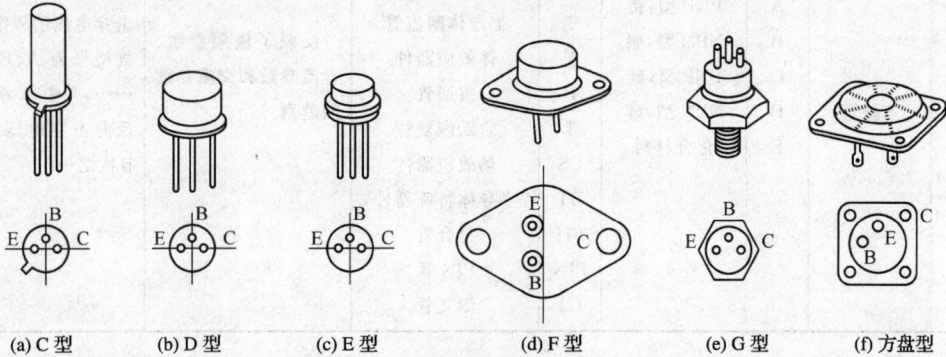

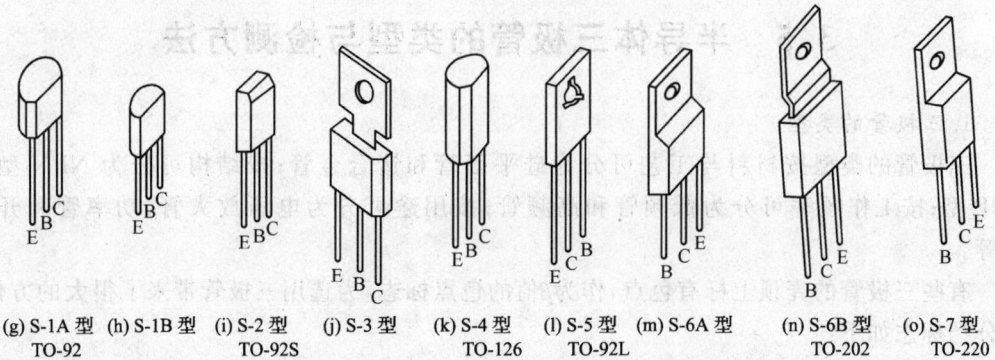

| (a) C 型 | (b) D 型 | (c) E 型 | (d) F 型 | (e) G 型 | (f) 方盘型 |

图 3-15　常用半导体三极管的外形和封装形式

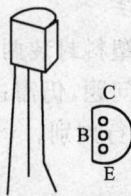

| (g) S-1A 型
TO-92 | (h) S-1B 型 | (i) S-2 型
TO-92S | (j) S-3 型 | (k) S-4 型
TO-126 | (l) S-5 型
TO-92L | (m) S-6A 型 | (n) S-6B 型
TO-202 | (o) S-7 型
TO-220 |

图 3-16　9013 的管脚排列

3.4　国产半导体三极管型号命名法

国产半导体三极管型号由五部分组成,见表 3-8。

表 3-8 　　　　　　　　　　　国产半导体三极管型号命名法

第一部分		第二部分		第三部分		第四部分	第五部分
用数字表示器件的电极数目		用字母表示器件的材料和类型		用字母表示器件的类别		用数字表示序号	用字母表示规格
符号	意义	符号	意义	符号	意义	意义	意义
3	三极管	A B C D E	PNP 型,锗 NPN 型,锗 PNP 型,硅 NPN 型,硅 化合材料	K X G D A T Y B J CS BT FH PIN GJ	开关管 低频小功率管 高频小功率管 低频大功率管 高频大功率管 半导体闸流管 体效应器件 雪崩管 阶跃恢复管 场效应器件 半导体特殊器件 复合管 PIN 管 激光管	反映了极限参数、直流参数和交流参数的差别	反映管子承受反向击穿电压的程度。其规格号为 A、B、C、D……,其中 A 承受的反向击穿电压最低,B 次之……

3.5　半导体三极管的类型与检测方法

1.三极管的类型

三极管的类型按材料与工艺可分为硅平面管和锗合金管;按结构可分为 NPN 型与 PNP 型;按工作频率可分为低频管和高频管;按用途可分为电压放大管、功率管和开关管等。

有些三极管的壳顶上标有色点,作为 $\bar{\beta}$ 值的色点标志,为选用三极管带来了很大的方便。其分挡标志如下:

$$0\sim15\sim25\sim40\sim55\sim80\sim120\sim180\sim270\sim400\sim600$$
棕　红　橙　黄　绿　蓝　紫　灰　白　黑

2.用指针式万用表检测三极管的方法

常用的小功率管有金属外壳封装和塑料封装两种,可直接观测出三个电极 E、B、C。但不能只看出三个电极就说明管子的一切问题,仍需进一步判断管型和管子的好坏。一般可用万用表的 $R\times100$ 挡和 $R\times1$ k 挡来进行判别。

(1)三极管的基极和管型的判断

将黑表笔任接一极,红表笔分别依次接另外两极。若在两次测量中指针均偏转很大(说明管子的 PN 结已通,电阻较小),则黑表笔接的电极为 B 极,同时该管为 NPN 型;反之,将表笔对调(红表笔任接一极),重复以上操作,则也可确定管子的 B 极,其管型为 PNP 型。三极管的基极和管型的判断如图 3-17 所示。

(2)三极管质量好坏的判断

若在以上操作中无一电极满足上述现象,则说明管子已坏。也可用万用表的 h_{FE} 挡来

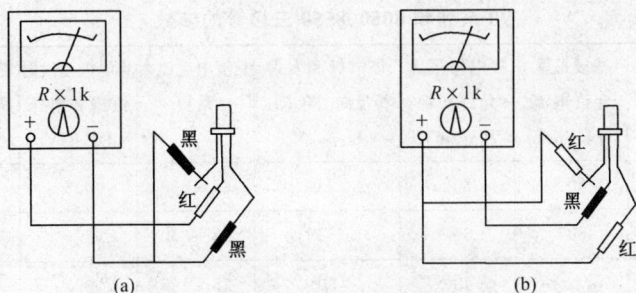

图 3-17 三极管的基极和管型的判断

进行判别。当管型确定后,将三极管插入"NPN"或"PNP"插孔,将万用表置于 h_{FE} 挡,若 $h_{FE}(\beta)$ 值不正常(如为零或大于 300),则说明管子已坏。

3. 功率三极管的散热问题

功率三极管在工作时,除了向负载提供功率外,本身也要消耗一部分功率来产生热量。因为功率三极管在正常工作时,其集电结是反偏的,因此管子的耗散功率主要集中在集电结上,这就使集电结的结温迅速升高,而引起整个管子的温度升高,严重时会使管子烧毁。

因此,要保证管子的安全,必须将管子的热量散发出去。散热条件越好,则对应于相同结温所允许的管耗就越大,输出功率也就越大。为了减小热阻,改善散热条件,一般大功率三极管都必须加装散热片。

表 3-9 列出了两种大功率三极管在达到额定功率所要求的散热片的尺寸,还给出了没有加散热片时的输出功率情况。

表 3-9   两种大功率三极管所需要的散热片尺寸(铝材)

型号	额定功率	不加散热片时的输出功率	达到几种典型功率所要求的散热片尺寸(长×宽×高/mm)	
3AD6	10 W	1 W	5 W	50×50×3
			10 W	140×130×3
3AD30	20 W	2 W	15 W	175×175×3
			20 W	220×220×3

4. 韩国三星公司的 90 系列和 8050、8550 三极管的参数

近些年来由国外引进了一些型号的三极管,在电子产品上的用量很大,国内厂家也生产出相应的产品,其型号规定与我国的标准不同,其参数也很难查找,这里给出在电子产品上常用的韩国三星公司的产品,它们是以四位数来命名的,如 9011、9018 等。还有常用的中功率三极管,如 8050 和 8550。这些三极管的参数见表 3-10。9011 一般用于高频放大,9012 和 9013 一般用于小功率放大,9014 和 9015 一般用于低频放大,而 9016 和 9018 一般用于超高频放大。

9011、9012、9013 的工作频率可达 150 MHz,9014 和 9015 的工作频率只有 80 MHz,而 9016 和 9018 的工作频率可达 500 MHz。

表 3-10   90 系列和 8050、8550 三极管的参数

参数 型号	集电极最大允许电流 I_{CM}/mA	基极最大允许电流 $I_{BM}/\mu A$	集电极最大允许功耗 P_{CM}/mW	集电极和发射极反向击穿电压 U_{CEO}/V	交流电流放大系数 β	集电极和发射极饱和电压 U_{CES}/V	集电极和发射极穿透电流 $I_{CEO}/\mu A$	双极型晶体管类型
8050	1500	500	800	25	85～300	0.5	1	NPN
8550	1500	500	800	−25	85～300	0.5	1	PNP
9011	30	10	400	30	28～198	0.3	0.2	NPN
9012	500	100	625	−20	64～202	0.6	1	PNP
9013	500	100	625	20	64～202	0.6	1	NPN
9014	100	100	450	45	60～1000	0.3	1	NPN
9015	100	100	450	−45	60～600	0.7	1	PNP
9016	25	5	400	20	28～198	0.3	1	NPN
9018	50	10	400	15	28～198	0.5	0.1	NPN

【实施步骤】

1.拆卸功率放大器外壳，观看其内部结构，认识各种类型的三极管，识读三极管上的各种数字和其他标志。

2.用万用表对板上的三极管进行在线检测。

3.用万用表对与板上型号和规格相同的新三极管进行离线检测，并分析比较在线检测与离线检测的结果。

4.完成在项目实训报告中要求的操作，将操作结果填入相应的表格中。

操作 1　功率放大器印制电路板上三极管的直观识别

要求：对印制电路板上各种三极管进行直观识别，将识别结果填入表 3-11 中。

表 3-11   三极管的直观识别记录表

序号	三极管的外形	三极管的型号	三极管的材料（硅或锗）	三极管在电路中的用途	备注

操作 2　三极管的质量检测

要求：用指针式万用表对各种三极管的正向电阻和反向电阻进行测量，将测量和判断结果填入表 3-12 中。

表 3-12　　　　　　　　　　　　三极管的正向电阻和反向电阻的测量记录表

序号	三极管的型号	三极管的正向电阻	三极管的反向电阻	万用表的挡位	三极管质量判断结果	备注

操作 3　三极管的型号及其代表意义

要求:根据给定的三极管型号,查阅资料并按照表 3-13 的要求进行填写。

表 3-13　　　　　　　　　　　　三极管的型号及其代表意义

序号	三极管的型号	生产国家	管型	材料	额定功率	最大集电极电流
	3DD6					
	3DA87					
	3CG22					
	3AD30					
	3DG8					
	2SC181S					
	H2NS401B					
	9012					
	9013					
	8050					
	8550					

操作 4　判断三极管各个极的名称、管型和材料

要求:根据表 3-14 中给出的在放大电路中测得的三极管各个极的对地电压,判断各个极的名称、管型和材料。

表 3-14　　　　　　　　　　　　三极管的各个极对地电压及其判断

序号	三极管的三个极 A、B、C 对地电压	基极	发射极	集电极	管型	材料
	$U_A=-2.3$ V,$U_B=-3$ V,$U_C=-6$ V					
	$U_A=-9$ V,$U_B=-6$ V,$U_C=-6.3$ V					
	$U_A=6$ V,$U_B=5.7$ V,$U_C=2$ V					
	$U_A=0$ V,$U_B=-0.7$ V,$U_C=-6$ V					
	$U_A=3$ V,$U_B=3.7$ V,$U_C=6$ V					

【考核方法】

采取单人逐项考核方法,教师(或是教师已经考核优秀的学生)对每个同学都要进行三次考核,分别是:

1.功率放大器主板上各种类型的三极管名称；

2.不同类型的三极管主要指标的识读；

3.将新的三极管和已经损坏的三极管混合在一起,先进行外观识别,再用万用表进行检测,找出已经损坏的三极管,说明其故障类型。检查操作记录表。

【小结】

1.三极管最常用的主要技术指标有三个:电流放大倍数、集电极最大电流和集电结反向耐压。

2.检测三极管最常用的方法是用万用表测量集电结和发射结的正反向电阻,根据测量结果可以判断三极管的管型和极性,也可以定性判断三极管的电流放大倍数。

【课后练习】

1.三极管有何应用？

2.三极管主要有哪些性能参数？

3.如何用万用表来判断三极管的好坏和极性？

任务三　场效应管的检测与识别

【项目要求】

通过对一个带有场效应管的功率放大器的实际解剖,要求学生会识别场效应管的种类,熟悉场效应管的名称,了解不同类型的场效应管的作用,掌握用万用表检测场效应管的方法。

1.知识要求

(1)掌握场效应管的种类、作用与标志方法。

(2)掌握场效应管的主要参数。

2.技能要求

(1)能用目视法判断识别常见场效应管的种类,能正确叫出各种场效应管的名称。

(2)对场效应管上标志的型号能正确识读,知晓该场效应管的作用和用途。

(3)会用万用表对各种场效应管进行正确测量,并对其质量做出评价。

【实施器材】

1.电子产品:带有场效应管的功率放大器若干台,两人配备一台机器。

2.各种类型、不同规格的新场效应管若干。

3.各种类型、不同规格的已经损坏的场效应管若干(可到电子产品维修部寻找)。

4.每两个人配备指针式万用表和数字式万用表各一只。

【初识场效应管】

观察功率放大器印制电路板上各种场效应管的外形,再看一看如图 3-18 所示的各种场效应管的外形和管脚排列图,查找相关资料,认识各种不同类型的场效应管。

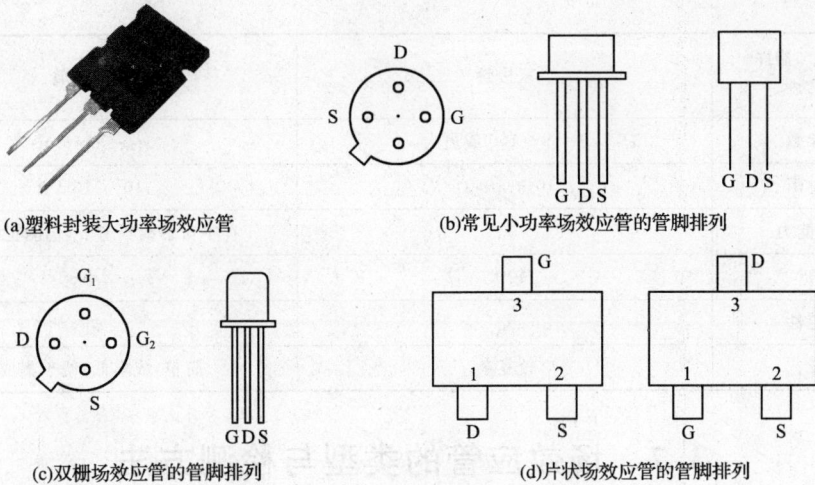

(a)塑料封装大功率场效应管　　　　　　(b)常见小功率场效应管的管脚排列

(c)双栅场效应管的管脚排列　　　　　　(d)片状场效应管的管脚排列

图 3-18　各种场效应管的外形和管脚排列图

【知识链接】

3.6　场效应管的特点

场效应晶体管简称场效应管(FET)，又称单极型晶体管，它属于电压控制型半导体器件。场效应管的特点是输入电阻很高($10^7 \sim 10^{15}$ Ω)、噪声小、功耗低，无二次击穿现象，受温度和辐射影响小，特别适用于要求高灵敏度和低噪声的电路。

场效应管和三极管一样都能实现信号的控制和放大，但由于它们的构造和工作原理截然不同，所以两者的差别很大。在某些特殊应用方面，场效应管优于三极管，是三极管所无法替代的。

场效应管的特点主要有：

1.场效应管是单极性晶体管

场效应管靠多子导电，管中运动的只是一种极性的载流子；三极管既用多子，又用少子。由于多子浓度不易受外因的影响，因此在环境变化较强烈的场合，采用场效应管比较合适。

2.场效应管的输入阻抗特别高

场效应管适用于高输入电阻的场合。场效应管的噪声系数小，适用于低噪声放大器的前置级。

三极管和场效应管的比较情况见表 3-15。

表 3-15　　　　　　　　　　　三极管和场效应管的比较

器件 项目	三极管	场效应管
导电机构	既用多子，又用少子	只用多子
导电方式	载流子浓度扩散及电场漂移	电场漂移
控制方式	电流控制	电压控制
类型	PNP、NPN	P 沟道、N 沟道

（续表）

项目 ＼ 器件	三极管	场效应管
放大参数	$\beta=50\sim100$ 或更大	$g_m=1\sim6$ ms
输入电阻	$10^2\sim10^4$ Ω	$10^7\sim10^{15}$ Ω
抗辐射能力	差	在宇宙射线辐射下,仍能正常工作
噪声	较大	小
热稳定性	差	好
制造工艺	较复杂	简单,成本低,便于集成化

3.7　场效应管的类型与检测方法

1. 场效应管的类型

场效应管分为结型（JFET）和绝缘栅型（MOS）。结型场效应管又分为 N 沟道和 P 沟道两种；绝缘栅型场效应管除有 N 沟道和 P 沟道之分外,还有增强型和耗尽型。

（1）场效应管的主要参数

场效应管的直流参数主要有夹断电压 $U_{GS(off)}$、开启电压 $U_{GS(th)}$ 和饱和漏极电流 I_{DSS}。

场效应管的交流参数主要有低频跨导 g_m 和极间电容等；极限参数包括最大耗散功率 P_{DM}、漏源击穿电压 $U_{(BR)DS}$ 和栅源击穿电压 $U_{(BR)GS}$ 等。

（2）场效应管的选择和使用

①选择场效应管要适应电路的要求

当信号源内阻高,希望得到好的放大作用和较低的噪声系数时；当信号为超高频和要求低噪声时；当信号为弱信号且要求低电流运行时；当要求作为双向导电的开关等场合,都可以优先选用场效应管。

②使用场效应管注意事项

结型场效应管的栅源电压不能反接,但可以在开路状态下保存。MOS 场效应管在不使用时,必须将各极引线短路。焊接时,应将电烙铁外壳接地,以防止由于电烙铁带电而损坏管子。不允许在电源接通的情况下拆装场效应管。

结型场效应管可用万用表定性检查管子的质量,而绝缘栅型场效应管则不能用万用表检查,必须用测试仪,测试仪需有良好的接地装置,以防止绝缘栅击穿。

在输入电阻较高的场合使用时应采取防潮措施,以免输入电阻降低。陶瓷封装的"芝麻管"具有光敏特性,应注意使用。

2. 场效应管的检测方法

下面以结型场效应管（JFET）为例说明有关检测方法,如图 3-19 所示。

（1）电极的判别

根据 PN 结的正反向电阻值不同的现象可以很方便地判别出结型场效应管的 G、D、

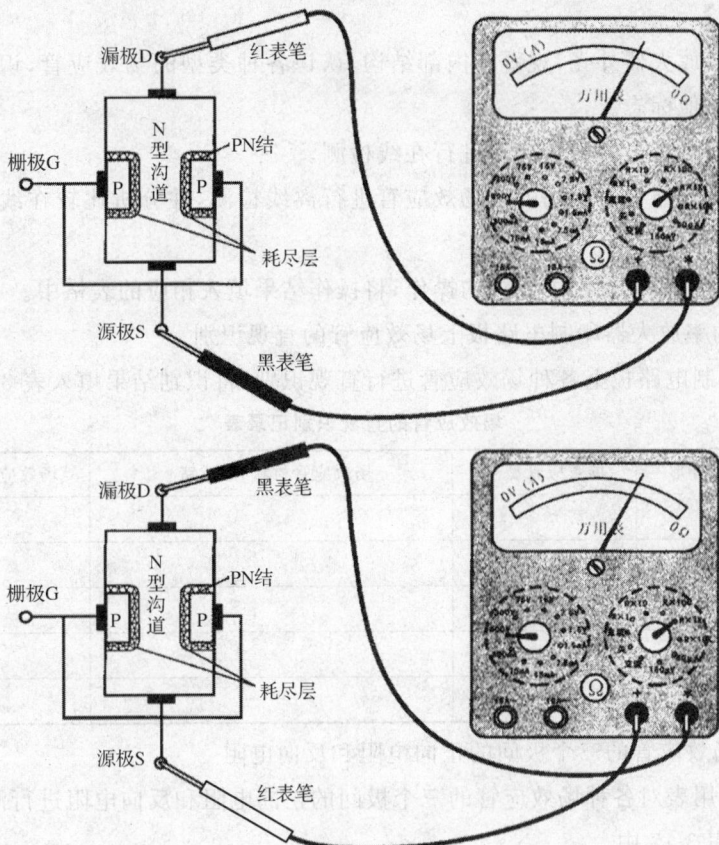

图 3-19 结型场效应管的检测方法

S 极。

方法一:将万用表置于 $R \times 1 k$ 挡,任选两电极,分别测出它们之间的正反向电阻。若正反向的电阻相等(约几千欧),则该两极为漏极 D 和源极 S(结型场效应管的 D、S 极可互换),余下的则为栅极 G。

方法二:用万用表的黑表笔任接一个电极,另一表笔依次接触其余两个电极,测其阻值。若两次测得的阻值近似相等,则该黑表笔接的为栅极 G,余下的两个为 D 极和 S 极。

(2)放大倍数的测量

将万用表置于 $R \times 1 k$ 或 $R \times 100$ 挡,两只表笔分别接触 D 极和 S 极,用手靠近或接触 G 极,此时指针右摆,且摆动幅度越大,放大倍数越大。

对 MOS 管来说,为防止栅极击穿,一般测量前先在其 G、S 极间接一只几兆欧的大电阻,然后按上述方法测量。

(3)判别 JFET 的好坏

检查两个 PN 结的单向导电性,PN 结正常,管子是好的,否则为坏的。测漏极、源极间的电阻 R_{DS},应约为几千欧;若 $R_{DS} \to 0$ 或 $R_{DS} \to \infty$,则管子已损坏。测 R_{DS} 时,用手靠近栅极 G,指针应有明显摆动,摆幅越大,管子的性能越好。

【实施步骤】

1. 拆卸功率放大器外壳，观看其内部结构，认识各种类型的场效应管，识读场效应管上的各种数字和其他标志。

2. 用万用表对板上的场效应管进行在线检测。

3. 用万用表对与板上相同的新场效应管进行离线检测，并分析比较在线检测与离线检测的结果。

4. 完成在项目实训报告中要求的操作，将操作结果填入相应的表格中。

操作1　功率放大器印制电路板上场效应管的直观识别

要求：对印制电路板上各种场效应管进行直观识别，将识别结果填入表3-16中。

表3-16　　　　　　　　　　场效应管的直观识别记录表

序号	场效应管外形	场效应管型号	场效应管材料（硅或锗）	场效应管类型	备注

操作2　场效应管的三个极间的正向电阻和反向电阻

要求：用万用表对各种场效应管的三个极间的正向电阻和反向电阻进行测量，将测量和判断结果填入表3-17中。

表3-17　　　　　场效应管各个极间的正向电阻和反向电阻的测量记录表

序号	场效应管型号	管型（结型、绝缘栅型）	漏极和源极正向电阻	漏极和源极反向电阻	栅极和源极电阻	场效应管质量判断

【考核方法】

采取单人逐项考核方法，教师（或是教师已经考核优秀的学生）对每个同学都要进行三次考核，分别是：

1. 功率放大器主板上各种类型的场效应管名称；

2. 不同类型的场效应管主要指标的识读；

3. 将新的场效应管和已经损坏的场效应管混合在一起，先进行外观识别，再用万用表进行检测，找出已经损坏的场效应管，说明其故障类型。检查操作记录表。

【小结】

1. 场效应管最常用的主要技术指标有夹断电压 $U_{GS(off)}$、开启电压 $U_{GS(th)}$ 和饱和漏极电

流 I_{DSS}、低频跨导 g_m、极间电容、最大耗散功率 P_{DM}、漏源击穿电压 $U_{(BR)DS}$ 和栅源击穿电压 $U_{(BR)GS}$ 等。

2. 检测场效应管最常用的方法是用万用表测量 PN 结的正反向电阻,根据测量结果可以判断场效应管的好坏。

【课后练习】

1. 场效应管有何应用? 场效应管主要有哪些性能参数?

2. 如何用万用表来判断场效应管的好坏和极性?

3. 能否用万用表来测量 MOS 场效应管的好坏和极性?

任务四　集成电路的检测与识别

【项目要求】

通过对一个功率放大器的实际解剖,要求学生会识别集成电路的种类,熟悉常见集成电路的名称,了解不同类型集成电路的作用,掌握常用集成电路的检测方法。

1. 知识要求

(1)掌握集成电路的种类、作用与标志方法。

(2)掌握各种集成电路的主要参数。

(3)掌握音乐集成电路的种类、作用与标志方法。

2. 技能要求

(1)能用目视法判断识别常见集成电路的种类,能正确叫出各种集成电路的名称。

(2)对集成电路上标志的型号能正确识读,知晓该集成电路的作用和用途。

(3)能用目视法判断识别音乐集成电路的种类,能正确使用音乐集成电路。

(4)会用万用表对集成电路进行正确测量,并对其质量做出评价。

【实施器材】

1. 电子产品:功率放大器若干台,两人配备一台机器。

2. 各种类型、不同规格的新集成电路若干。

3. 各种类型、不同规格的已经损坏的集成电路若干(可到电子产品维修部寻找)。

4. 每两个人配备指针式万用表和数字式万用表各一只。

【初识集成电路】

观察功率放大器印制电路板上各种集成电路的外形,再看一看如图 3-20 所示的各种集成电路的照片,查找相关资料,认识各种不同类型的集成电路。

【知识链接】

集成电路是近 40 年来发展起来的高科技产品,其发展速度异常迅猛,从小规模集成电路(含有几十个晶体管)发展到今天的超大规模集成电路(含有几千万个晶体管或近千万个门电路)。集成电路的体积小、耗电低、稳定性好,从某种意义上讲,集成电路是衡量一个电

图 3-20　各种集成电路外形图

子产品是否先进的主要标志。

3.8　集成电路的类型和封装

常见集成电路的封装形式如图 3-21 所示。集成电路按功能可分为数字集成电路和模拟集成电路两大类；按其制作工艺可分为半导体集成电路、薄膜集成电路、厚膜集成电路和混合集成电路等；按其集成度可分为小规模集成电路(SSI)、中规模集成电路(MSI)、大规模集成电路(LSI)和超大规模集成电路(VLSI)，它表示了在一个硅基片上所制造的元器件的数目。

集成电路的封装形式有晶体管式封装、扁平封装和直插式封装。集成电路的管脚排列次序有一定的规律，一般是从外壳顶部向下看，从左下脚按逆时针方向读数，其中第一脚附近一般有参考标志，如凹槽、色点等。

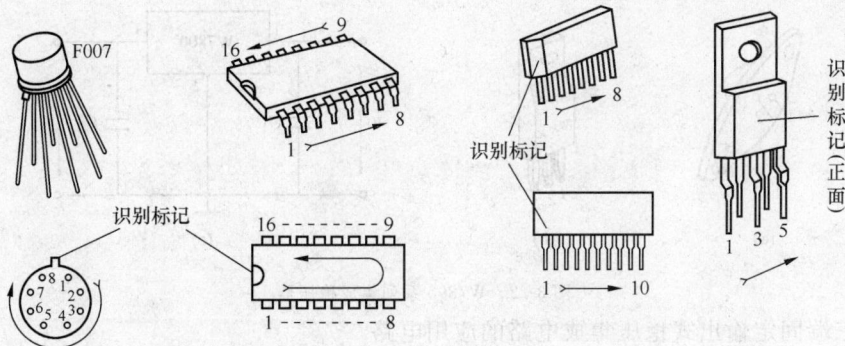

图 3-21 常见集成电路的封装形式

3.9 常用模拟集成电路

1. 模拟集成电路的分类

模拟集成电路按用途可分为运算放大器、直流稳压器、功率放大器和电压比较器等。模拟集成电路与数字集成电路的差别不仅在信号的处理方式上，而且在电源电压上的差别更大。模拟集成电路的电源电压根据型号的不同可以不同，而且数值较高，视具体用途而定。

2. 集成运算放大器

自从 1964 年美国仙童公司制造出第一个单片集成运放 A702 以来，集成运放得到了广泛的应用，目前它已成为线性集成电路中品种和数量最多的一类。

国标统一命名法规定，集成运放各个品种的型号由字母和阿拉伯数字两部分组成。字母在首部，统一采用 CF 两个字母，C 表示国标，F 表示线性放大器，其后的数字表示集成运放的类型。

3. 集成稳压器

直流稳压电源是电子设备中不可缺少的单元。集成稳压器是构成直流稳压电源的核心，它体积小、精度高、使用方便，因而被广泛应用。

(1) 三端式集成稳压器

将许多调整电压的元器件集成在体积很小的半导体芯片上即成为集成稳压器，使用时只要外接很少的元件即可构成高性能的稳压电路。由于集成稳压器具有体积小、重量轻、可靠性高、使用灵活和价格低廉等优点，在实际工程中得到了广泛应用。集成稳压器的种类很多，以三端式集成稳压器的应用最为普遍。

常用的三端固定输出式集成稳压器有输出为正电压的 W7800 系列和输出为负电压的 W7900 系列。如图 3-22 所示，为 W7800 系列的外形、电路符号及基本接法。

W7800 系列三端集成稳压块的输出电压有 5 V、6 V、9 V、12 V、15 V、18 V 和 24 V 共 7 个挡。型号（也记为 W78××）的后两位数字表示其输出电压的稳压值。例如，型号为 W7805 和 W7812 的集成块，其输出电压分别为 5 V 和 12 V。

W7900 系列的三端集成稳压块其输出电压的挡值与 W7800 系列相同，但其管脚编号与 W7800 系列不同。三端集成稳压块的输出电流按照型号的不同，有 1.5 A、0.5 A 和 0.1 A 三种。

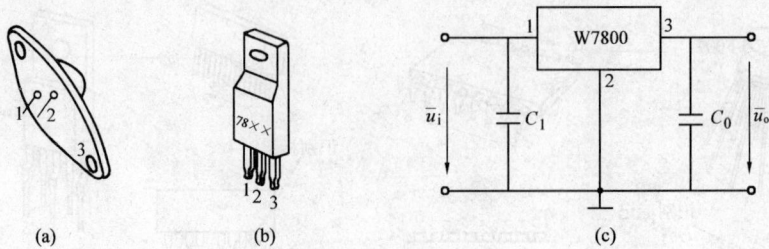

图 3-22　W7800 系列集成稳压器

（2）三端固定输出式稳压集成电路的应用电路

图 3-21（c）为三端集成稳压器使用时的基本电路接法。外接电容器 C_1 用以抵消因输入端线路较长而产生的电感效应，可防止电路自激振荡。外接电容器 C_0 可消除因负载电流跃变而引起输出电压的较大波动。图中 $\bar{u}_i$ 为整流滤波后的直流电压，$\bar{u}_o$ 为稳压后的输出电压。

图 3-23（a）为用 W7815 和 W7915 组成的双极性稳压电源输出电路，可同时向负载提供 $+15$ V 和 -15 V 的直流电压。图 3-23（b）为三端集成稳压器外接一个集成运放所组成的反相器，可将单极性电压变为双极性输出电压。

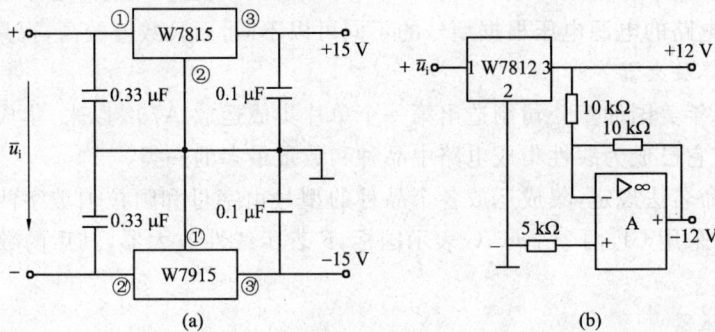

图 3-23　双极性正、负电压输出电路

（3）恒流源电路

在实际中，有时需要电源提供稳定的电流，这可以用恒流源电路来实现，电路如图 3-24 所示。在电路中，由于 W7805 输出的稳定电压为 5 V，则流过 R 的电流 I_R 是稳定的，而稳压器的公共端静态电流 I_W（6 mA）也是稳定的，故负载 R_L 上得到的电流 I_0 是恒定的。

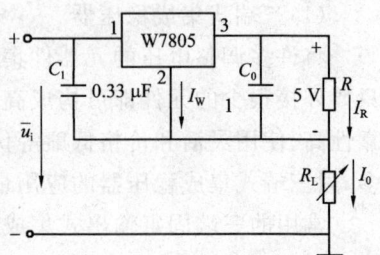

图 3-24　用稳压块构成的恒流源电路

目前，已经有将大功率晶体管和集成电路工艺结合在一起的大电流三端可调式稳压块。如 LM396 的最大输出电流可达 10 A，输出电压从 1.2 V 到 15 V 连续可调。该系列产品具有输出电流较大和过热保护、短路限流等功能。

（4）三端可调输出式集成稳压器系列

三端可调输出式集成稳压器有输出为正电压的 W117、W217、W317 系列和输出为负电压的 W137、W237、W337 系列。W117 的外形和电路符号如图 3-25 所示。图中脚 1 和脚 3 分别为输入端和输出端。脚 2 为调整端（ADJ），用于外接调整电路以实现输出电压可调。

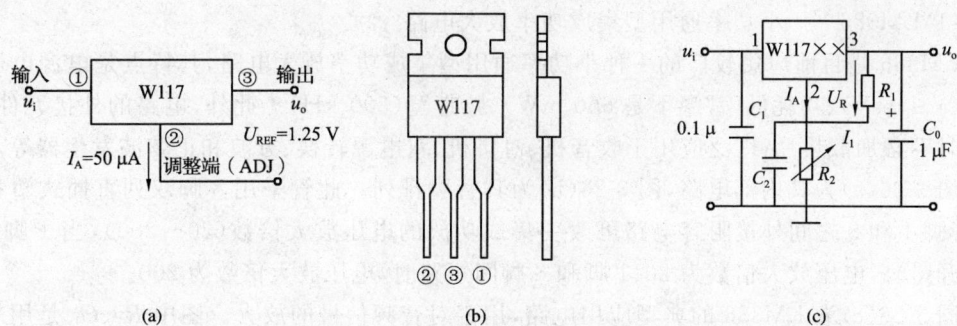

图 3-25　W117 的外形和电路符号

三端可调输出式集成稳压器的主要参数有：

①输出电压连续可调范围：1.25～47 V；

②最大输出电流：1.5 A；

③调整端（ADJ）输出电流 I_A：50 μA；

④输出端与调整端之间的基准电压 U_{REF}：1.25 V。

三端可调输出式集成稳压器的基本应用电路如图 3-25(c)所示，图中 C_1 和 C_0 的作用与在三端固定输出式稳压集成电路中的作用相同。外接电阻器 R_1 和 R_2 构成电压调整电路，电容器 C_2 用于减小输出纹波电压。为保证稳压器空载时也能正常工作，要求 R_1 上的电流不小于 5 mA，故取 $R_1 = U_{REF}/5 = 1.25/5 = 0.25$ kΩ，实际应用中 R_1 取标称值 240 Ω。忽略调整端（ADJ）的输出电流 I_A，则 R_1 与 R_2 是串联关系，因此改变 R_2 的大小即可调整输出电压 $\bar{u}_o$。

（5）低压差三端集成稳压器

W78×× 和 W79×× 系列三端集成稳压块的输入和输出之间需要有大约 2～3 V 的电压降，才能保证有稳定的电压输出。这个电压不但造成了能量的损耗，还使得在低输入电压条件下的稳压输出变得困难甚至是不可能。

MC33269 系列三端集成稳压器是低压差、中电流、正电压输出的集成稳压器，有固定电压输出（3.3 V、5.0 V、12 V）及可调电压输出四种不同型号，最大输出电流可达 800 mA。在输出电流为 500 mA 时，MC33269 三端稳压集成电路的压差为 1 V，它的内部有过热保护和输出短路保护。

近年来，半导体器件生产厂家又推出了输入和输出端压差仅为 500 mV 和 100 mV 的更低压差三端集成稳压器，使在航空航天领域和其他尖端领域使用高精度的稳压电源成为可能。低压差的三端集成稳压块极大地降低了稳压电路本身的功耗，使各种高档计算机的 CPU 用上了更低的稳压源，CPU 的发热量大大减小，从而使计算机的速度大为增加。

4. 集成功率放大器

集成功率放大器除具有一般集成电路的特点外，还具有温度稳定性好、电源利用率高、功耗低、非线性失真小等优点。有时还将各种保护电路如过流保护、过压保护、过热保护等电路集成在芯片内部，使集成功率放大器的使用更加安全可靠。

集成功放的种类很多，从用途上分，有通用型功放和专用型功放；从芯片内部的电路构成划分，有单通道功放和双通道功放；从输出功率来分，有小功率功放和大功率功放等。

（1）LM386——小功率通用型集成功率放大电路

LM386 是目前应用较广的一种小功率通用型集成功率放大电路，其特点是电源电压范围宽（4～16 V）、功耗低（常温下是 660 mW）、频带宽（300 kH）。此外，电路的外接元件少，应用时不必加散热片，广泛应用于收音机、对讲机、双电源转换、方波和正弦波发生器等。

图 3-26（a）为其内部电路，图 3-26（b）为其管脚排列。此管采用 8 脚双列直插式塑料封装，管脚 1 和 8 之间外接阻容电路可改变集成功放的电压放大倍数（20～200），当 1 脚和 8 脚间开路时，电压放大倍数为 20；1 脚和 8 脚间短路时，电压放大倍数为 200。

图 3-26（c）为 LM386 的典型应用电路，用于对音频信号的放大。图中 R_1、C_1 是用来调节电压放大倍数的；C_2 是去耦电路，它可防止电路产生自激；R_2、C_4 组成容性负载，用以抵消扬声器部分的感性负载，可以防止在信号突变时，扬声器感应出较高的瞬时电压而导致器件的损坏，且可改善音质；C_3 为功放的输出电容，使集成电路构成 OTL 功放电路，这样整个电路使用单电源，降低了对电源的要求。

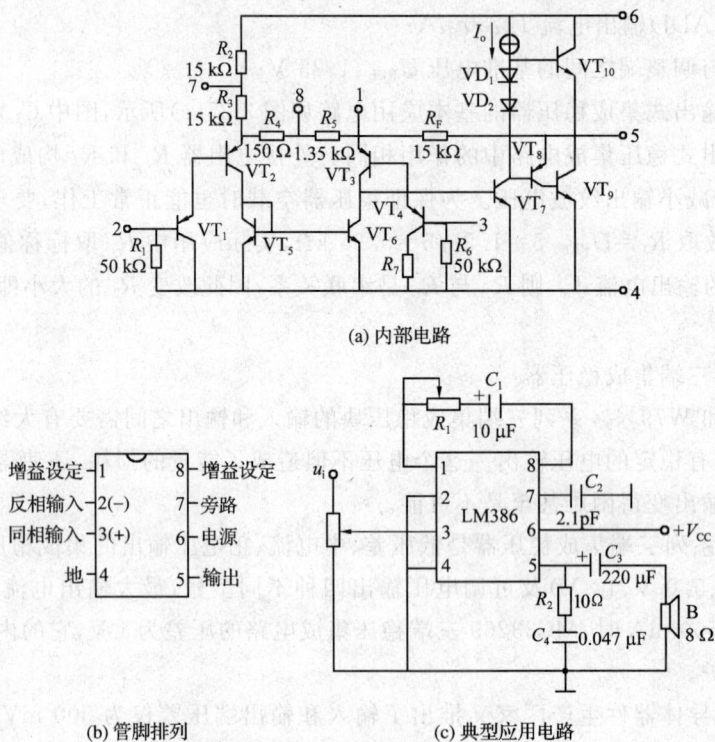

(a) 内部电路

(b) 管脚排列　　　(c) 典型应用电路

图 3-26　LM386 集成功率放大电路

（2）TDA2616/Q——中功率集成功率放大电路

TDA2616/Q 是 PHILIPS 公司生产的具有静噪功能的 12 W 双声道高保真功率放大器，主要用于对音频信号的放大，多用在立体声录音机中。TDA2616/Q 采用 9 脚单列直插式封装，各管脚排列如图 3-27（a）所示。其中 2 脚为静音控制端，当该脚接低电平时，TDA2616/Q 处于静音状态，输出端停止输出；2 脚接高电平时，TDA2616/Q 处于工作状态。TDA2616/Q 的最大输出功率为 15 W，失真度不大于 0.2%。TDA2616/Q 既可以使用单电源供电，也可以使用双电源供电，这是它的一个特点。采用单电源供电时的应用电路如图 3-27(b)所示,这时电路构成了 OTL 电路;采用双电源供电时的应用电路如图 3-27(c)所示,这时电路构成了 OCL 电路。当然这两种形式的电路其输出功率是不同的。

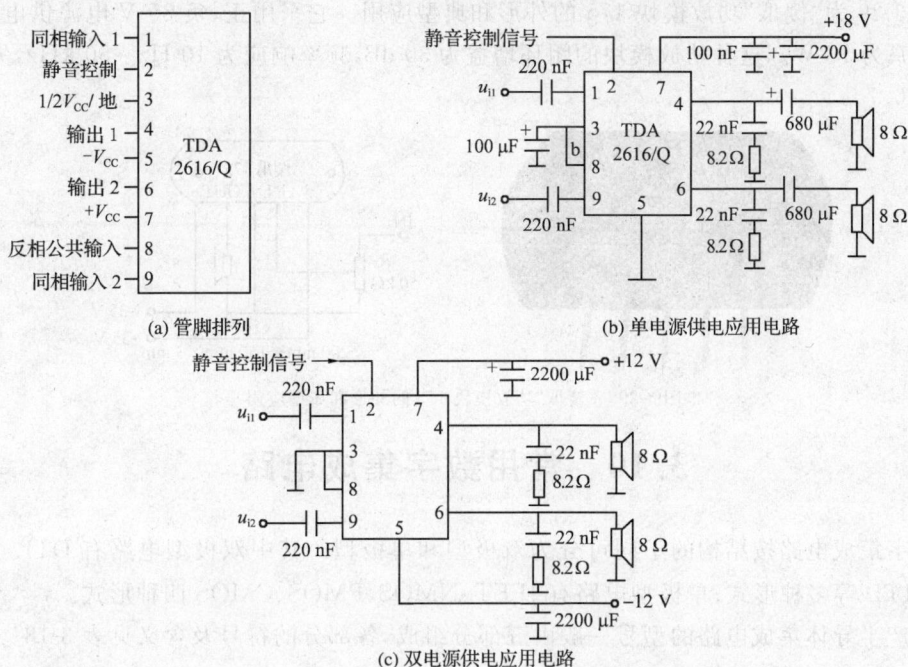

同相输入 1	1		+18 V
静音控制	2	TDA 2616/Q	
1/2V_{CC}/ 地	3		
输出 1	4		
$-V_{CC}$	5		
输出 2	6		
$+V_{CC}$	7		
反相公共输入	8		
同相输入 2	9		

(a) 管脚排列

(b) 单电源供电应用电路

(c) 双电源供电应用电路

图 3-27 TDA2616/Q 集成功率放大电路

(3)"傻瓜"型集成功放

近几年来,市场上出现了一种号称为"傻瓜"功放的集成功放,这是一个功能电路模块,其内部电路与 OTL 或 OCL 电路大体相同。图 3-28(a)为 1006 型"傻瓜"功放的内部电路框图,可以看到,它也是由前置级、驱动级和互补推挽输出级组成,另外还包括了滤波、静噪和一些保护电路。这些电路的全部元器件都集成在一块基片上,然后加以封装,模块的外部只需接上音源、扬声器和电源,不需要进行复杂的调试就能令人满意地工作,是一种使用方便、性能良好的通用型集成功放。

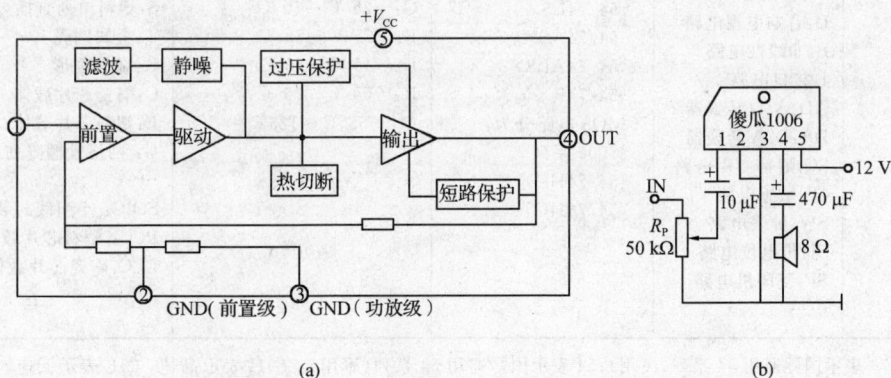

(a)

(b)

图 3-28 1006 型"傻瓜"功放模块及其应用

图 3-28(b)为"傻瓜"功放模块 1006 的典型应用,它组成了一个 OTL 音频功率放大电

路。"傻瓜1006"的最大输出功率为 6 W,电源电压范围是 8～18 V,负载阻抗为 4～8 Ω。"傻瓜1006"功放模块是"傻瓜"系列中输出功率最小的一个品种,俗称"小傻瓜"。

图 3-29 为"傻瓜"功放模块 175 的外形和典型应用。它采用正、负 35 V 电源供电,最大输出功率为 75 W。这种功放模块的闭环增益为 30 dB,频率响应为 10 Hz～50 kHz,失真度不大于 0.7%。

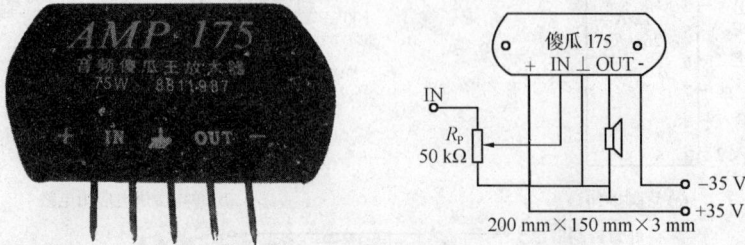

图 3-29　"傻瓜"功放模块 175 的外形和典型应用

3.10　常用数字集成电路

数字集成电路按结构的不同可分为双极型和单极型。其中双极型电路有 DTL、TTL、ECL、HTL 等多种形式;单极型电路有 JFET、NMOS、PMOS、CMOS 四种形式。

国产半导体集成电路的型号一般由五部分组成,各部分的符号及含义见表 3-18。

表 3-18　　　　　　　　　　国产半导体集成电路型号命名法

第一部分	第二部分	第三部分	第四部分	第五部分
中国制造	器件类型	器件系列品种	工作温度范围	封装
C	T:TTL H:HTL E:ECL C:CMOS M:存储器 μ:微型机电路 F:线性放大器 W:稳压器 D:音响电视电路 B:非线性电路 J:接口电路 AD:A/D 转换器 DA:D/A 转换器 SC:通信专用电路 SS:敏感电路 SW:钟表电路 SJ:机电仪电路 SF:复印机电路 ……	TTL 电路分为: 54/74×××① 54/74H×××② 54/74L×××③ 54/74S××× 54/74LS×××④ 54/74AS××× 54/74ALS××× 54/74F××× CMOS 电路分为: 4000 系列 54/74HC××× 54/74HCT×××	C:0 ℃～70 ℃⑤ G:−25 ℃～70 ℃ L:−25 ℃～85 ℃ E:−40 ℃～85 ℃ R:−55 ℃～85 ℃ M:−55 ℃～125℃⑥	D:多层陶瓷双列直插 F:多层陶瓷扁平 B:塑料扁平 H:黑瓷扁平 J:黑瓷双列直插 P:塑料双列直插 S:塑料单列直插 T:金属圆壳 K:金属菱形 C:陶瓷芯片载体 E:塑料芯片载体 G:网络针栅阵列封装 …… SOIC：小引线封装 PCC：塑料芯片载体 LCC：陶瓷芯片载体

注:①74 表示国际通用 74 系列(民用);54 表示国际通用 54 系列(军用)。②H 表示高速。③L 表示低速。④LS 表示低功耗。⑤C 表示只出现在 74 系列。⑥M 表示只出现在 54 系列。

1. TTL 数字集成电路

在实际工程中,最常用的数字集成电路主要有 TTL 和 CMOS 两大系列。

TTL 集成电路是用双极型晶体管作为基本元件集成在一块硅片上制成的,其品种、产量最多,应用也最广泛。国产的 TTL 集成电路有 T1000～T4000 系列,T1000 系列与国标 CT54/74 系列及国际 SN54/74 通用系列相同。

54 系列与 74 系列 TTL 集成电路的主要区别是在其工作环境的温度上。54 系列的工作环境温度为:－55 ℃～＋125 ℃;74 系列的工作环境温度为:0 ℃～70 ℃。

TTL 集成电路的型号和逻辑功能没有直接联系,各种型号的 TTL 数字集成电路的功能可查阅数字集成电路手册。

2.CMOS 集成电路

CMOS 集成电路以单极型晶体管为基本元件制成,其发展迅速,主要是因为它具有功耗低、速度快、工作电源电压范围宽(如 CC4000 系列的工作电源电压为 3～18 V)、抗干扰能力强、输入阻抗高、扇出能力强、温度稳定性好以及成本低等优点,尤其是它的制造工艺非常简单,为大批量生产提供了方便。

CMOS 集成电路的型号和逻辑功能没有直接联系,但末两位数或三位数与 TTL 集成电路的末两位数或三位数相同者,其逻辑功能是一样的,只是电源和有些参数不同而已。各种型号的 CMOS 集成电路的功能可查阅数字集成电路手册。

3.11　集成电路的检测方法

1.集成电路的基本检测方法

集成电路的检测分为在线检测和离线检测。

在线检测是测量集成电路各引脚的直流电压,与集成电路各引脚直流电压的标称值相比较,以此来判断集成电路质量的好坏。

离线检测是测量集成电路各引脚间的直流电阻,并与集成电路各引脚间直流电阻的标称值相比较,从而判断集成电路的好坏。

如果测得的数据与集成电路资料上的数据相符,则可判断该集成电路是好的。

2.在线检测的技巧

在线检测集成电路各引脚的直流电压时,为防止表笔在集成电路各引脚间滑动造成短路,可将万用表的黑表笔与直流电压的"地"端固定连接。方法是在"地"端焊接一段带有绝缘层的铜导线,将铜导线的裸露部分缠绕在黑表笔上,放在印制电路板的外边,防止与板上的其他地方连接。这样用一只手握住红表笔,找准欲测量集成电路的引脚接触好,另一只手可扶住印制电路板,保证测量时表笔不会滑动。

3.在线测量集成电路各引脚的直流电流的技巧

测量电流需要将表笔串联在电路中,而集成电路引脚众多,焊接下来很不容易。用一个壁纸刀将集成电路的引脚与印制电路板的铜箔走线之间刻一个小口,将两个表笔搭在断口的两端,就可以方便地把万用表的直流电流挡串接在电路中。测量完该集成电路引脚的电流后,再用焊锡将断口连接起来即可。

4.集成电路的替换检测

集成电路的内部结构比较复杂,引脚数目也比较多,要直接测出集成电路的好坏如果没有专用设备是很难的。因此，当集成电路整机线路出现故障时，检测者往往用替换法来进行集成电路的检测。

用同型号的集成块进行替换实验，是见效最快的一种检测方法。但是要注意，若因负载短路的原因，使大电流 I 流过集成电路造成的损坏。在没有排除负载短路故障情况下，用相同型号的集成块进行替换实验，其结果是造成集成块的又一次损坏。因此替换实验的前提是必须保证负载不短路。

【新器件与新产品】 片状集成电路

片状集成电路具有引脚间距小、集成度高等优点，广泛用于彩电、笔记本电脑、移动电话、DVD 等高新技术电子产品中。

片状集成电路的封装有小型封装和矩形封装两种形式。小型封装有 SOP 和 SOJ 两种，这两种封装电路的引脚间距大多为 1.27 mm、1.0 mm 和 0.76 mm。其中 SOJ 占用印制电路板的面积更小，应用较为广泛。矩形封装有 QFP 和 PLCC 两种，PLCC 比 QFP 更节省印制电路板的面积，但其焊点的检测较为困难，维修时拆焊更困难。此外，还有 COB 封装，即通常所称的"软黑胶"封装。它是将 IC 芯片直接粘在印制电路板上，通过芯片的引脚实现与印制电路板的连接，最后用黑色的塑胶包封。

【实用资料】 部分国产和外国产的三端集成电路稳压器的系列和技术指标

部分外国产的三端集成电路稳压器的系列见表 3-19。

表 3-19　　　　　　　　　　　　　国外部分集成稳压器型号

序号	产品名称	型号	NSC美	MOTOROLA 美	FSC美(仙童)	SGS意	NEC日	TOSHIBA 日
1	三端固定正压集成稳压器	W7800	LM7800	MC7800	uA7800	L7800	uPC7800	TA7800
2		W78M00	LM78M00	MC78M00	uA78M00	L78M00		TA78M00
3		W78L00	LM78L00	MC78L00	uA78L00			
4	三端固定负压集成稳压器	W7900	LM7900	MC7900	uA7900	L7900	uPC7900	TA7900
5		W79M00	LM79M00	MC79M00	uA79M00			TA79M00
6		W79L00	LM79L00	MC79L00	uA79L00			
7	三端可调正压集成稳压器	W117	LM117	MC117	uA117	L117	uPC117	TA117
8		W117M	LM117M	MC117M				
9		W117L	LM117L	MC117L				
10	三端可调负压集成稳压器	W137	LM137	MC137			uPC137	TA137
11		W137M	LM137M	MC137M				
12		W137L	LM137L					
13	五端可调正压集成稳压器	W200				L200		
14	脉宽调制型开关稳压器	W1524	LM1524					

部分国产的三端集成电路稳压器的系列和技术指标见表 3-20。

表 3-20　　　　　　　　　　**国家标准集成稳压器系列和技术指标**

产品类型	国标型号	主要特性					
		最大输入 电压/V	输出电压 范围/V	最大输出 电流/mA	最小输入输出 电压差/V	电压调整率 /(%/V)max	电流调整率 /(%/V)max
多端正可调 集成稳压器	CW3085	40	1.6～37	100	4	0.1	0.6
	CW732	40	2～37	150	3	0.1	0.2
	CW105	50	4.5～40	45	3	0.06	0.05
	CW1569	40	2.5～37	250～500	3	0.015	0.05
多端负可调 集成稳压器	CW1511	−40	−2～−37	50	3	0.1	0.019
	CW104	−50	−0.015～−40	25	2	0.01	5 m
	CW1563	−40	−3.6～−37	200～500	1.5	0.015	0.05
正、负对称输 出集成稳压器	CW1568	±30	±8～±20	100	2	10 m	10 m
三端固定正输 出集成稳压器	CW78L00	35～40	5;6;1;2;15;24	100	3	20 mV/U_o= 5 V,I_o=40 mA	60 mV/U_o=5 V, 1 mA≤I_o≤100 mA
	CW78M00	35～40	5;6;1;2;15;24	500A	3	50 mV/U_o= 5 V,I_o=100 mA	100 mV/U_o=5 V, 5 mA≤I_o≤500 mA
	CW7800	35～40	5;6;1;2;15;24	1.5A	3	50 mV/U_o= 5 V,I_o≤1 A	50 mV/U_o=5 V, 1 mA≤I_o≤1.5 A
三端固定负输 出集成稳压器	CW79L00	−35～−40	−5;−6;−1; −2;−15;−24	100	−3	60 mV/U_o=5 V, I_o=40 mA	50 mV/U_o=5 V, 1 mA≤I_o≤100 mA
	CW79M00	−35～−40	−5;−6;−1; −2;−15;−24	500A	−3	50 mV/U_o=5 V, I_o=350 mA	100 mV/U_o=5 V, 5 mA≤I_o≤500 mA
	CW7900	−35～−40	−5;−6;−1; −2;−15;−24	1.5A	−3	50 mV/U_o= −5 V,I_o=500 mA	100 mV/U_o=−5 V, 5 mA≤I_o≤1.5 A
三端正可调 集成稳压器	CW117	40	1.2～−37	1.5A	3	0.01	0.1
三端负可调 集成稳压器	CW137	−40	−1.2～−37	1.5A	−3	0.01	0.3

【实施步骤】

1. 拆卸功率放大器外壳,观看其内部结构,认识各种类型的集成电路,识读集成电路上的各种数字和其他标志。

2. 用万用表对板上的集成电路进行在线检测。

3. 用万用表对与板上相同的新集成电路进行离线检测,并分析比较在线检测与离线检测的结果。

4. 完成在项目实训报告中要求的操作,将操作结果填入相应的表格中。

操作 1　功率放大器印制电路板上集成电路的直观识别

要求:对印制电路板上各种集成电路进行直观识别,将识别结果填入表 3-21 中。

表 3-21　　　　　　　　　　　**集成电路的直观识别记录表**

序号	集成电路外形封装	集成电路型号	集成电路应用电路	备注

操作 2　模拟集成电路的类型和应用场合

要求：识别功放集成电路、集成运算放大器、三端集成稳压块的字符标志，查阅模拟集成电路手册，找出其主要参数和应用场合。将查阅结果填入表 3-22 中。

表 3-22　　　　　　　　　模拟集成电路的类型和应用场合记录表

序号	模拟集成 电路型号	模拟集成电路 封装形式	模拟集成 电路类型	模拟集成电路 应用场合	模拟集成电路 主要参数	备注

操作 3　数字集成电路的类型和应用场合

要求：识别 74 系列集成电路、40 系列集成电路的字符标志，查阅数字集成电路手册，找出其主要参数和应用场合。将查阅结果填入表 3-23 中。

表 3-23　　　　　　　　　数字集成电路的类型和应用场合记录表

序号	数字集成 电路型号	数字集成电路 封装形式	数字集成 电路类型	数字集成电路 应用场合	数字集成电路 主要参数	备注

【考核方法】

采取单人逐项考核方法，教师（或是教师已经考核优秀的学生）对每个同学都要进行三次考核，分别是：

1. 功率放大器主板上各种类型的集成电路名称；

2. 不同类型的集成电路主要指标的识读；

3. 将新的集成电路和已经损坏的元器件混合在一起，先进行外观识别，再用万用表进行检测，找出已经损坏的集成电路，说明其故障类型。检查操作记录表。

【实训报告】

项目实训报告内容应包括项目实施目标，项目实施器材，项目实施步骤，测量二极管、三极管、场效应管、集成电路的数据和实训体会，并按照要求将每次操作的结果填入表格中。

【小结】

1. 集成电路按功能可分为数字集成电路和模拟集成电路两大类，各自用在不同的电路领域。

2. 模拟集成电路主要有集成运算放大器、三端集成稳压器、集成功率放大器等。

3. 数字集成电路主要有 TTL 和 CMOS 两大系列。TTL 集成电路的电源电压是 5 V，CMOS 集成电路的电源电压范围比较宽，可在 3～18 V。

4.三端固定输出式集成稳压器有输出为正电压的 78 系列和输出为负电压的 79 系列。

5.三端可调输出式集成稳压器有输出为正电压的 W117、W217、W317 系列和输出为负电压的 W137、W237、W337 系列。

6.集成功放有小功率功放、中功率功放和大功率功放,近年来,比较流行的是"傻瓜"功放模块。

【课后练习】

1.集成电路按功能可分为哪两大类?

2.三端集成稳压器有哪些系列?

3.集成功放有哪些种类? 各有何特点?

4.TTL 系列和 CMOS 系列数字集成电路主要区别在哪? 在一个数字电路系统中,可否同时运用这两种系列的集成电路?

项目 4

电子元件的焊接技能训练

【项目要求】

通过对电子元器件进行实际焊接和用细导线焊接成各种造型,达到掌握手工锡焊的基本技能,能对焊点的质量作出判断,能按照电路要求完成元件和导线的焊接工作,并达到合格的焊接标准。

通过该项目的学习和训练,要求学生熟练掌握手工锡焊和拆焊的技能,并了解工厂在进行大批量生产时使用机器进行焊接的种类和设备。

1. 知识要求

(1)了解手工锡焊所需要的各种工具用处和性能。

(2)掌握手工锡焊的质量判别标准。

(3)掌握手工拆焊的原则,了解拆焊所需要的工具和特点。

(4)了解工厂锡焊所用的各种设备机器特点。

2. 技能要求

(1)能熟练使用手工锡焊工具,并会对新电烙铁进行挂锡处理。

(2)能熟练使用电烙铁给电子元器件引脚上锡和给导线头上锡。

(3)能将电子元件牢固地焊接到印制电路板上,焊点达到质量标准。

【实施器材】

1. 可焊接的印制电路板,细铜导线若干;

2. 电阻器、电容器、集成电路插座、单芯导线、屏蔽导线、铸塑元件、铝板、废旧收音机印制电路板;

3. 焊接工具一套:电烙铁、剪刀、镊子等;

4. 锡丝:39 号锡铅焊料;

5. 松香水。

【知识链接】

电子元器件是组成电子产品的基本单元,把电子元器件牢固地焊接到印制电路板上,是电子装配的重要环节。掌握焊接的基本知识和基本技能是衡量学生掌握电子技术基本技能的一个重要项目,也是从事电子技术工作人员所必须掌握的技能。有一个资深的电子设备维修人员说过:若一个人能把一块集成电路从板上拆装 10 遍而保证元件和印制电路板的完好，那他就是一个合格的焊接高级工了。

4.1 手工锡焊

焊接是电子产品装配过程中的一个重要步骤，采用合适的焊接工具是保证电子产品焊接质量的关键环节。

4.1.1 手工锡焊工具

电烙铁是最常用的手工锡焊工具之一，被广泛用于各种电子产品的生产与维修，常见的电烙铁及烙铁头形状如图4-1所示。

1. 电烙铁的分类

常见的电烙铁分为内热式、外热式、恒温式和吸锡式。

(1)内热式电烙铁

内热式电烙铁具有发热快、体积小、重量轻、效率高等特点，因而得到普遍应用。

常用的内热式电烙铁的规格有 20 W、35 W、50 W等，20 W 烙铁头的温度可达 350 ℃ 左右。电烙铁的功率越大，烙铁头的温度就越高，可焊接的元件就大一些。焊接集成电路和小型元器件选用 20 W 内热式电烙铁即可。

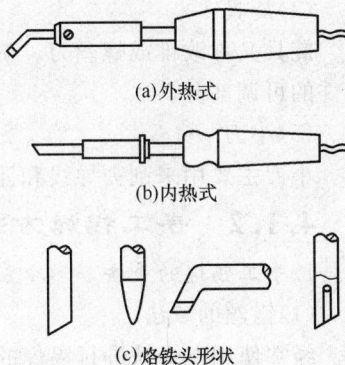
(a)外热式
(b)内热式
(c)烙铁头形状
图 4-1 常见的电烙铁及烙铁头形状

(2)外热式电烙铁

外热式电烙铁的功率比较大，常用的规格有 35 W、45 W、75 W、100 W 等，适合于焊接被焊接物较大的元件。它的烙铁头可以被加工成各种形状以适应不同焊接面的需要。

(3)恒温式电烙铁

恒温式电烙铁是用电烙铁内部的磁控开关来控制电烙铁的加热电路，使烙铁头保持恒温。当磁控开关的软磁铁被加热到一定的温度时，便失去磁性，使电路中的触点断开，自动切断电源。

(4)吸锡式电烙铁

吸锡式电烙铁是拆除焊件的专用工具，可将焊点上的焊锡熔化后吸除，使元件的引脚与焊盘分离。操作时，先将电烙铁加热，再将烙铁头放到焊点上，待焊点上的焊锡熔化后，按动吸锡开关，即可将焊点上的焊锡吸入腔内，这个步骤有时要反复进行几次才行。

2. 电烙铁的使用

(1)安全检查

先用万用表检查电烙铁的电源线有无短路和开路，测量电烙铁是否有漏电现象，检查电源线的装接是否牢固、固定螺丝是否松动、手柄上的电源线是否被螺丝顶紧、电源线的套管有无破损。

(2)新烙铁头的处理

新买的电烙铁一般不能直接使用，要先将烙铁头进行"上锡"后方能使用。"上锡"的具体操作方法是：将电烙铁通电加热，趁热用锉刀将烙铁头上的氧化层锉掉，在烙铁头的新表面上熔化带有松香的焊锡，直至烙铁头的表面薄薄地镀上一层锡为止。

3. 其他焊接工具

（1）尖嘴钳

尖嘴钳的主要作用是在连接点上夹持导线或元件引线，也用来对元件引脚加工成型。

（2）偏口钳

偏口钳又称斜口钳，主要用于切断导线和剪掉元器件过长的引线。

（3）镊子

镊子的主要用途是摄取微小器件，在焊接时夹持被焊件以防止其移动和帮助散热。

（4）旋具

旋具又称改锥或螺丝刀。旋具分为十字旋具和一字旋具，主要用于拧动螺钉及调整元器件的可调部分。

（5）小刀

小刀主要用来刮去导线和元件引线上的绝缘物和氧化物，使之易于上锡。

4.1.2 手工锡焊方法

1. 手工锡焊的手法

（1）锡丝的拿法

经常使用电烙铁进行锡焊的人，在连续进行焊接时，锡丝的拿法应用左手的拇指、食指和中指夹住锡丝，用另外两个手指配合就能把锡丝连续向前送进。

（2）电烙铁的握法

根据电烙铁的大小、形状和被焊件要求的不同，电烙铁的握法一般有 3 种形式：正握法、反握法和握笔法。

2. 手工锡焊的基本步骤

手工锡焊时，常采用五步操作法，如图 4-2 所示。

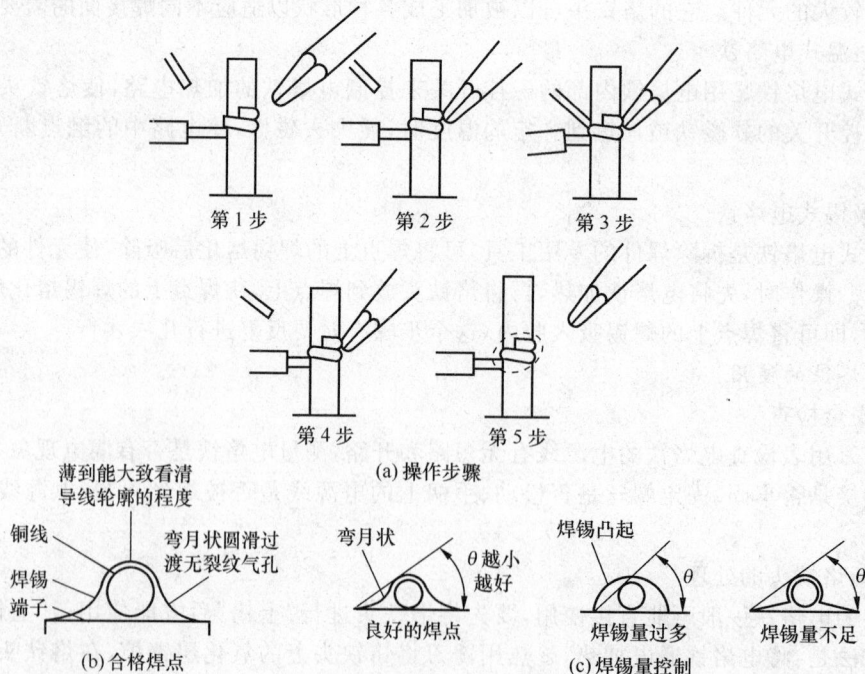

第1步　　　第2步　　　第3步

第4步　　　第5步

(a) 操作步骤

(b) 合格焊点

(c) 焊锡量控制

图 4-2　手工锡焊五步操作法

（1）准备工作

首先把被焊件、锡丝和电烙铁准备好，处于随时可焊的状态。

（2）加热被焊件

把烙铁头放在接线端子和引线上进行加热。

（3）放上锡丝

被焊件经加热达到一定温度后，立即将手中的锡丝触到被焊件上使之熔化。

（4）移开锡丝

当锡丝熔化一定量后（焊料不能太多），迅速移开锡丝。

（5）移开电烙铁

当焊料的扩散范围达到要求后移开电烙铁。

3. 焊料的控制

若使用焊料过多，则多余的焊锡会流入管座的底部，降低管脚之间的绝缘性；若使用焊料太少，则被焊接件与焊盘不能良好结合，机械强度不够，容易造成开焊。

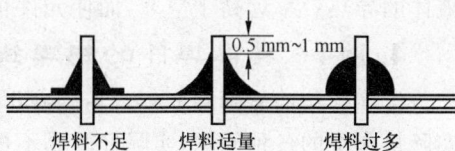

图 4-3　焊盘上焊料的控制

焊盘上焊料的控制如图 4-3 所示。

4.1.3　手工锡焊的操作技巧

为了保证焊接质量，焊接技术人员总结了五个"对"，不失为焊接的诀窍。

1. 对焊件要先进行表面处理

手工锡焊中遇到的焊件是各种各样的电子元件和导线，除非在规模生产条件下使用"保鲜期"内的电子元件，一般情况下遇到的焊件都需要进行表面清理工作，去除焊接面上的锈迹、油污等影响焊接质量的杂质。手工操作中常用机械刮磨和用酒精擦洗等简单易行的方法。

2. 对元件引线要进行镀锡

镀锡就是将要进行焊接的元器件引线或导线的焊接部位预先用焊锡润湿，一般也称为上锡。镀锡对手工锡焊特别是进行电路维修和调试时可以说是必不可少的。图 4-4 所示为给元件引线镀锡。

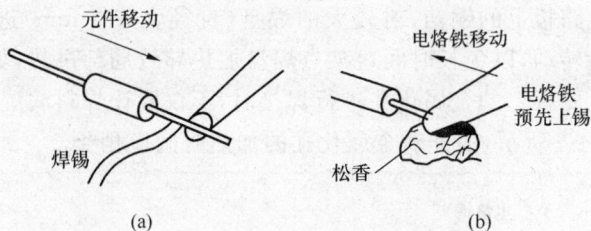

图 4-4　给元件引线镀锡

3. 对助焊剂不要过量使用

适量的助焊剂是必不可少的，但不要认为越多越好。过量的松香不仅造成焊接后焊点周围需要清洗的工作量，而且延长了加热时间（松香熔化、挥发需要并带走热量），降低了工作效率，而且若加热时间不足，非常容易将松香夹杂到焊锡中形成"夹渣"缺陷；对开关类元件的焊接，过量的助焊剂容易流到触点处，从而造成开关接触不良。

合适的助焊剂量应该是松香水仅能浸湿将要形成的焊点，不要让松香水透过印制电路板流到元件面或插座孔里（如 IC 插座）。若使用有松香芯的锡丝，则基本上不需要再涂助焊剂。

4. 对烙铁头要经常进行擦蹭

因为在焊接过程中烙铁头长期处于高温状态，又接触助焊剂等受热分解的物质，其铜表面很容易氧化而形成一层黑色杂质，这些杂质形成了隔热层，使烙铁头失去了加热作用。因此要随时在烙铁架上蹭去烙铁头上的杂质，用一块湿布或湿海绵随时擦蹭烙铁头，也是非常有效的方法。

5. 对焊盘和元件加热要有焊锡桥

在手工锡焊时，要提高烙铁头加热的效率，需要形成热量传递的焊锡桥。所谓焊锡桥，就是靠电烙铁上保留少量的焊锡作为加热时烙铁头与焊件之间传热的桥梁。显然由于金属液体的导热效率远高于空气，而使元件很快被加热到适于焊接的温度。

4.1.4 具体焊件的锡焊技巧

掌握焊接的原则和要领对正确操作是必要的，但仅仅依照这些原则和要领并不能解决实际操作中的各种问题，实际经验是不可缺少的。借鉴他人的成功经验，遵循成熟的焊接工艺是初学者掌握焊接技能的必由之路。

1. 印制电路板的焊接

印制电路板的焊接在整个电子产品制造中处于核心地位，掌握印制电路板的焊接是至关重要的，可以按照下列方法进行操作：

（1）对印制电路板和元器件进行检查

焊接前应对印制电路板和元器件进行检查，内容主要包括：印制电路板上的铜箔、孔位及孔径是否符合图纸要求，有无断线、缺孔等，表面处理是否合格，有无污染。元器件的品种、规格及外封装是否与图纸吻合，元器件的引线有无氧化和锈蚀。

（2）对印制电路板焊接的注意事项

焊接印制电路板，除了要遵循锡焊要领外，以下几点需特别注意：

① 一般应选内热式 20～35 W 或调温式，电烙铁的温度以不超过 300 ℃为宜。烙铁头形状的选择也很重要，应根据印制电路板焊盘的大小采用凿形或锥形烙铁头。目前印制电路板的发展趋势是小型密集化，因此常用小型圆锥烙铁头。给元件引线加热时应尽量使烙铁头同时接触印制电路板上的铜箔，对较大的焊盘（直径大于 5 mm）进行焊接时可移动电烙铁使烙铁头绕焊盘转动，以免长时间对某点焊盘加热导致局部过热，如图 4-5 所示。

② 对双层印制电路板上的金属化孔进行焊接时，不仅要让焊料润湿焊盘，而且要让孔内也要润湿填充，如图 4-6 所示，因此对金属化孔的加热时间应稍长。

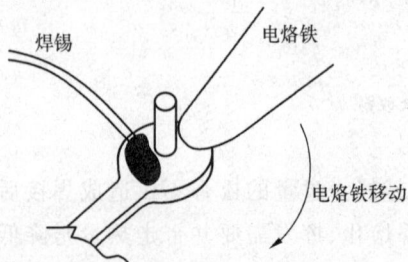

图 4-5　对大焊盘的加热焊接　　　　　　　图 4-6　对金属化孔的焊接

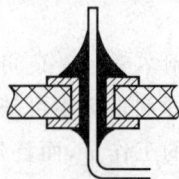

③焊接完毕后,要剪去元件在焊盘上的多余引线,检查印制电路板上所有元器件的引线焊点是否良好,及时进行焊接修补。对有工艺要求的要用清洗液清洗印制电路板,使用松香助焊剂的印制电路板一般不用清洗。

2.导线的焊接

导线的焊接在电子产品中占有重要位置,导线焊点的失效率高于元件在印制电路板上的焊点,所以要对导线的焊接工艺给予特别的重视。

(1)常用连接导线

在电子电路中常使用的导线有三类:单股导线、多股导线、屏蔽导线。

(2)导线的焊前处理

导线在焊接前要除去其末端的绝缘层,剥绝缘层可以用普通工具或专用工具。在工厂的大规模生产中使用专用机械给导线剥绝缘层,在检查和维修过程中,一般可用剥线钳或简易剥线器给导线剥绝缘层。简易剥线器可用 0.5～1 mm 厚度的铜片经弯曲后固定在电烙铁上制成(见图 4-7),使用它的最大好处是不会损伤导线。

使用普通偏口钳剥除导线的绝缘层时,要注意对单股导线不应伤及导线,对多股导线和屏蔽导线要注意不断线,否则将影响接头质量。

对多股导线剥除绝缘层的技巧是将线芯拧成螺旋状,采用边拽边拧的方式,如图 4-8 所示。

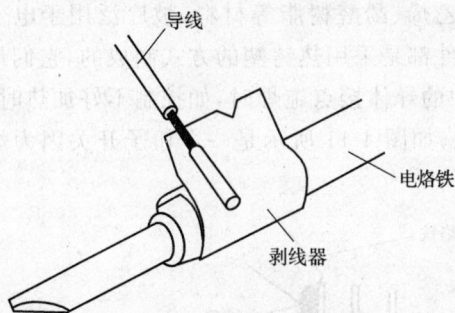

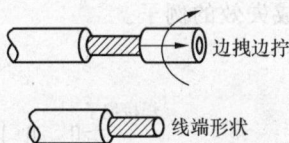

图 4-7　简易剥线器　　　　　　　　　图 4-8　多股导线的剥线技巧

对导线进行焊接,挂锡是关键的步骤。尤其是对多股导线的焊接,如果没有这步工序,焊接的质量很难保证。

(3)导线与接线端子之间的焊接

导线与接线端子之间的焊接有三种基本形式:绕焊、钩焊和搭焊,如图 4-9 所示。绕焊是把已经挂锡的导线头在接线端子上缠一圈,用钳子拉紧缠牢后再进行焊接。注意导线一定要紧贴接线端子表面,使绝缘层不接触接线端子,一般 L 取 1～3 mm 为宜。这种连接可靠性最好。钩焊是将接线端子弯成钩形,钩在接线端子的孔内,用钳子夹紧后施焊。这种焊接方法强度低于绕焊,但操作比较简便。搭焊是把经过挂锡的导线搭到接线端子上施焊。这种焊接方法最方便,但强度可靠性最差,仅用于临时焊接或不便于缠、钩的地方。

(4)导线与导线之间的焊接

导线之间的焊接以绕焊为主,如图 4-10 所示。操作步骤如下:先给导线去掉一定长度的绝缘皮;再给导线头挂锡,并穿上粗细合适的套管;然后将两根导线绞合后施焊;最后趁热套上套管,使焊点冷却后套管固定在焊接头处。

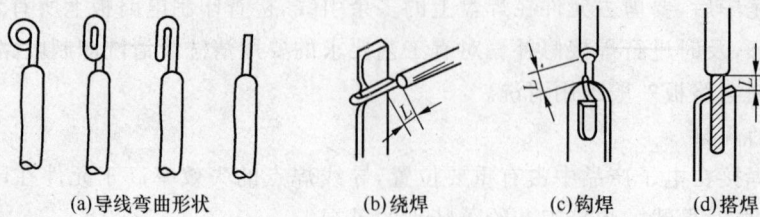

(a)导线弯曲形状　　　(b)绕焊　　　(c)钩焊　　　(d)搭焊

图 4-9　导线与接线端子之间的焊接形式

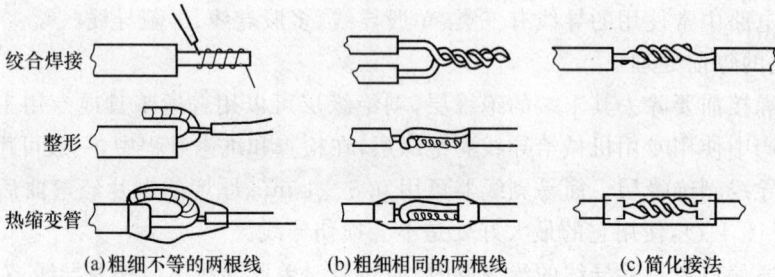

绞合焊接

整形

热缩变管

(a)粗细不等的两根线　　　(b)粗细相同的两根线　　　(c)简化接法

图 4-10　导线与导线之间的焊接

3.铸塑元件的焊接技巧

许多有机材料,例如有机玻璃、聚氯乙烯、聚乙烯、酚醛树脂等材料,被广泛用于电子元器件的制造,例如各种开关和插接件等。这些元件都是采用热铸塑的方式制成的,它们最大的弱点就是不能承受高温。当需要对铸塑材料中的导体接点施焊时,如控制不好加热时间,极容易造成塑件变形,导致元件失效或降低性能,如图 4-11 所示是一个钮子开关因为焊接不当而造成失效的例子。

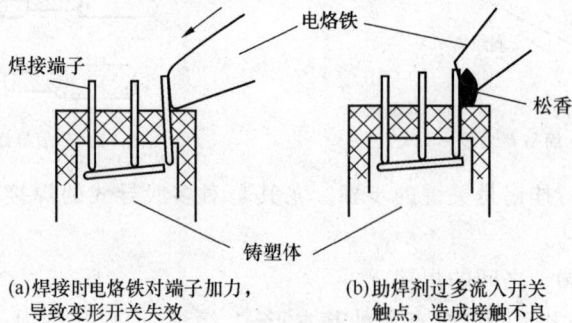

(a)焊接时电烙铁对端子加力,　　　(b)助焊剂过多流入开关
导致变形开关失效　　　触点,造成接触不良

图 4-11　因焊接不当造成铸塑开关失效

对铸塑元件进行焊接时,需要掌握的焊接技巧是：

(1)先处理好接点,保证一次镀锡成功,不能反复镀锡；

(2)将烙铁头修整得尖一些,保证焊一个接点时不碰到相邻的焊点；

(3)加助焊剂时量要少,防止助焊剂浸入电接触点；

(4)焊接时不要对接线片施加压力；

(5)焊接时间在保证润湿的情况下越短越好。

4.弹簧片类元件的焊接技巧

弹簧片类元件如继电器、波段开关等,它们的共同特点是在簧片制造时施加了预应力,使之产生适当的弹力,保证电接触性能良好。如果在安装和施焊过程中对簧片施加外力过大,则会破坏接触点的弹力,造成元件失效。

对弹簧片类元件进行焊接时,需要掌握的焊接技巧是:

(1)有可靠的镀锡;

(2)加热时间要短;

(3)不可对焊点的任何方向加力;

(4)焊锡量宜少不宜多。

5.集成电路的焊接技巧

对集成电路进行焊接时,需要掌握的焊接技巧是:

(1)集成电路的引线如果是镀金处理的,不要用刀刮,只需用酒精擦洗或用绘图橡皮擦干净就可以进行焊接了;

(2)CMOS型集成电路在焊接前若已将各引线短路,焊接时不要拿掉短路线;

(3)焊接时间在保证润湿的前提下,尽可能要短,不要超过3 s;

(4)电烙铁最好是采用恒温230 ℃、功率为20 W,接地线应保证接触良好;

(5)烙铁头应修整得窄一些,保证焊接一个端点时不会碰到相邻的端点;

(6)集成电路若直接焊到印制电路板上时,焊接顺序应为:地端—输出端—电源端—输入端。

4.2 手工拆焊

在电子产品的焊接和维修过程中,经常需要拆换已焊好的元器件,这就是拆焊,也叫做解焊。在实际操作中,拆焊比焊接要困难得多,若拆焊不得法,很容易损坏元件或破坏印制电路板上的焊盘及铜箔。

4.2.1 手工拆焊的原则与工具

1.拆焊操作的适用范围

拆焊技术适用于拆除误装误接的元器件和导线;在维修或检修过程中需更换的元器件;在调试结束后需拆除临时安装的元器件或导线等。

2.拆焊操作的原则

拆焊时不能损坏需拆除的元器件及导线;拆焊时不能损坏焊盘和印制电路板上的铜箔;在拆焊过程中不要乱拆和移动其他元器件,若确实需要移动其他元件时,在拆焊结束后应做好移动元件的复原工作。

3.拆焊操作所使用的工具

(1)一般工具

拆焊可用一般电烙铁来进行,烙铁头不要蘸锡,先用电烙铁使焊点上的焊锡熔化,然后迅速用镊子拔下元件的引脚,再对原焊点进行清理,使焊盘孔露出来,以备重新安装元件时使用。用一般的电烙铁拆焊时,可以配合其他辅助工具来进行,如吸锡器、排焊管、划针等。

(2)专用工具

拆焊的专用工具是吸锡电烙铁,它自带一个吸锡器,烙铁头是中空的。拆焊时先用烙铁头加热焊点,当焊点熔化时按下吸锡电烙铁上的吸锡开关,焊锡就会被吸入到电烙铁内的吸管里。专用工具适用于拆除集成电路、中频变压器等多引脚元件。

4.拆焊操作的具体要求

(1)严格控制加热时间；

(2)仔细掌握好用力尺度。

4.2.2 具体元件的拆焊操作技巧

1.少引脚元件的拆焊方法

一般电阻器、电容器、二极管、三极管等元件的管脚不多，对这些元器件可直接用电烙铁进行解焊，如图 4-12 所示。

焊接时，将印制电路板竖起来夹住，一边用电烙铁加热待拆元件的一个焊点，一边用镊子或尖嘴钳夹住元器件的引线，待焊点熔化后将元件引线轻轻地拉出。用同样方法，将元件的另一个引线也拔除，该元件就被从印制电路板上拆下来了。将元件拆除后，必须将该元件原来焊盘上的焊锡清理干净，使焊盘孔暴露出来，以便再安装元件时使用。在需要多次在一个焊点上反复进行拆焊操作的情况下，可用图 4-13 所示的"断线拆焊法"。

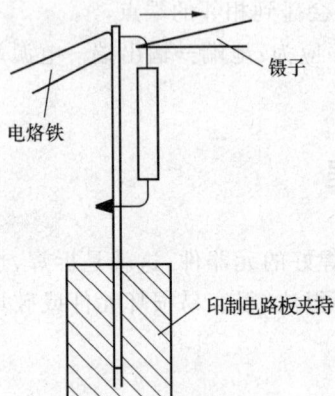

图 4-12 少引脚元件的拆焊方法

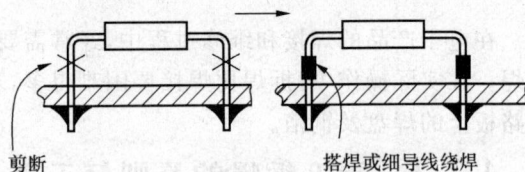

图 4-13 用断线拆焊法更换元件

2.多引脚元件的拆焊方法

当需要拆下有多个引线的元器件或虽然元件的引线数少但引线比较硬时，例如要拆下一个 16 脚的集成电路，用上述方法就不行了。可以根据条件采用以下两种方法进行拆焊。

(1)采用自制专用工具拆焊

采用自制专用工具拆焊，如图 4-14 所示。自己制作一个专用烙铁头，形状可以是线状或半工字状，一次就可将待拆元件的所有焊点加热。用这种方法拆焊速度快，但需要制作专用工具，同时烙铁的功率也需要比较大一些。显然这种方法对于不同的元器件需要制作不同形状的专用工具，有时并不是很方便，但对于专业维修的技术人员来说，还是比较实用的。

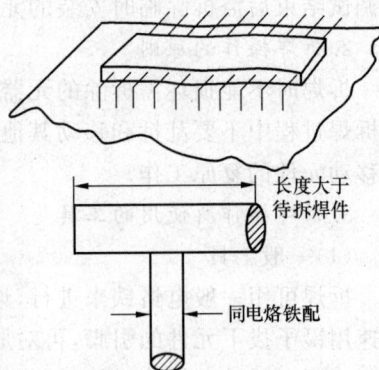

图 4-14 用自制专用工具拆焊

（2）采用吸锡电烙铁或吸锡器拆焊

吸锡电烙铁对拆焊是很有用的，既可以拆下待换的元件，又可同时使焊盘孔露出来，而且不受元器件形状和种类的限制。但这种方法需逐个将焊点除锡，工作效率不高，而且还需要定期将吸锡电烙铁吸锡腔中的焊锡清除。

在没有吸锡电烙铁的条件下，如何将其从板上拆下来而又不破坏板和元件呢？采用"拖线拆焊法"不失为一种简便易行的好方法。

找一段多股软导线，剥掉一段塑料皮，露出多股细铜线，将其在松香水中浸一下，或是用热电烙铁的背面（正面有锡）将多股铜线压在松香块上浸上一层薄薄的松香，然后将多股铜线放在多引脚元件的焊点上，用电烙铁加热，使焊盘上的焊锡都吸到导线上，在加热的过程中，将导线顺着焊点拖动，再将已吸满焊锡的那段导线剪下。反复运用拖线吸焊锡的方法将多引脚元件的焊盘孔全露出来，就可以很容易地将多引脚元件从板上拆下来了。

利用屏蔽电缆的铜丝编织线作为吸收焊锡的拖线，也是在业余拆焊中的一种既实用又方便的拆焊方法。采用"拖线拆焊法"简便易行，不损伤印制电路板和元件，是业余维修人员进行拆焊操作的好方法。

4.3　工厂锡焊

电子产品的工业焊接技术是指大批量生产的自动焊接技术，如浸锡焊、波峰焊、再流焊等。这些焊接都是采用自动焊接机完成焊接的。

4.3.1　工厂锡焊设备

1.浸锡焊接设备

浸锡焊接设备是适用于小型工厂进行小批量生产电子产品的焊接设备，能完成对元器件引线、导线端头、焊片及接点等焊接功能。目前使用较多的有普通浸锡设备和超声波浸锡设备两种类型。

（1）普通浸锡设备

普通浸锡设备是在一般锡炉的基础上加滚动装置及温度调整装置构成的。操作时，将待浸锡的元器件先浸蘸助焊剂，再浸入锡炉。由于锡炉内的焊料在不停地滚动，增强了浸锡的效果。浸锡后要及时将多余的锡甩掉，或用棉纱擦掉。有些浸锡设备带有传动装置，使排好顺序的元器件匀速通过锡炉，自动进行浸锡，这既可提高浸锡的效率，又可保证浸锡的质量。

（2）超声波浸锡设备

超声波浸锡设备是通过向锡炉辐射超声波来增强浸锡效果的，适用于对浸锡比较困难的元器件浸锡之用。此设备由超声波发生器、换能器、水箱、焊料槽和加温控制等设备组成。

2.波峰焊接机

波峰焊接机是适用于大型工厂进行大批量生产电子产品的焊接设备。波峰焊接机利用处于沸腾状态的焊料波峰接触被焊件、形成浸润焊点、完成焊接过程。波峰焊接机分为单波峰焊接机和双波峰焊接机两种类型，其中双波峰焊接机对被焊处进行两次不同的焊接，一次作为焊接前的预焊，一次为主焊，这样可获得更好的焊接质量。

目前使用较多的波峰焊接机为全自动双波峰型。它能完成焊接的全部操作，包括涂敷助焊剂、预热、预焊锡、主焊接、焊接后清洗、冷却等操作。

3.再流焊机

再流焊机又称回流焊机，是专门用于焊接表面贴装元件的设备，如现在已经广泛使用的手机、笔记本电脑等，都是在再流焊机上完成元件焊接的。焊接表面贴装元件时，先将适量的焊膏涂敷在印制电路板的焊盘上，再把涂有固定胶的表面贴装元器件放到相应的焊盘位置上。由于固定胶具有一定的黏性，可将元器件固定住，然后让贴装好元器件的印制电路板进入再流焊机的焊炉内，当焊炉内的温度上升到一定温度时，焊膏熔化，当温度再降低时焊锡凝固，元件与印制电路板就实现了电气连接。再流焊机中的核心是利用外部热源对焊炉加热的过程，这个过程既要保证使焊料熔化又要不损坏元件，完成印制电路板的焊接过程。

常用的再流焊机有红外线再流焊机、热风再流焊机、热传导再流焊机、激光再流焊机等。

热风再流焊炉主要由炉体、上下加热源、PCB 传送装置、空气循环装置、冷却装置、排风装置、温度控制装置以及计算机控制系统组成。

4.3.2　工厂锡焊工艺

1.波峰焊接的工艺流程

波峰焊接是将安装好元件的印制电路板与熔融的焊料波峰相接触以实现焊接的一种方法。这种方法适用于工业进行大批量焊接，例如电视机生产线就广泛使用波峰焊进行印制电路板的焊接。这种焊接方法焊接质量高，若与自动插件机器相配合，就可实现电子产品安装焊接的半自动化生产。

波峰焊接的工艺流程为：将印制电路板（已经插好元件）装上夹具→喷涂助焊剂→预热→波峰焊接→冷却→切除焊点上的元件引线头→残脚处理→出线，如图 4-15 所示。

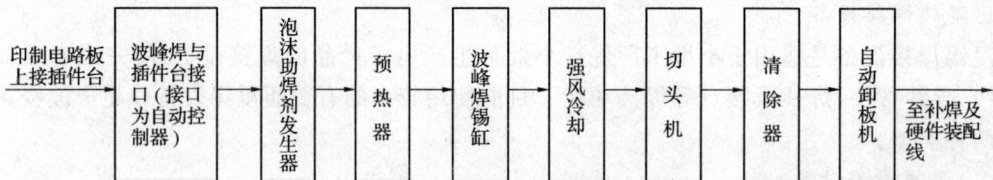

印制电路板上接插件台 → 波峰焊与插件台接口（接口为自动控制器）→ 泡沫助焊剂发生器 → 预热器 → 波峰焊锡缸 → 强风冷却 → 切头机 → 清除器 → 自动卸板机 → 至补焊及硬件装配线

图 4-15　波峰焊接的工艺流程

在波峰焊接的工艺流程中，印制电路板的预热温度为 60～80 ℃，波峰焊的焊锡温度为 240～245 ℃，要求焊锡槽中的锡峰高于铜箔面 1.5～2 mm，焊接的时间控制在 3 s 左右。切头工艺是用切头机对元器件暴露在焊点上的引线加以切除，清除器用毛刷对焊点上残留的多余焊锡进行清除，最后通过自动卸板机把印制电路板送往硬件装配线。

2.再流焊接的工艺流程

再流焊工艺焊接效率高，元件焊接的一致性好，并且节省焊料，是一种适合自动化生产的电子产品装配技术，再流焊工艺目前已经成为表面贴装技术的主流。

再流焊的加热过程可以分为预热、保温、再流焊接和冷却四个阶段，在控制系统的作用下，焊炉内的温度按照事先设定好的规律变化，完成焊接过程。

（1）预热阶段

将焊接对象从室温逐渐加热至 150 ℃左右，在这个过程中，焊膏中的溶剂被挥发。

（2）保温阶段

炉内温度维持在 150～160 ℃，在这个过程中，焊膏中的活性剂开始起作用，去除焊接对象表面的氧化层。

（3）再流焊接阶段

炉内温度逐渐上升，当超过焊膏熔点温度的 30%～40% 时，炉内温度会达到 220～230 ℃，保持这个温度过程的时间要短于 10 s，此时，焊膏完全熔化并润湿元件的焊端与焊盘。

（4）冷却阶段

炉内温度迅速降低，使焊接对象迅速降温形成焊点，完成焊接。

为调整最佳工艺参数而测定温度焊接曲线，是通过温度测试记录仪进行的，这种记录测量仪一般由多个热电偶与记录仪组成，测得的参数送入计算机，用专用软件描绘曲线。

再流焊接的工艺流程可用图 4-16 来表示。

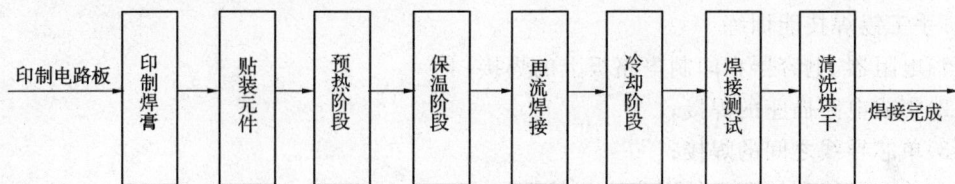

印制电路板 → 印制焊膏 → 贴装元件 → 预热阶段 → 保温阶段 → 再流焊接 → 冷却阶段 → 焊接测试 → 清洗烘干 → 焊接完成

图 4-16　再流焊接的工艺流程

在这个过程中，印制焊膏、贴装元件、设定再流焊的温度曲线是最重要的工艺过程。印制焊膏要使用焊膏印制机，目前使用的焊膏印制机有自动印制机和手动印制机。贴装元件是将元器件安装在已经印制有焊膏的印制电路板上，贴装要求的精度比较高，否则元器件贴不到位，就会形成错焊。现在在生产线上都采用自动贴片机。再流焊机通过对印制电路板施加符合要求的加热过程，使焊膏熔化，将元器件焊接在印制电路板上。

再流焊接的工艺要求有以下几点：

（1）要设置合理的温度曲线。如果温度曲线设置不当，会引起焊接不完全、虚焊、元器件翘立（俗称"竖碑"现象）、锡珠飞溅等焊接缺陷，影响产品质量。

（2）SMT 印制电路板在设计时就要确立焊接方向，并应当按照设计方向进行焊接。一般应该保证主要元器件的长轴方向与印制电路板的运行方向垂直。

（3）在焊接过程中，要严格防止传送带振动。

（4）必须对第一块印制电路板的焊接效果进行检查和判断，检查焊接是否完全、有无焊膏熔化不充分或虚焊和桥接的痕迹、焊点表面是否光亮、焊点形状是否向内凹陷、是否有锡珠飞溅和残留物等现象，还要检查印制电路板的表面颜色是否改变。只有在第一块印制电路板完全合格后，才能进行批量生产。在批量生产过程中，还要定时检查焊接质量，及时对温度曲线进行修正。

与波峰焊接技术相比，再流焊中的元器件不直接浸渍在熔融的焊料中，所以元器件受到的热冲击小，能在前道工序里控制焊料的施加量，减少了虚焊、桥接等焊接缺陷，所以焊接的质量好，焊点的一致性也比较好，因而电路的工作可靠性也大大提高。

再流焊接的焊料是商品化的焊膏，能够保证正确的组分，一般不会混入杂质，这是波峰焊接难以做到的。当然焊膏的价格也比一般焊锡要高出许多，再流焊接设备也是比较昂贵的。

3. 工厂电子产品焊接技术的发展

（1）随着微组装技术不断涌现，目前已用于生产实践的锡焊技术有丝球焊、TAB焊、倒装焊、真空焊等。

（2）发展不用焊锡以外的焊接技术。现在已经问世的焊接技术主要有高频焊、超声焊、电子束焊、激光焊、摩擦焊、爆炸焊和扩散焊等。

（3）发展无铅焊接技术，使用无铅焊料。由于铅是有害金属，人们已在使用非含铅焊料实现锡焊。目前已成功用于代替铅的有铟、铋以及甲基汞等。同时使用免洗焊膏，焊接后不用清洗，避免污染环境。

（4）发展无加热焊接。用导电黏结剂将焊件黏起来，就像用普通黏结剂黏结物品一样实现电气连接。

【实施步骤】

1. 手工锡焊技能训练

（1）电阻器、电容器在印制电路板上的焊接；

（2）集成电路插座的焊接；

（3）单芯导线之间的焊接；

（4）单芯导线和铸塑元件引脚之间的焊接；

（5）屏蔽导线与印制电路板之间的焊接；

（6）屏蔽导线与铸塑元件之间的焊接；

（7）多股导线与铝板之间的焊接；

（8）收音机元件的焊接；

（9）用细铜导线焊接一个五角星（或其他造型）。

2. 拆焊技能训练

（1）电阻器、电容器在印制电路板上的拆焊；

（2）集成电路插座的拆焊；

（3）单芯导线和铸塑元件引脚之间的拆焊；

（4）屏蔽导线与印制电路板之间的拆焊；

（5）收音机中周的拆焊。

3. 到电子产品生产企业参观焊接流水线

【技能与技巧】 在铝板上焊接导线的技巧

将导线焊到金属板上，最关键的问题是往金属板上镀锡。因为金属板的表面积大，吸热多且散热快，所以必须要使用功率较大的电烙铁。一般根据板的厚度和面积选用 50～300 W 的电烙铁即可。若板厚为 0.3 mm 以下时也可用 20 W 电烙铁，只是要增加焊接的时间。

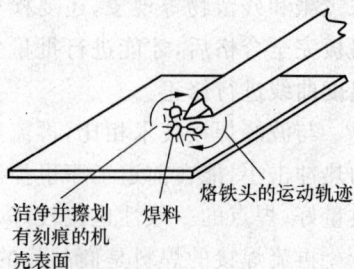

洁净并擦划
有刻痕的机
壳表面　　焊料　　烙铁头的运动轨迹

图 4-17　在铝板上进行焊接的方法

在焊接时可采用如图 4-17 所示的方法，先用小刀刮干净待焊面，立即涂上少量助焊剂，然后用烙铁头沾满焊锡适当用力地在铝板上做圆周运动，靠烙铁头的摩擦破坏铝板的氧化层并不断地将锡镀到铝板上。镀上锡后的铝板就比较容易焊接了。若使用酸性助焊剂如焊油时，在焊接完成后要及时将焊点清洗干净。

【考核方法】

采取单人逐项考核方法,教师(或是教师已经考核优秀的学生)对每个同学都要进行三次考核,分别是:

1. 在印制电路板上进行元器件焊接质量的检查;

2. 将印制电路板上的元器件进行拆焊质量的检查;

3. 各种导线焊接质量的检查。

【实训报告】

项目实训报告内容应包括项目实施目标、项目实施器材、项目实施步骤、焊接训练技巧体会。

【小结】

1. 手工锡焊是从事电子产品生产的人员必须掌握的基本技能,要正确使用焊接工具,掌握正确的焊接方法。

2. 浸锡炉适用于进行小批量电子产品的焊接,能完成对元器件引线、导线端头、焊片及接点等焊接功能。

3. 波峰焊接适用于大批量电子产品的焊接,其工艺已经实现自动化。

4. 再流焊接是专门用于焊接表面贴装元件的焊接技术,属于焊接的前沿技术,目前已经得到广泛应用。

【课后练习】

1. 手工锡焊需要进行哪几个步骤?

2. 为什么要对元件引脚进行镀锡?

3. 为什么要对导线进行挂锡?

4. 导线的焊接有哪几种方法?

5. 导线与铸塑元件焊接时要注意什么问题?

6. 导线在铝板上焊接时要采取什么方法?

7. 手工拆焊需要有什么工具?

8. 对少引脚元件拆焊可用什么方法?

9. 对多引脚元件拆焊可用什么方法?

10. 对导线与铸塑元件拆焊时要注意什么问题?

11. 对屏蔽导线进行拆焊时要采取什么顺序?

项目5

电子材料的识别与元件装接技能训练

【项目要求】

通过对一个功率放大器的实际解剖,要求学生认识功率放大器内部使用的各种电子材料,能正确识别各种电子材料的种类,熟悉各种电子材料的名称,了解电子材料在电路中的作用,掌握电子材料的检测和使用方法。要求学生对电子元件和导线在印制电路板上的形状有清楚地认识,知道电子产品在装配前需要对元件和导线进行处理。

通过该项目的学习和训练,要求学生能正确选用电子材料,掌握各种导线的加工要求,熟悉线扎的制作方法,熟练掌握各种电子元器件引脚的加工方法。

1. 知识要求

(1)掌握安装导线的种类、名称与特点。

(2)掌握绝缘材料的种类、作用与标志方法。

(3)掌握印制电路板的种类、作用与特点。

(4)掌握焊接材料的种类、作用与特点。

(5)掌握磁性材料、掌握黏接材料的种类、作用与特点。

(6)掌握绝缘导线、屏蔽导线端头在装配前的加工要求。

(7)掌握线扎的制作要求。

(8)掌握各种电子元器件在装配前对引脚的加工要求。

2. 技能要求

(1)能用目视法判断识别常见的安装导线,能正确叫出各种安装导线的名称。

(2)能用目视法判断识别常见的绝缘材料,能正确叫出各种绝缘材料的名称。

(3)能根据使用场合正确选择合适的安装导线和绝缘材料。

(4)能根据电路的复杂程度选择合适的印制电路板和焊接材料。

(5)能根据使用场合正确选择合适的磁性材料和黏接材料。

(6)能根据电路要求对绝缘导线、屏蔽导线端头进行加工。

(7)掌握线扎的制作方法。

(8)掌握各种电子元器件引脚的加工方法。

【实施器材】

1. 各种电子产品,如功率放大器、VCD 机、电视机、收音机若干台,两人配备一台机器。

2.各种类型、不同规格的新电子材料若干。

3.各种类型、不同规格的绝缘导线、屏蔽导线若干。

4.不同类型、规格的废旧导线和绑线若干。

5.各种类型、规格的电子元件若干。

6.单面和双面印制电路板若干。

7.工具和材料:斜口钳、剥皮钳、电工刀、电烙铁、焊锡、松香等。

【知识链接】

5.1　安装导线与绝缘材料

5.1.1　电路中的导线和绝缘材料

在电子产品整机内部,有许多连接线和支撑体。连接线基本上都是导线,导线又分成裸导线和有绝缘层的导线。

电子产品所用导线的导体基本上是铜线。纯铜的表面容易氧化,所以几乎所有的导线在铜线表面都有一层抗氧化层,如镀锌、镀锡、镀银等。

支撑体基本上是绝缘材料,绝缘材料除有隔离带电体的作用外,往往还起到机械支撑、保护导体及防止电晕和灭弧等作用。

绝缘材料有塑料类(聚氯乙烯、聚四氯乙烯等)、橡胶类、纤维类(棉、化纤等)和涂料类(聚酯、聚乙烯漆等),它们可以单独使用,也可组合使用。常见的电线如塑料导线、橡皮导线、纱包线、漆包线等就是以外皮的绝缘材料来命名的。

常用的安装导线外形如图 5-1 所示。

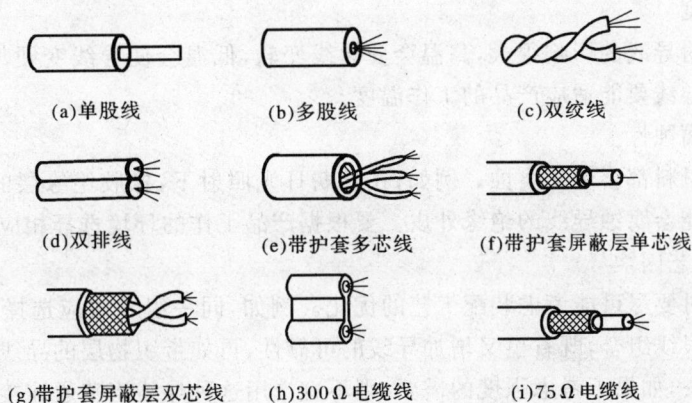

(a)单股线　　　　(b)多股线　　　　(c)双绞线

(d)双排线　　(e)带护套多芯线　　(f)带护套屏蔽层单芯线

(g)带护套屏蔽层双芯线　　(h)300Ω电缆线　　(i)75Ω电缆线

图 5-1　常用的安装导线外形图

1.选用导线时要考虑的主要因素

选用导线时要考虑的主要因素有:

(1)电气因素

①允许电流与安全电流

导线通过电流时会产生温升,在一定温度限制下的电流值称为允许电流。对于不同的绝缘材料、不同导线截面的电线，其允许电流也不同。实际选择导线时要使导线中的最大电流小于允许电流并取适当的安全系数。根据产品的级别和使用要求，安全系数可取 0.5～0.8（安全系数＝工作电流/允许电流）。

安装导线常用的电源线，因其使用条件复杂，经常被人体触及，一般要求安全系数更大一些，通常规定截面不得小于 0.4 mm²，而且安全系数不得超过 0.5。

作为粗略的估算，可按 3 A/mm² 的截流量选取导线截面，在通常条件下是安全的。

②导线的电压降

当导线较短时，可以忽略导线上的电压降，但当导线较长时就必须考虑这个问题。为了减小导线上的压降，常选取较大截面积的电线。

③导线的额定电压

导线绝缘层的绝缘电阻器是随电压的升高而下降的，如果超过一定的电压值，则会发生导线间击穿放电现象。

④频率及阻抗特性

如果通过电线的信号频率较高，则必须考虑电线的阻抗、介质损耗和集肤效应等因素。射频电缆的阻抗必须与电路的阻抗特性相匹配，否则电路就不能正常工作。

⑤信号线的屏蔽

当导线用于传输低电平的信号时，为了防止外界的噪声干扰，应选用屏蔽导线。例如，在音响电路中，功率放大器之前的信号线均需使用屏蔽导线。

（2）环境因素

①机械强度

如果产品的导线在运输或使用中可能承受机械力的作用，选择导线时就要对导线的强度、耐磨性、柔软性有所要求，特别是工作在高电压、大电流场合的导线，更需要注意这个问题。

②环境温度

环境温度对导线的影响很大，高温会使导线变软，低温会使导线变硬甚至变形开裂，造成事故。选择导线要能适应产品的工作温度。

③耐老化腐蚀性

各种绝缘材料都会老化腐蚀。例如，在长期日光照射下，橡胶绝缘层的老化会加速，接触化学溶剂可能会腐蚀导线的绝缘外皮。要根据产品工作的环境选择相应的导线。

（3）装配工艺因素

选择导线时要尽可能考虑装配工艺的优化。例如，同一组导线应选择相同芯线数的电缆而避免用单根线组合，既省事又增加导线的可靠性；再如带织物层的导线用普通的剥线方法很难剥除端头，如果不考虑强度的需要，则不宜选用这种导线当普通连接导线。

2.绝缘材料的品种和性能指标

绝缘材料的品种很多，按其形态可分为气体、液体和固体；按其化学性质可分为无机、有机和混合绝缘材料。

（1）气体绝缘材料：常用的有空气、氮、氢、二氧化碳等。

（2）液体绝缘材料：常用的有变压器油、开关油等。

（3）固体绝缘材料：常用的有云母、玻璃、瓷漆、胶、塑料、橡胶等。

为了防止绝缘性能损坏造成事故，绝缘材料应符合规定的性能指标。

材料的绝缘性能主要有：

(1)电阻率

它是最基本的绝缘性能指标。足够的绝缘电阻能把电气设备的泄露电压限制在很小的范围以内，电工绝缘材料的电阻率一般在 10^9 Ω·cm 以上。

(2)电击穿强度、击穿电压

这个指标描述了绝缘材料抵抗电击穿的能力。当外施电压增高到某一极限值时，材料会丧失绝缘特性而击穿。通常以 1 mm 厚的绝缘材料所能承受的 kV 电压值表示。一般的电工工具，例如，一般电工钳的绝缘柄可耐压 500 V，使用时必须注意不要在超过此电压的场合使用。

(3)机械强度

凡是绝缘零件或绝缘结构，都要承受拉伸、重压、扭曲、振动等机械负荷，因此，要求绝缘材料本身具有一定的机械强度。

(4)耐热性能

这个指标描述了当温度升高时，材料的绝缘性能仍旧保持可靠。绝缘材料有 Y、A、E、B、F、H、C 七个耐热等级，它们的最高允许工作温度分别为 80 ℃、105 ℃、120 ℃、130 ℃、155 ℃、180 ℃和 180 ℃以上。

绝缘材料除了以上的性能指标外，还有吸湿性能、理化性能等。

绝缘材料在使用过程中，受各种因素的长期作用，会由于电击穿、腐蚀、自然老化、机械损坏等原因，使绝缘性能下降甚至失去绝缘性能。

5.1.2 常用电工绝缘材料的选择

常用电工绝缘材料的性能、用途及选择见表 5-1。

表 5-1 常用电工绝缘材料性能和用途一览表

名称	颜色	厚度/mm	击穿电压/V	极限工作温度/℃	特点	用途	备注
电话纸	白色	0.04 0.05	400	90	坚实，不易破裂	<0.4 mm 漆包线的层间绝缘	类似品：相同厚度的打字纸、描图纸或胶版纸
电缆纸	土黄色	0.08 0.12	400 800	90	柔顺，耐拉力强	>0.4 mm 漆包线的层间绝缘、低压绕组间的绝缘	类似品：牛皮纸
青壳纸	青褐色	0.25	1500	90	坚实，耐磨	纸包外层绝缘，简易骨架	——
电容器纸	白、黄色	0.03	500	90	薄，耐压较高	<0.3 mm 漆包线的层间绝缘	——
聚酯薄膜	透明	0.04 0.05 0.10	3000 4000 9000	120～140	耐热，耐高压	高压绕组层、组间等的绝缘	
聚酯薄膜黏带	透明	0.055～0.17	5000～17000	120	耐热，耐高压强度高	同上，便于低压绝缘密封	
聚氯乙烯薄膜黏带	透明略黄	0.14～0.19	1000～1700	60～80	柔软，黏性强，耐热差	低压和高压线头包扎(低温场合)	——

（续表）

名称	颜色	厚度/mm	击穿电压/V	极限工作温度/℃	特点	用途	备注
油性玻璃漆布	黄色	0.15 0.17	2000～3000	120	耐热好，耐压较高	线圈、电器绝缘衬垫等	——
沥青醇酸玻璃漆布	黑色	0.15 0.17	2000～3000	130	耐热好，耐潮好；耐压较高，耐油差	同上，但不太适用于在油中工作的线圈及电器等	——
油性漆布（黄蜡布）	黄色	0.14 0.17	2000～3000	90	耐高压，但耐性较差	高压线圈层组间绝缘	——
油性漆绸（黄蜡绸）	黄色	0.08	4000	90	耐高压，较薄，耐油较好	高压线圈层、组间绝缘	一般适用于需减小绝缘物体积的场合
聚四氟乙烯薄膜	透明	0.03	6000	280	耐压及耐温性能极好	需耐高压、高温或酸碱等	价格昂贵
压制板	土黄色	1.0 1.5	——	90 坚实，易弯折	线包骨架		——
高频漆	黄色	——		90（干固后）	黏合剂	黏合剂黏合绝缘纸、压制板、黄蜡布等，浸渍	代用品：洋干漆
清喷漆	透明略黄	——			黏合剂	黏合绝缘纸、压制板、黄蜡布等，线圈浸渍	又名：蜡克
云母纸	透明	0.10 0.13 0.16	1600 2000 2600	130 以上	耐热好，耐压较高，但较易碎，不耐潮	各类绝缘衬垫等	——
环氧树脂灌封剂	白色	——			常用配方：6101 环氧树脂 70%，乙二胺 9%，磷苯二甲酸二丁酯 21%	电视高压包等高压线圈的灌封、黏合等	宜慢慢灌入（或滴入）高压包骨架内，以防空气进入
硅橡胶灌封剂	白色	——				电视高压包等高压线圈的灌封、黏合等	同上
地蜡	糖浆色	——	——	——		各类变压器浸渍处理用	石蜡 70%，松香 30%

5.2 印制电路板

5.2.1 印制电路板基础

在电子产品内部，所有的电子元件都是安装在一块或者是几块印制电路板上，再使用焊接材料进行电气连接。

在覆铜板上，按照预定的设计制成导电线路，元件直接焊在板上，这种形式的导电线路称为印制电路。完成印制电路加工的覆铜板，称为印制电路板（Printed Circuit Board）或印制线路板，通常简称为 PCB，如图 5-2 所示。人们熟知的计算机主机板、显卡、手机印制电路板等，它们最重要的部分就是印制电路板。

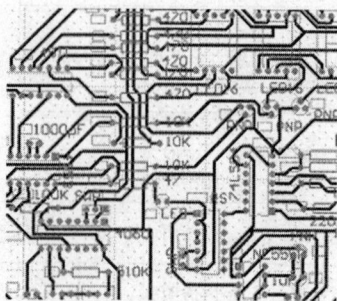

图 5-2 印制电路板

印制电路板提供了电路元件和器件之间的电气连接;为自动锡焊提供阻焊图形,为元器件插装、检查、维修提供识别字符和图形;可以从板上测得各项实际的规格以及测试数据。所以PCB是电子工业重要的电子部件之一。

随着电子技术的飞速发展,印制电路板从单面板发展到双面板、多层板、挠性板;印制电路板技术也由手工设计和传统制作工艺发展到计算机辅助设计与制作。现在PCB的布线密度、精度和可靠性越来越高;并相应缩小体积,减轻重量,从而保证了未来电子设备向大规模集成化和微型化的发展。目前,应用最广的是单面板和双面板。

1.PCB基本知识

PCB几乎会出现在每一种电子设备中。如果在某种设备中有电子元器件,那么它们也都是镶在大小各异的PCB上。

(1)PCB常用名词

①印制

采用某种方法,在一个表面上再现图形和符号的工艺,通常称为"印制"。

②印制线路

采用印制法在基板上制成的导电图形,包括印制导线、焊盘等。

③印制元件

采用印制法在基板上制成的电路元件,如电阻器、电容器等。

④印制电路

采用印制法得到的电路,它包括印制线路和印制元件或由两者组合的电路。

⑤覆铜板

由绝缘板和黏敷在上面的铜箔构成,是制造PCB上电气连线的原料。

⑥印制电路板

印制电路或印制线路加工后的板子,称为印制电路板或PCB。板上所有安装、焊接、涂敷均已完成的,习惯上按其功能或用途称为"某某板"或"某某卡",例如计算机的主板、声卡等。

(2)导线或布线

PCB本身的基板由绝缘隔热并且不易弯曲的材料制成。在表面可以看到的细小线路材料是铜箔,原本铜箔是覆盖在整个板子上的,也就是覆铜板,但在制造过程中,一部分被蚀刻处理掉,剩下来的部分就变成所需要的线路了。这些线路被称作导线或布线,用来提供PCB上元器件的电路连接,如图5-3所示。

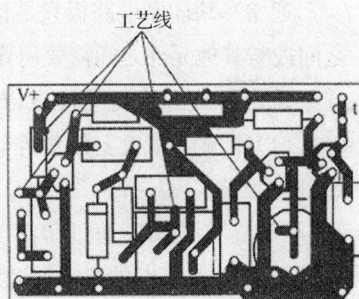

图5-3 导线布线

(3)元器件面与焊接面

为了将元器件固定在PCB上面,需要将它们的引线端子直接焊在布线上。在最基本的PCB(单面板)上,元器件都集中在一面,导线则都集中在另一面,这就需要在板子上钻孔,使元件引线能穿过板子焊在另一面上。所以PCB的两面分别被称为元器件面与焊接面。

2.PCB的分类

习惯上按印制电路的分布把PCB划分为单面板、双面板和多层板;按机械性能又可分为刚性板和柔性板两种。

(1)单面板

仅在一面上有导电图形的 PCB 叫做单面板。单面板在设计线路上有许多严格的限制,因为只有一面,所以布线间不能交叉。

(2)双面板

两面都有导电图形的 PCB 叫做双面板。这种印制电路板的两面都有布线,要用上两面的导线,必须在两面间有适当的电路连接。起到这种连接的桥梁就是导孔或过孔。导孔是在 PCB 上充满或涂上金属的小洞,与两面的导线相连接。因为双面板的面积比单面板大了一倍,而且布线可以互相交错,适合用在更复杂的电路上。

(3)多层板

有三层或三层以上导电图形和绝缘材料分层压在一起的 PCB 叫做多层板。为了增加可以布线的面积,多层板使用数片双面板并在板间放进一层绝缘层后黏牢。通常层数都是偶数,并且包含最外侧的两层。

5.2.2 印制导线的布线和对外连接

1. 印制导线的布线原则

(1)导线走向尽可能取直,以近为佳,不要绕远。

(2)导线走线要平滑自然,连接处要用圆角,避免用直角。

(3)当采用双面板布线时,两面的导线要避免相互平行,以减小寄生耦合;作为电路输入及输出用的印制导线应尽量避免相邻平行,在这些导线之间最好加上一个接地线。

(4)印制导线的公共地线,应尽量布置在印制线路的边缘,并尽可能多地保留铜箔作公共地线。

(5)尽量避免使用大面积铜箔,必须用时,最好镂空成栅格,有利于排除铜箔与基板间的黏合剂受热产生的挥发性气体;当导线宽度超过 3 mm 时可在中间留槽,以利于焊接。

2. PCB 的对外连接

通常一块印制电路板只是整机的一个组成部分,不能构成一个电子产品,因此在印制电路板之间或与其他元件之间需要用导线采用焊接的方法进行连接或者是采用插座进行插装连接。

采用导线焊线时应注意以下几点:

(1)印制电路板上的对外焊点要尽可能引到整板的边缘,并按一定的尺寸排列,以利于焊接与维修。

(2)连接导线应通过印制电路板上的穿线孔,从 PCB 的元件面穿过,焊在焊盘上,以提高导线与板上焊点的机械强度,避免焊盘或印制导线直接受力;要将导线排列或捆整齐,与板固定在一起,避免导线因移动而折断,如图 5-4 所示。

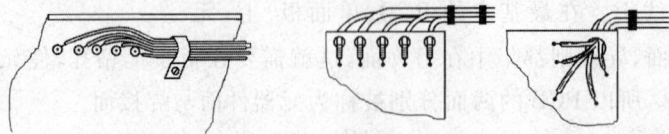

图 5-4 导线焊接 PCB

5.3　焊接材料

焊接材料是指将两种被焊物实现电气连接所需要采用的材料。焊接材料一般包括焊料、助焊剂和阻焊剂等。

5.3.1　焊料与焊锡

1. 焊料

焊料按其组成成分,可分为锡铅焊料、银焊料、铜焊料。按照使用的环境温度又可分为高温焊锡(在高温环境下使用的焊料)和低温焊锡(在低温环境下使用的焊料)。

焊料的熔点要比被焊物的熔点低,而且要易于和被焊物连在一起。

在锡铅焊料中,熔点在 450 ℃以下的称为软焊料。抗氧化焊锡是在工业生产中自动化生产线上使用的焊锡,如波峰焊等。这种液体焊料暴露在大气层中时,焊料极易氧化,会影响焊接质量。为此,在锡铅焊料中加入少量的活性金属,能形成覆盖层以保护焊料不再继续氧化,从而提高了焊接质量。

2. 焊锡

为使焊接质量得到保障,视被焊物的不同,选用不同的焊料是重要的。在电子产品装配中,一般都选用锡铅系列焊料,也称焊锡。焊锡有如下特点:

(1)熔点低

它在 180 ℃时便可熔化,使用 25 W 外热式或 20 W 内热式电烙铁便可进行焊接。

(2)具有一定的机械强度

因锡铅合金的强度比纯锡、纯铅的强度要高,又因电子元器件本身的重量较轻,对焊点的强度要求不是很高,故能满足其焊点的强度要求。

(3)具有良好的导电性

因锡铅焊料属良导体,故它的电阻很小。

(4)抗腐蚀性能好

焊接好的印制电路板不必涂抹任何保护层就能抵抗大气的腐蚀,从而减少了工艺流程,降低了成本。

(5)附着力强,不易脱落

(6)焊锡有不同的配比

由于锡铅焊料是由两种以上金属按照不同比例组成的,因此,锡铅合金的性能,就要随着锡铅的配比变化而变化。在市场上出售的焊锡,由于生产厂家的不同,其配置比例有很大的差别,为能使其焊锡配比满足焊接的需要,因此,选择配比最佳锡铅焊料是很重要的。

常用的焊锡配比是:

锡 60%、铅 40%,熔点为 182 ℃;

锡 50%、铅 32%、镉 18%,熔点为 150 ℃;

锡 35%、铅 42%、铋 23%,熔点为 150 ℃。

(7)焊锡可制成不同的形状

焊料的形状有圆片、带状、球状、焊锡丝等几种。常用的焊锡丝,在其内部夹有固体助焊剂松香。焊锡丝的直径种类很多,常用的有 4 mm、3 mm、2 mm、1.5 mm 等。

常用的锡铅材料的配比及用途见表 5-2。

表 5-2　　　　　　　　　　　　　　　　　锡铅焊料配比及用途

名称	牌号	主要成分/%			杂质>%	熔点/℃	抗拉强度/MPa/mm²	用途
		锡	锑	铅				
10 锡铅焊料	HlSnPb10	89~91	≤0.15			220	4.3	钎焊食品器皿及医药卫生方面物品
39 锡铅焊料	HlSnPb39	59~61				183	4.7	钎焊电子、气制品
50 锡铅焊料	HlSnPb50	49~51	≤0.8		0.1	210		钎焊散热器、计算机、黄铜制件
58-2 锡铅焊料	HlSnPb58-2	39~41		余量		235	3.8	钎焊工业及物理仪表等
68-2 锡铅焊料	HlSnPb68-2	29~31	1.5~2			256	3.3	钎焊电缆护套、铅管等
80-2 锡铅焊料	HlSnPb80-2	17~19				277	2.8	钎焊油壶、容器、散热器
90-6 锡铅焊料	HlSnPb90-6	3~4	5~6		0.6	265	5.9	钎焊黄铜和铜
73-2 锡铅焊料	HlSnPb73-2	24~26	1.5~2				2.8	钎焊铅管
45 锡铅焊料	HlSnPb45	53~57	——			200	—	

5.3.2　助焊剂

1. 助焊剂的作用

在进行焊接时，为能使被焊物与焊料连接牢靠，就必须要求金属表面无氧化物和杂质，这样才能保证焊锡与被焊物的金属表面发生合金反应。因此，在焊接开始之前，必须采取各种有效措施将氧化物和杂质除去。

除去氧化物与杂质通常有两种方法，即机械方法和化学方法。机械方法是用沙子和刀子将氧化物与杂质除掉，化学方法则是用助焊剂将氧化物与杂质清除。用助焊剂具有不损坏被焊物及效率高等特点，因此在焊接时，一般都采用这种方法。

助焊剂除了有去除氧化物的功能外，还具有加热时防止氧化的作用。由于焊接时必须把被焊金属加热到使焊料发生润湿并产生扩散的温度，但是随着温度的升高，金属表面的氧化就会加速，而助焊剂此时就在整个金属表面上形成一层薄膜，包住金属使其和空气隔绝，从而起到防止氧化的作用。

另外助焊剂还有帮助焊料流动、减少表面张力的作用，当焊料熔化后，应该贴附于金属表面，但由于焊料本身表面张力的作用，焊料力图变成球状，从而减少了焊料的附着力，而助焊剂则有减少焊料表面张力、增加焊料流动性的功能，故使焊料附着力增强，使焊接质量得到提高。

2. 助焊剂的种类

助焊剂可分为无机系列、有机系列和树脂活性系列。

（1）无机系列助焊剂

这种类型的助焊剂其主要成分是氯化锌或氯化铵及它们的混合物。这种助焊剂最大的特点是具有很好的助焊作用,但是具有强烈的腐蚀性。因此,多数用在可清洗的金属制品焊接中。如果对残留助焊剂清洗不干净,就会造成被焊物的损坏。如果将无机系列助焊剂用于印制电路板的焊接,将破坏印制电路板的绝缘功能。

(2)有机系列助焊剂

有机系列助焊剂主要是由有机酸卤化物组成。这种助焊剂的特点是助焊性能好,可焊性高。不足之处是也有一定的腐蚀性,且热稳定性差,即一经加热,便迅速分解,然后留下无活性残留物。

(3)树脂活性系列焊料

这种焊料系列中最常用的是在松香中加入活性剂。松香是一种天然产物,它的成分与产地有关。用做助焊剂的松香是从各种松树分泌出来的汁液中提取的,一般采用蒸馏法加工取出固态松香。松香酒精助焊剂是指用无水乙醇溶解纯松香配制成 $25\% \sim 30\%$ 的乙醇溶液。这种助焊剂的优点是没有腐蚀性,并且绝缘性能高,稳定性和耐湿性也好。焊接后容易清洗,并形成膜层覆盖焊点,使焊点不被氧化腐蚀。

3.助焊剂的选用

电子线路的焊接通常都采用松香或松香酒精助焊剂,这样可保证电路元件不被腐蚀,印制电路板的绝缘性能也不至于下降。

由于纯松香助焊剂活性较弱,只有在被焊的金属表面是清洁的、无氧化层时,可焊性才比较好。有时为清除焊接点的锈渍,保证焊点的质量也可用少量的氯化铵助焊剂,但焊接后一定要用酒精将焊接处擦洗干净,以防残留助焊剂对电路的腐蚀。

另外,电子元器件的引线多数是镀了锡金属的,也有的镀了金、银或镍的,这些金属的焊接情况各有不同,可按金属的不同选用不同的助焊剂。对于铂、金、铜、银、镀锡等金属,可选用松香助焊剂,因这些金属都比较容易焊接。对于铅、黄铜、青铜、镀镍等金属可选用有机助焊剂中的中性助焊剂,因为这些金属比上述金属的焊接性能差,如用松香助焊剂将影响焊接质量。

对于镀锌、铁、锡镍合金等金属,因焊接较困难,可选用酸性助焊剂。当焊接完毕后,必须对残留助焊剂进行清洗。

表 5-3 给出了常用助焊剂的配料比例。

表 5-3   **助焊剂的配比及主要性能**

品种	配方/g		酸值	漫流面积/mm	绝缘电阻/Ω	可焊程度
松香酒精助焊剂	特级松香 无水乙醇	23 67	43.84	390	8.5×10	中
盐酸二乙胺助焊剂	盐酸二乙胺 三乙醇胺 特级松香 正丁醇 无水乙醇	4 6 20 10 60	47.66	749	1.4×10	好
盐酸苯胺助焊剂	盐酸苯胺 三乙醇胺 特级松香 无水乙醇 溴化水杨酸	4.5 2.5 23 70 10	53.40	418	2×10	中

（续表）

品种	配方/g		酸值	漫流面积/mm	绝缘电阻/Ω	可焊程度
201 助焊剂	树脂 A 溴化水杨酸 特级松香 无水乙醇	20 10 20 50	57.97	681	1.8×10	好
201-1 助焊剂	溴化水杨酸 丙烯酸树脂 101 特级松香 无水乙醇	7.9 3.5 20.5 48.1	——	551	——	好
SD 助焊剂	SD 溴化水杨酸 特级松香 无水乙醇	6.9 3.4 12.7 77	38.19	529	4.5×10	好
201-2 助焊剂	甘油 特级松香 无水乙醇	0.5 29.5 60	59.35	638	5×10	中
202-A 助焊剂	溴化肼 甘油 蒸馏水 无水乙醇	10 5 25 60	46.11	1037	——	好
202-B 助焊剂	溴化肼 甘油 蒸馏水 无水乙醇	8 4 20 48	44.76	670	——	好

5.3.3　阻焊剂

阻焊剂是覆盖在 PCB 铜线上面的一层薄膜，起着绝缘、防止焊锡附着在不需要焊接的铜线上的作用，在一定程度上也起着保护布线层的作用。阻焊剂的颜色一般是绿色。通常在 PCB 上除焊盘外所有的层面都涂上阻焊剂，在焊盘上涂助焊剂。

阻焊剂就像是印制电路板的"外衣"，要求其有一定的厚度和硬度，要有耐溶剂性和一定的附着力，还要求其表面颜色均匀、有光泽、表面无垃圾、无多余印记。可以说，阻焊剂的外观质量也是印制电路板质量的一个重要指标。

阻焊剂一般采用丝印的方法涂敷于 PCB 上，需要经过丝印、曝光、显影、后固化等工序才能完成。

工厂中常使用液态阻焊剂（俗称绿油），其作用是：

（1）防止导体电路的物理性断线；

（2）焊接工艺中，防止因桥连产生的短路；

（3）只在必须焊接的部分进行焊接，避免焊料浪费；

（4）减少对焊接料槽的铜污染；

（5）防止因灰尘、水分等外界环境因素造成绝缘恶化、腐蚀；

（6）具有高绝缘性能，使电路的高密度化成为可能。

还有一种光成像阻焊剂类似油墨，其主要成分包括：具有感光性能的环氧树脂和丙烯酸树脂，如丙二酚环氧树脂、酚醛环氧树脂、中酚环氧树脂和氨基甲酸乙酯等；光引发剂，如硫杂蒽酮、二苯甲酮、羰基化合物、丙酮、氨基有机金属化合物等；填充剂，如硅石粉；硬化剂，如芳香族脂、酸酐;溶剂,如醚酯类;消泡剂等等。涂敷方法也使用丝网漏印。

工厂中使用的阻焊剂有各种配方,其中采用光固化阻焊剂的配方可参考如下:

癸二酸改性 618 丙烯酸环氧树脂:1 份

季戊四醇三丙烯酸酯:0.3~0.8 份

二缩三乙二醇双丙烯酸酯:0.2~0.8 份

安息香乙醚:0.06~0.09 份

气相二氧化硅:0.06~0.1 份

硅油:0.001~0.01 份

苯三唑:0.005 份

酞菁绿:适量

5.4　磁性材料与黏接材料

5.4.1　磁性材料

磁性材料分为软磁材料和硬磁材料两类,前者主要用做电机、变压器、电磁线圈的铁芯,后者主要用在电工仪器内做磁场源。

软磁材料的主要特点是导磁率高、矫顽力低,在外磁场的作用下,磁感应强度能很快达到饱和,当外磁场去除后,磁性就基本消失,剩磁小。

硬磁材料的主要特点是矫顽力高,经饱和磁化后,即使去掉外磁场,也将保持长时间而稳定的磁性。如铝镍钴、稀土钴、硬磁铁氧体等。

1.电工用纯铁

电工用纯铁的代号为 DT,其含碳量在 0.04% 以下,冷加工性能好,多制成块状或柱状。但它的铁损高,主要用于直流磁场中。

2.硅钢片

在铁中加入 0.8%~4.5% 的硅,就是硅钢。硅钢比纯铁的硬度高、脆性大,多加工成片状(如电机、变压器铁芯选用 0.3~0.5 mm 厚的硅钢叠成)。硅钢片分热轧和冷轧两种,冷轧硅钢片又分有取向和无取向两种。有取向硅钢片沿轧制方向的导磁率最高,与轧制方向垂直时导磁率最小。无取向硅钢片的导磁率与轧制方向无关。在叠制不同电工产品的铁芯时,应根据其具体要求,选用不同特性的硅钢片。如电力变压器,为减少损耗,要选用低铁损和高磁感应强度的硅钢片;小型电机应选用高磁感应强度的硅钢片;大型电机,因铁芯体积大,铁损比较大,要选用低铁损的硅钢片。

3.铁镍合金

铁镍合金工作频率在 1 MHz 以下。在电子技术中,为满足弱信号的要求,常选用导磁率和磁感应强度高的铁镍合金。型号为 IJ51 铁镍合金,因其电阻率高,饱和磁感应强度和剩磁高,适宜做磁放大器线圈的铁芯。电源变压器的铁芯用导磁率高的 IJ50 铁镍合金。IJ79 铁镍合金和 IJ16 铁铝合金,常用做小功率音频变压器的铁芯,可以减小非线性失真。

4.软磁铁氧体

软磁铁氧体广泛用于高频或较高频范围内的电磁元件中。其电阻率低、饱和磁感应强度低、温度稳定性较差。在无线电技术中最常用的镍锌和锰锌铁氧体，被用来制作滤波线圈、脉冲变压器、可调电感器、高频扼流圈及天线铁芯。

5.4.2 磁性材料的应用范围

软磁性材料的品种、主要特点和应用范围见表 5-4。

表 5-4   软磁性材料的品种、主要特点和应用范围

品种		主要特点	应用范围
电工用纯铁		含碳量在 0.04% 以下，饱和感应强度高、冷加工性能好，但电阻率低，铁损高，有磁失效现象	一般用于直流磁场中
硅钢片		在铁中加入 0.8%～4.5% 的硅而成为硅钢；与电工用纯铁比，电阻率高，铁损低，导热系数低，硬度提高，脆性增大	电机、变压器、继电器、互感器、开关等产品的铁芯
铁镍合金		在低磁场作用下，导磁率高，矫顽力低，但对应力比较敏感	频率在 1 MHz 以下，低磁场中工作的器件
铁铝合金		与铁镍合金相比，电阻率高，比重小，但导磁率低，随着含铝量的增加，硬度和脆性增大，塑性变差	低磁场和高磁场下工作的器件
软磁铁氧体		烧结体，电阻率非常高，但饱和磁感强度低，温度稳定性也较差	高频或较高频范围内的电磁元件
其他磁材料	铁钴合金	饱和感应强度特高，饱和磁致伸缩系数和居里温度高，但电阻率低	航空器件的铁芯，电磁铁磁极，换能器元件
	恒导磁合金	在一定的磁感应强度、温度和频率范围内，导磁率基本不变	恒电感器和脉冲变压器的铁芯
	磁温度补偿合金	居里温度低，在环境温度范围内，磁感应强度随温度升高，急剧地近似线性地减少	磁温度补偿元件

硬磁性材料的品种、主要特点和应用范围见表 5-5。

表 5-5   硬磁性材料的品种、主要特点和应用范围

品种		主要特点	应用范围
铸造铝镍钴系永磁材料	各向同性	制造工艺简单，可做成体积大或多对用磁体，但性能是该系统永磁材料中最低的	一般磁电仪器表、永磁电机、磁分离器、微电机、里程表
	热磁处理各向异性	剩磁和最大磁能积大，制造工艺复杂	精密磁电仪器表、永磁电机、流量计、微电机、磁性支座、传感器、扬声器、微波器件
	定向结晶各向异性	性能是该系永磁材料中最高的，制造工艺复杂，脆性大，容易折断	精密磁电仪器表、永磁电机、流量计、微电机、磁性支座、传感器、扬声器、微波器件
粉末烧结镍钴系永磁材料		永磁体表面光洁、密度小、原料消耗少，磁性能较低，宜做体积小或要求工作磁通均匀性高的永磁体	微电机、永磁电机、继电器、小型仪表
铁氧体永磁材料		矫顽力高，回复导磁率小，密度小，电阻率大	永磁点火电机、永磁电机、永磁选矿机、永磁吊头、磁推轴承、磁分离器、扬声器、微波器件、磁医疗片
稀土钴永磁材料		矫顽力和最大磁能积是永磁材料中最高的，适用于微型或薄片状永磁体	低速转矩马达、启动马达、力矩马达、传感器、磁推轴承、助听器、电子聚焦装置
塑性变性永磁材料		剩磁大，矫顽力低	里程表、罗盘仪

5.4.3 黏接材料

黏接也称胶接,是近几年来发展起来的一种新的连接工艺。特别是对异型材料的连接,例如金属、陶瓷、玻璃等之间的连接是焊接和铆接所不能达到的。在一些不能承受机械力和热影响的地方(例如应变片),黏接更有独到之处。在电子仪器和设备维修过程中也常常用到黏接。

形成良好黏接的三要素是:选择适宜的黏合剂、处理好黏接表面和选择正确的固化方法。

1. 黏合剂

黏合剂品种较多,在商品黏合剂中往往只注明黏合剂的可用范围。但在具体工程中,黏接部位往往要考虑到具体条件,如受力情况、工作温度、工作环境等。要根据这些条件选用合适的黏合剂。例如,金属与金属的黏接可用的黏合剂,在市场上约有数十种。

(1)快速黏合剂

快速黏合剂即常用的 501、502 胶,成分是聚丙烯酸酯胶。其渗透性好,黏接快(几秒钟至几分钟即可固化,24 小时可达到最高强度),可以黏接除聚乙烯、氟塑料以及某些合成橡胶以外的所有材料。缺点是接头的韧性差,不耐热。

(2)环氧类黏合剂

这种黏合剂的品种多,常用的 911、913、914、J-11、JW-1 等都是,其黏接范围广,且有耐热、耐碱、耐潮、耐冲击等优良性能。但不同的产品各有特点,需要根据产品的条件合理选择。这类黏合剂大多是双组份胶,要随用随配,并且要求有一定的温度与时间作为固化条件。

(3)酚醛—聚乙烯醇缩醇类

这种黏合剂的品种有 201、205、JSF-4 等,可黏接铝、铜、钢、玻璃等,且耐热、耐油。酚醛—有机硅(JS-12),使用温度可达 350 ℃。

酚醛—橡胶类:J-03、705、JX-7、JZ-9、FN303 等,可黏接金属、橡胶、玻璃等,剪切强度高。

(4)耐低温胶—聚氨酯黏合剂

这种黏合剂的常用牌号有:JQ-1、101、202、405、717 等。黏接范围也很广泛,各种纸、木材、织物、塑料、金属、陶瓷等都可以获得良好黏接,其最大特点是低温性能好。

这类胶在固化时需要有一定的压力,并经过很长时间才能达到最高强度,适当提高温度可缩短固化时间。

(5)耐高温胶—聚酸亚胺黏合剂

这种黏合剂的常用牌号有:14♯～30♯。可黏接铝合金、不锈钢、陶瓷等。其工作温度可达 300 ℃,胶膜的绝缘性能也很好。

2. 电子工业专用胶

(1)导电胶

这种胶有结构型和添加型两种。结构型指树脂本身具有导电性;添加型则是指在绝缘的树脂中加入金属导电粉末,例如加入银粉、铜粉等。这种胶的电阻率各不相同,可用于陶瓷、金属、玻璃、石墨等制品的机械—电气连接。成品有 701、711、DAD3～DAD6、三乙醇胺导电胶等。

（2）导磁胶

这种胶是在胶黏剂中加入一定的磁性材料，使黏接层具有导磁作用。聚苯乙烯、酚醛树脂、环氧树脂等黏合剂加入铁氧化体磁粉或羰基铁粉等可组成不同导磁性能和工艺性导磁胶。主要用于铁氧化体零件、变压器等黏接加工。

（3）热熔胶

这种胶有点类似焊锡的物理特性，即在室温下为固态，加热到一定温度后成为熔融态，即可进行黏接工件，待温度冷却到室温时就能将工件黏合在一起。这种胶存放方便并可长期反复使用，其绝缘、耐水、耐酸性也很好，是一种很有发展前景的黏合剂。可黏接金属、木材、塑料、皮革、纺织品等。

（4）光敏胶

光敏胶是由光引发而固化（如紫外线固化）的一种新型黏合剂，由树脂类胶黏剂中加入光敏剂、稳定剂等配制而成。光敏胶具有固化速度快、操作简单、适于流水线生产的特点。它可以用在印制电路板和电子元器件的连接。在光敏胶中加入适当的焊料配制成焊膏，可用于集成电路的安装技术中。

5.4.4 黏接机理与黏合面的表面处理

1. 黏合机理

由于物体之间存在分子、原子间作用力，种类不同的两种材料，但它们紧密靠在一起时，可以产生黏合（或称黏附）作用，这种黏合作用可分为本征黏合和机械黏合两种作用。本征黏合表现为黏合剂与被黏工件表面之间分子的吸引力；机械黏合则表现为黏合剂渗入被黏工件表面孔隙内，黏合剂固化后被机械地镶嵌在孔隙中，从而实现被黏工件的连接。作为对黏合作用的理解，也可以认为机械黏合是扩大了本征黏合接触面的黏合作用，这种作用类似于锡焊的作用。为了实现黏合剂与工件表面的充分接触，必须要求黏合面清洁。因此，黏接的质量与黏合面的表面处理紧密相关。

2. 黏合面的表面处理

一般看来是很干净的黏合面，由于各种原因，不可避免地存在着杂质、氧化物、水分等污染物质，黏合前黏合表面的处理是获得牢固连接的关键工序之一。任何高性能的黏合剂，只有在干净的表面才能形成良好的黏接层。

一般处理方法：对一般要求不高或较干净的表面，用酒精、丙酮等溶剂清洗去除油污，待清洗剂挥发后即行黏接。

化学处理：有些金属在黏接前应进行酸洗，如铝合金需进行氧化处理，使表面形成牢固的氧化层再进行黏接。

机械处理：有些接头为增大接触面积需用机械方式形成粗糙表面，然后再进行黏接。

3. 被黏接材料接头形式的设计

虽然不少黏合剂都可以达到或超过被黏接材料本身的强度，但接头毕竟是一个薄弱点，设计被黏接材料接头时应考虑到一定的裕度。如图5-5所示，是几个被黏接材料接头设计的例子。

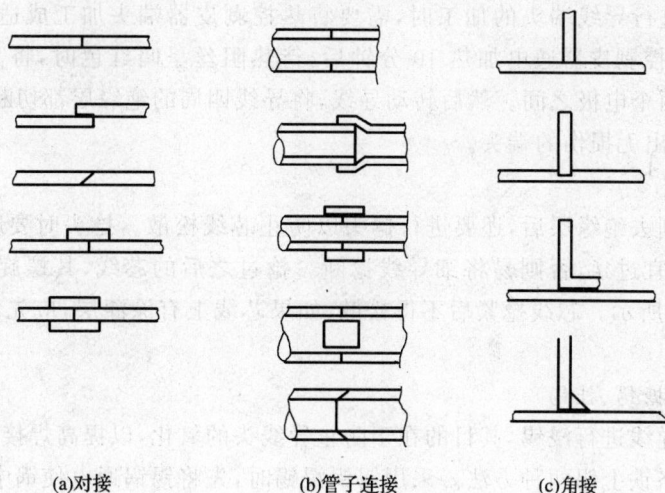

(a)对接　　　　　　　(b)管子连接　　　　　　(c)角接

图 5-5　黏接接头设计的例子

5.5　导线装配前的加工

电子元器件和导线在装配到印制电路板上之前,必须对元件引线和导线端头进行处理,以方便下一步的安装工作,这是现代化生产所要求的一项不可缺少的准备工艺。准备工艺是保证电子产品生产顺利、提高生产效率的重要环节。

5.5.1　绝缘导线装配前的加工

导线的外面包有一层绝缘物的导线称为绝缘导线。绝缘导线在安装前的加工可分成裁剪、剥头、捻头(多股导线)、浸锡、清洁、印标记等工序。

1.裁剪

导线在裁剪前,要用手或工具将其拉伸,使之平直,然后用尺和剪刀,将导线裁剪成所需要的尺寸。如果需要裁剪许多根同样尺寸的导线,可用下面方法进行:在桌上放一直尺或根据裁剪尺寸在桌上做好标记。用左手拿住导线置于直尺(或标记)左端,右手拿剪刀,用剪刀刃口夹住导线向右拉,当剪刀的刃口达到预定尺寸时,将其剪断。重复上述动作即可将导线剪成相等长度。裁剪导线的长度允许有 5%～10%的正误差,但不允许出现负误差。

2.导线端头的加工(剥头)

导线端头绝缘层的剥离方法有两种:一种是刃截法,另一种是热截法。刃截法设备简单,但有可能损伤导线。热截法需要一把热剥皮器(或用电烙铁代替,并将烙铁头加工成宽凿形)。热截法的优点是:剥头质量好,不会损伤导线。

采用刃截法时可采用电工刀或剪刀,先在导线的剥头处切割一个圆形线口,注意不要割断绝缘层而损伤导线,接着在切口处用适当的夹力撕破残余的绝缘层,最后轻轻地拉下绝缘层。

采用剥线钳剥头比较适用于直径在 0.5～2 mm 的导线、绞合线和屏蔽导线。剥线头时,将规定剥头长度的导线伸入刃口内,然后压紧剥线钳,使刀刃切入导线的绝缘层内,利用剥线钳弹簧的弹力将剥下的绝缘层弹出。

采用热截法进行导线端头的加工时,需要将热控剥皮器端头加工成适当的外形,如图5-6所示。先将热控剥皮器通电加热10分钟后,待热阻丝呈暗红色时,将需要剥头的导线按所需长度放在两个电极之间。然后转动导线,将导线四周的绝缘层都切断后,用手边转动边向外拉,即可剥出无损伤的端头。

3. 捻头

多股导线被剥去绝缘层后,还要进行捻头以防止芯线松散。捻头时要顺着导线原来的合股方向,用力不宜过猛,否则易将细导线捻断。捻过之后的芯线,其螺旋角一般在30°～45°为宜,如图5-7所示。芯线捻紧后不得松散,如果芯线上有涂漆层,应先将涂漆层去除后再捻头。

4. 浸锡(又称搪锡、挂锡)

将捻好头的导线进行浸锡,其目的在于防止导线头的氧化,以提高焊接质量。浸锡有锡锅浸锡和使用电烙铁上锡两种方法。采用锡锅浸锡时,先将锡锅通电使锅中的焊料熔化,然后将捻好头的导线蘸上助焊剂,再将导线垂直插入锡锅中,注意要使浸渍层与绝缘层之间留有3～4 mm的间隙,如图5-8所示。待导线头润湿后取出,浸锡的合适时间为1～3 s,时间不能太长,以免导线的绝缘层受热后收缩。

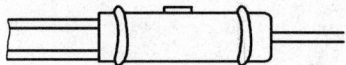

图 5-6　热控剥皮器端头形状　　　图 5-7　多股导线的捻头角度　　　图 5-8　导线端头的浸锡

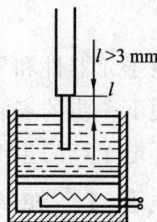

采用电烙铁上锡时,先将电烙铁加热至能熔化焊锡时,在电烙铁上蘸满焊料,将导线端头放在一块松香上,用烙铁头压在导线端头,左手边慢慢地转动导线边往后拉,当导线端头脱离电烙铁后,导线端头也上好了锡。采用电烙铁上锡时要注意:松香要用新的,否则导线端头会很脏;烙铁头不要烫伤导线的绝缘层。

5.5.2　屏蔽导线安装前的加工

屏蔽导线是一种在绝缘导线外面套上一层铜编织套再加上一层绝缘体的特殊导线,其端头的加工工序如下:

1. 屏蔽导线的裁剪和外绝缘层的剥离

先用尺和剪刀(或斜口钳)剪下规定尺寸的屏蔽导线。导线长度允许有5%～10%的正误差,不允许有负误差。

2. 屏蔽导线端部外护套的剥离

在需要剥去外护套的地方,用热控剥皮器烫一圈,深度直达铜编织层,再顺断裂圈端口烫一条槽,深度也要达到铜编织层。然后用尖嘴钳夹持外护套,撕下外护套,如图5-9所示。对直径较细、硬度较软的屏蔽导线铜编织套进行加工时,左手拿住屏蔽导线的外绝缘层,用右手手指向左推编织线,使之成为图5-9(a)所示形状。然后用针或镊子在铜编织套上拨开一个孔,弯曲屏蔽层,从孔中取出芯线,如图5-9(b)所示。用手指捏住已抽出芯线的铜屏蔽编织套向端部捋一下,根据要求裁剪适当的长度,再将端部拧紧。

3.对直径较粗、硬度较硬的屏蔽导线铜编织套的加工

对直径较粗、硬度较硬的屏蔽导线铜编织套进行加工时,要在屏蔽层下面缠黄蜡绸布 2～6 mm(或用适当直径的玻璃纤维套管),再用直径为 0.5～0.8 mm 的镀银铜线密绕在屏蔽层端头,保证宽度为 2～6 mm,然后用电烙铁将绕好的铜线焊在一起(和套管一起)后空绕一圈,并留出一定长度,最后套上收缩套管。注意焊接时间不宜过长,否则易将绝缘层烫坏。

4.屏蔽层不接地时的加工

将导线的编织层推成球状后用剪刀剪去,仔细修剪干净即可,如图 5-10(a)所示。若质量要求较高,可在剪去编织套后,将剩余的编织层翻过来,如图 5-10(b)所示,再套上收缩套管,如图 5-10(c)所示。

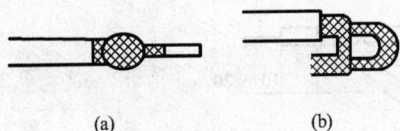

| 图 5-9　细、软屏蔽导线的加工 | 图 5-10　屏蔽层不接地时的端头加工 |

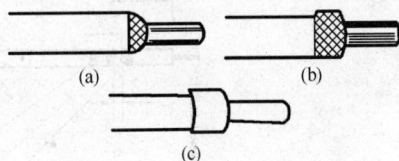

5.绑扎护套端头

对有多根芯线的电缆线(或屏蔽电缆线)的端部必须进行绑扎。棉织线外套的端部极易散开,绑扎时,从护套端口沿电缆放长约 15～20 cm 的蜡克线,左手拿住电缆线,拇指压住棉线头,右手拿起棉线从电缆线端口往里紧绕 2～3 圈。压住棉线头,然后将起头的一段棉线折过来,继续紧绕棉线。当绕线宽度达 4～8 mm 时,将起头的一段棉线折过来,继续紧绕棉线。当绕线宽度达 4～8 mm 时,将棉线端穿进线环中绕紧。此时左手压住线层,右手抽紧绑线后,剪去多余的棉线,涂上清漆。也可在棉线套与绝缘芯线之间垫 2～3 层黄蜡绸布,再用 0.5～0.8 mm 镀银铜线密绕 6～10 圈,并用电烙铁焊接(环绕焊接)。

屏蔽导线的芯线加工过程同一般绝缘线的加工方法一样,但要注意的是屏蔽导线的芯线大多是采用很细的铜丝做成,切忌用刃截法剥头,而应采用热截法。

屏蔽导线的芯线浸锡操作同一般绝缘导线的浸锡相同。但浸锡时,要用尖嘴钳夹持在离端头 5～10 mm 的地方,防止焊锡渗透进很长一段距离而形成硬结。

5.5.3　制作线扎

当导线有许多根时,在电子整机装配工作中常用细绳线和扎扣把导线扎成各种不同形状的线扎(也称线把、线束)。

制作线扎的方法主要有"连续结"法和"点结"法两种,下面根据线扎的制作过程,介绍连续结和点结线扎的制作方法。

1.裁剪导线及加工线端

按工艺文件中的导线要求裁剪好符合规定尺寸和规格的导线,并进行线端加工(包括剥头、捻头、浸锡等)。

2.在导线端头印标记

为了区分复杂线扎中的每根导线,需要在导线的两端印上标记(号码或色环),也可将印好标记的套管套在线端。印标记的方法如下：

（1）用酒精将线端或套管擦干净，晾干使用。

（2）用盐基染料（颜色的数量和种类随需要而定，即深色导线用白色颜料，浅色导线用黑色颜料等），加 10％的聚氯乙烷配成，或直接用各式油墨印字符。

（3）用眉笔描色环或用橡皮章打印标记。打印前先要将油墨调匀，将少量油墨放在油板上，用小油滚滚成一薄层，再用印章去蘸油墨。打印时，印章要对准位置，再左右摇动一下，若标记不清要马上擦掉重印。

（4）导线标记位置应在离绝缘端 8～15 mm 处，如图 5-11 所示。印字要清楚，方向要一致，数字号与导线粗细相配。

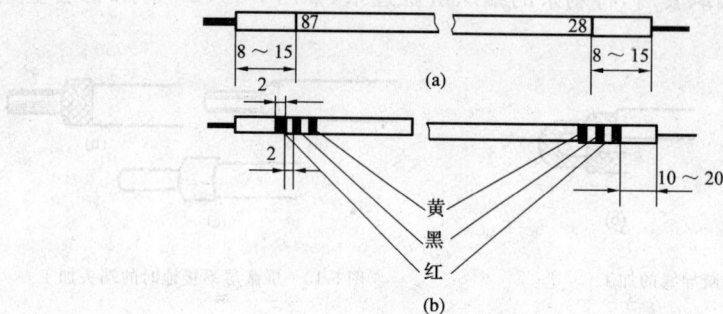

图 5-11　导线端头印标记

（5）排线

按工艺文件导线加工表排列顺序，在配线板上按图样走向依次排列。排列时，屏蔽导线应尽量放在下面，然后排短导线，最后排长导线。电子管的灯丝线应拧成绳状之后再排线。靠近高温热源的导线应有隔热措施（加石棉板或石棉绳等隔热材料）。如导线的根数较多不易放稳时，可在排完一部分之后，先用铜线临时捆扎，待所有的导线排完之后，再一边绑扎一边拆除铜线。

3. 连续结线扎

用棉线、亚麻线或尼龙线等作为扎线材料，由起始结、中间结、终端结将导线捆扎在一起。

起始结是扎在线扎的开头处，如图 5-12 所示是几种起始结的扎法。

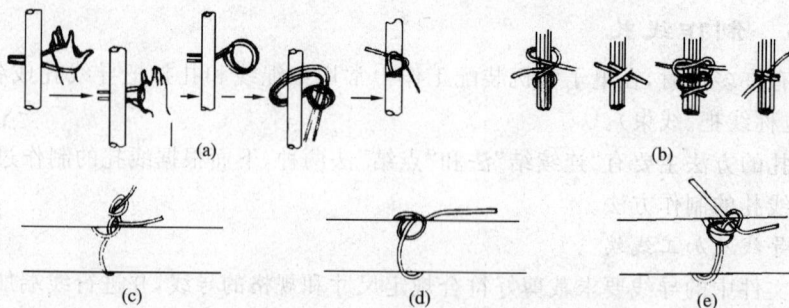

图 5-12　起始结的扎法

中间结分为绕一圈的中间结和绕两圈的中间结，如图 5-13 所示是两种中间结的扎法。

　　终端结是扎线的最后一个结,如图 5-14 所示是终端结的几种扎法。终端结通常由两个中间结再加上一个普通结作为保险而成。

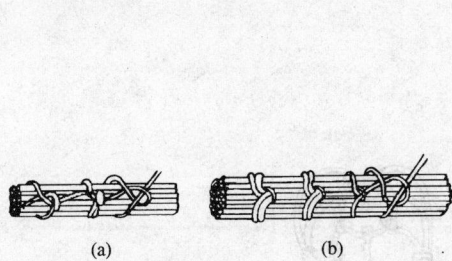

图 5-13　中间结的扎法

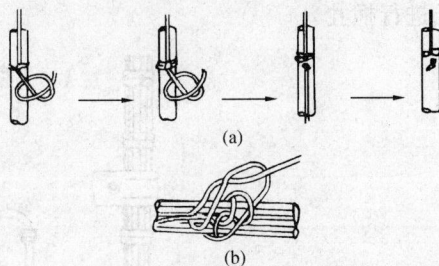

图 5-14　终端结的扎法

　　当扎线到中间发现不够长时可用延长结加接一段,以便继续扎线。如图 5-15 所示。

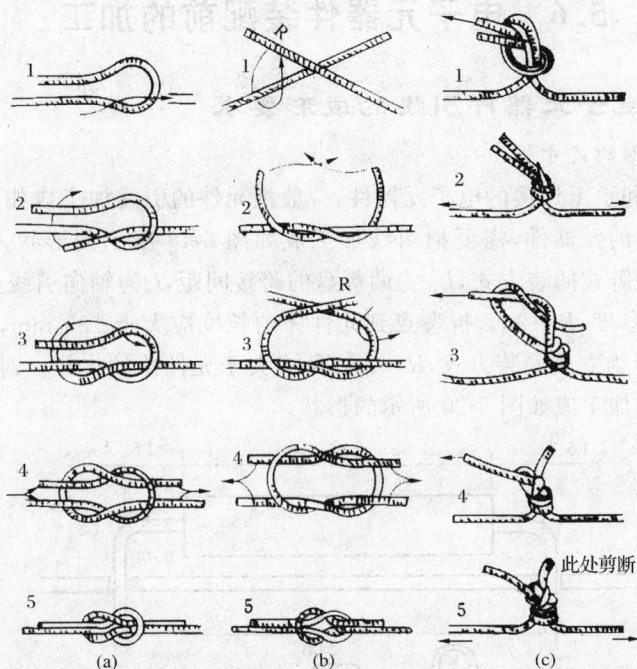

图 5-15　延长结的扎法

4.T 形结、Y 形结与十字结的扎法

　　在线扎的分支处和转弯处需要用到这三种结当中的一种。如图 5-16 所示为这三种结的扎法。

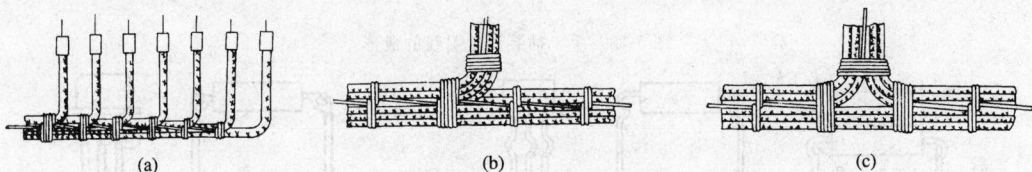

图 5-16　T 形结、Y 形结与十字结的扎法

5.点结线扎

点结的扎法如图 5-17 所示。点结比连续结简单，在许多场合，都用点结取代连续结对导线进行捆扎。

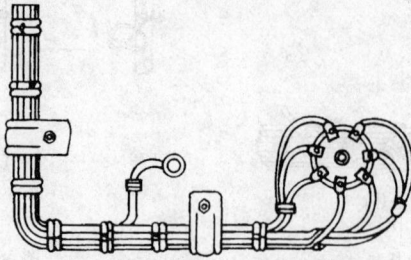

图 5-17　点结的扎法

5.6　电子元器件装配前的加工

5.6.1　对电子元器件引线的成形要求

1.元件引线成形的尺寸

对于手工插装和手工焊接的电子元器件，一般把元件的引线加工成如图 5-18 所示的形状；对采用自动焊接的元器件，需要把引线加工成如图 5-19 所示的形状。如图 5-18(a)所示，是轴向引线元件卧式插装方式，L_a 为两焊盘的跨接间距，l_a 为轴向引线元件体长度，d_a 为元件引线的直径或厚度，$R = 2d_a$，折弯点到元件体的长度应大于 1.5 mm，两条引线折弯后应平行。图 5-18(b)为立式安装方式，$R = 2d_a$，R 应大于元件体的半径。对于怕受热而损坏的元器件，其引线可加工成如图 5-20 所示的形状。

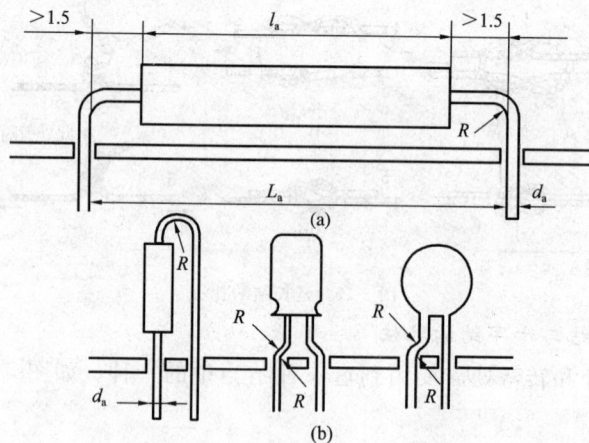

图 5-18　手工插装元件引线的成形

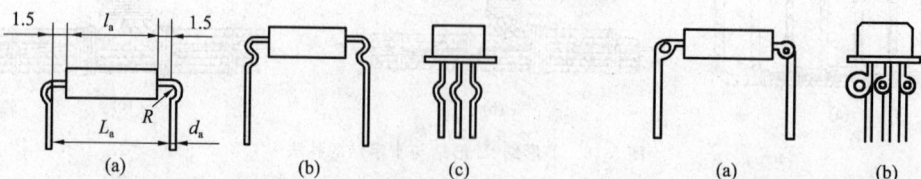

图 5-19　自动焊接元件引线的成形　　　　图 5-20　易受热损坏元件引线的成形

2.元器件引线成形的方法

目前,元器件引线的成形主要有专用模具成形、专用设备成形以及手工用尖嘴钳进行简单加工成形等方法。其中模具手工成形较为常用,如图 5-21 所示,是引线成形的模具。在模具的垂直方向开有供插入元件引线的长条形孔,将元器件的引线从上方插入长条形孔后,再插入插杆,元件引线即可成形。用模具手工成形加工引线成形的一致性比较好。

有些元器件如集成电路的引线成形不能使用模具,可使用钳具加工引线。最好把长尖嘴钳的钳口加

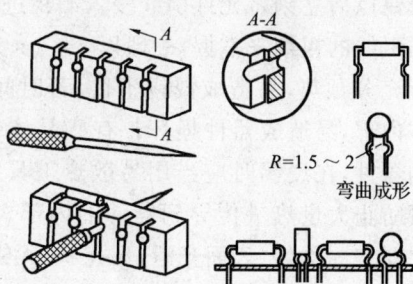

图 5-21　引线成形的模具

工成圆弧形,以防在引线成形时损伤引线。使用长尖嘴钳加工引线的过程如图 5-22(a)所示,集成电路的引线成形如图 5-22(b)所示。

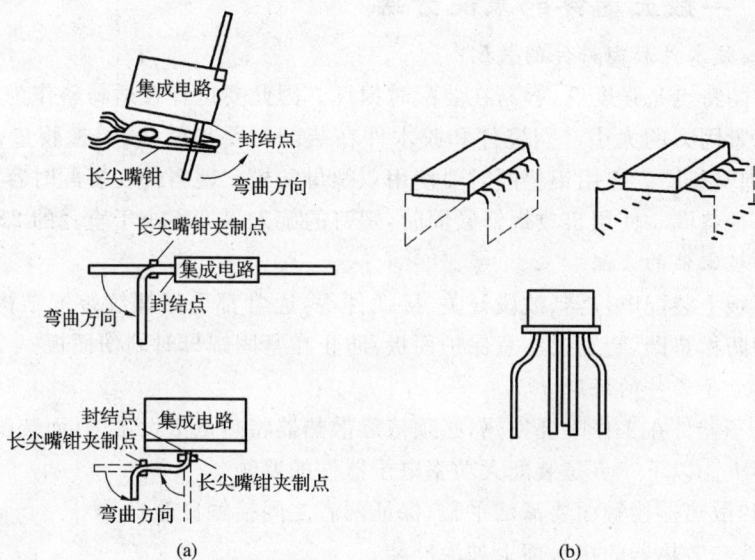

图 5-22　集成电路引线的加工及成形

5.6.2　元器件引线的浸锡

1.裸导线的浸锡

裸导线、铜带、扁铜带等在浸锡前要先用刀具、砂纸或专用设备等清除浸锡端面的氧化层污垢,然后再蘸助焊剂浸锡。镀银线浸锡时,工人必须戴手套,以保护镀银层。

2.焊片的浸锡

焊片上有个孔,在使用中需要将导线穿过孔再与焊片焊接起来。焊片和导线都要先进行浸锡。焊片在浸锡时,焊锡要没过焊片上的孔 2～5 mm,但要保证焊片在浸锡后不要将孔堵住。如果孔被焊锡堵塞可再浸一次锡,然后立即下垂使锡流掉,否则导线不能穿过焊孔进行绕接。

3.元件的引线浸锡

元器件的引线在浸锡前,应在距离器件的根部 2～5 mm 处开始去除氧化层,如图 5-23

所示。从去除氧化层到进行浸锡的时间一般不要超过 1 小时。浸锡以后立刻将元件引线浸入酒精进行散热。浸锡的时间要根据引线的粗细来掌握，一般以 2～5 s 为宜。若时间太短，引线未能充分预热，易造成浸锡不良；若时间过长，大量的热量传到器件内部，易造成器件损坏。有些晶体管和集成电路或其他怕热的器件，在浸锡时应当用易散热工具夹持其引线的上端。这样可防止大量热量传导到器件的内部。经过浸锡的引线，其浸锡层要牢固均匀、表面光滑、无孔状、无锡瘤。浸锡所用的工具和设备有刀具、电炉、锡锅和超声锡锅等。

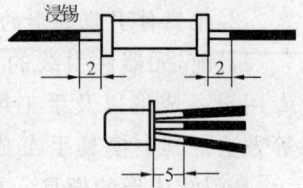

图 5-23　元件引线的浸锡

5.7　常用电子元器件的装配

5.7.1　一般元器件的装配方法

1. 陶瓷件、胶木件和塑料件的装配

这类零件的特点是强度低，容易在装配时损坏。因此要选择合适材料作为衬垫，在装配时要特别注意紧固力的大小。陶瓷件和胶木件在装配时要加软垫，如橡胶垫、纸垫或软铝垫，不能使用弹簧垫圈。选用铝垫圈时要使用双螺母防松。塑料件在装配时容易变形，应在螺钉上加大外径垫圈。使用自攻螺钉紧固时，螺钉的旋入深度不小于直径的 2 倍。

2. 仪器面板零件的装配

在仪器面板上装配电位器、波段开关、接插件等，通常都采用螺纹装配结构。在装配时要选用合适的防松垫圈，特别要注意保护面板，防止在紧固螺母时划伤面板。

3. 大功率电子器件的装配

大功率电子器件在工作时要发热，必须依靠散热器将热量散发出去，而装配的质量对传热效率影响很大。以下三点是装配大功率电子器件的要领。

(1) 器件和散热器接触面要清洁平整，保证两者之间接触良好。

(2) 在器件和散热器的接触面上加涂硅酯。

(3) 在有两个以上的螺钉紧固时，要采用对角线轮流紧固的方法，以防止贴合不良。

如图 5-24 所示，是常见大功率电子器件的装配示意图。

4. 集成电路的装配

集成电路在大多数应用场合都是直接焊装到 PCB 上，但不少产品为了调整、升级、维护方便，常采用先焊装 IC 座再装配集成电路的装配方式。计算机中的 CPU、ROM、RAM 和 EPROM 等器件，引线较多，装配时稍有不慎，就有损坏引脚的可能。对集成电路的装配还可以选择集成电路插座，因为集成电路的引线有单列直插式和双列直插式，管脚的数量也不相同，所以要选择合适的集成电路插座。

集成电路的装配要点如下：

(1) 防静电

大规模 IC 大都采用 CMOS 工艺，属电荷敏感型器件，而人体所带的静电有时可高达上千伏。工业上的标准工作环境虽然采用了防静电系统，但也要尽可能使用工具夹持 IC，并且通过触摸大件金属体（如水管、机箱等）等方式释放人体所带的静电。

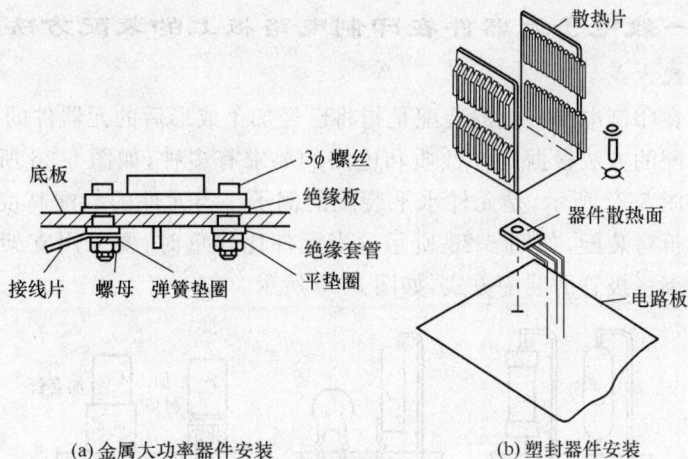

(a)金属大功率器件安装　　　　　　　(b)塑封器件安装

图 5-24　大功率电子器件的装配示意图

（2）找方位

无论何种 IC 在装配时都有个方位问题，通常 IC 插座及 IC 片子本身都有明显的定位标志，如图 5-25 所示。但有些 IC 的封装定位表示不明显，必须查阅说明书。

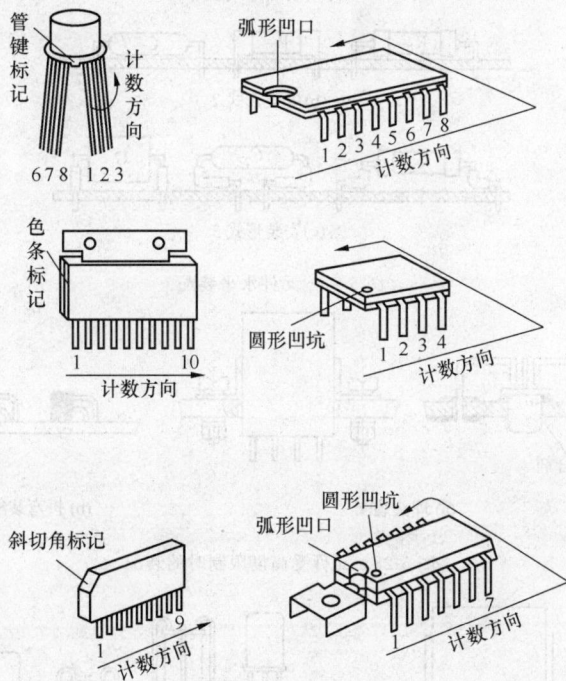

图 5-25　常见集成电路的方位标志

（3）匀施力

装配集成电路在对准方位后要仔细地让每一条引线都与插座口一一对应，然后均匀施力将集成电路插入插座。对采用 DIP 封装形式的集成电路，其两排引线之间的距离都大于插座的间距，可用平口钳或用手夹住集成电路在金属平面上仔细校正。现在已有厂商生产专用的 IC 插拔器，给装配集成电路的工作带来很大方便。

5.7.2 一般电子元器件在印制电路板上的装配方法

1.元件的装配方式

电子元器件在印制电路板上的装配是指将已经加工成形后的元器件的引线插入印制电路板的焊孔。装配的方法根据元件性质和电路的要求有多种，如图 5-26 所示，是元件直立装配的例子。如图 5-27 所示，是元件水平装配的例子。当元件的装配高度受到限制时，可采用埋头装配或折弯装配，如图 5-28 所示。当元件比较重时，要采用支架装配，如图 5-29 所示。对于小功率三极管的装配方式，如图 5-30 所示。

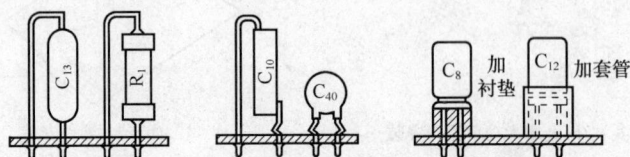

图 5-26　元件直立装配

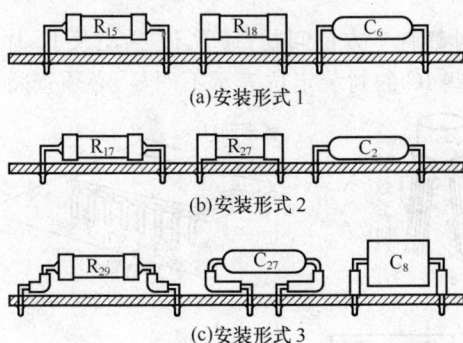

(a)安装形式 1

(b)安装形式 2

(c)安装形式 3

图 5-27　元件水平装配

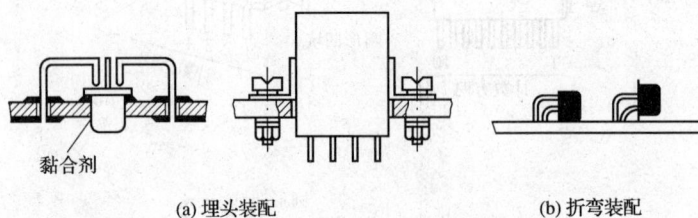

(a)埋头装配　　　　　　　　(b)折弯装配

图 5-28　元件受高度限制时的装配

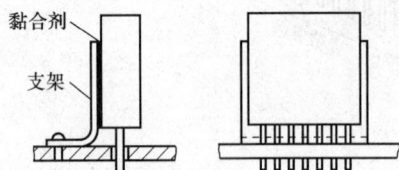

图 5-29　采用支架装配　　　　图 5-30　小功率三极管的装配方式

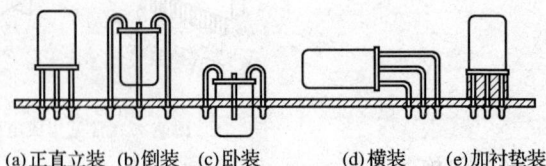

(a)正直立装　(b)倒装　(c)卧装　(d)横装　(e)加衬垫装

2.元件的装配方法和原则

装配元器件有手工装配和机器自动装配两种方法。电子元器件在装配时要遵循一些基本原则：

（1）元器件装配的顺序：先低后高，先小后大，先轻后重。

（2）元器件装配的方向：电子元器件的标记和色码部位应朝上，以便于辨认；水平装配元件的数值读法应保证从左至右，竖直装配元件的数值读法则应保证从下至上。

（3）元器件的间距：在印制电路板上的元器件之间的距离不能小于 1 mm；引线间距要大于 2 mm，必要时，要给引线套上绝缘套管。对水平装配的元器件，应使元器件贴在印制电路板上，元件离印制电路板的距离要保持在 0.5 mm 左右；对竖直装配的元件，元器件离印制电路板的距离应在 3～5 mm 左右。

3. 扁平电缆的装配

目前常用的扁平电缆是导线芯为 7×0.1 mm^2 的多股软线，外皮材料为聚氯乙烯，导线的间距为 1.27 mm，导线的根数为 20～60 不等，有各种规格，颜色多为灰色和灰白色，在一侧最边缘的线为红色或其他的不同颜色，作为接线顺序的标志，如图 5-31 所示。

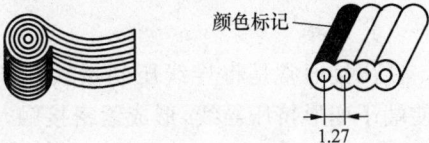

图 5-31　扁平电缆

扁平电缆的连接大都采用穿刺卡接方式或用插头连接，接头内有与扁平电缆尺寸相对应的 U 形接线簧片。在压力作用下，簧片刺破电缆绝缘皮，将导线压入 U 形刀口，并紧紧挤压导线，获得电气接触。这种压接需要有专用压线工具。在电脑中的主板和硬盘、光驱之间的连接都采用这种方式连接。如图 5-32 所示，是压好的扁平电缆组件。

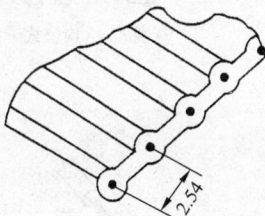

另外还有一种扁平连接电缆，导线的间距为 2.54 mm，芯线为单股或 2～3 根芯线绞合。这种连接线一般用在印制电路板之间的连接，常用锡焊方式连接，如图 5-33 所示。

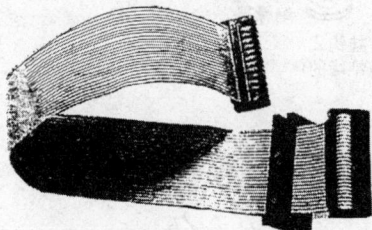

图 5-32　压好的扁平电缆组件　　　　图 5-33　扁平连接电缆

4. 屏蔽线缆的装配

常用的屏蔽线缆有聚氯乙烯屏蔽导线，常用于 500 V 以下信号的传输电气线，在屏蔽层内可有一根或多根导线。主要类型有：

（1）聚氯乙烯屏蔽导线

这种屏蔽导线多为同轴电缆，在屏蔽层内可有一根或多根软导线，常用于电子设备内部和外部之间低电平的电气连线，在音频系统也常采用这种屏蔽导线。

（2）300 欧姆阻抗平衡型射频电缆

这种屏蔽导线一般为扁平电缆，用于传输高频信号。

（3）75 欧姆阻抗不平衡型射频电缆

这种屏蔽导线多为同轴电缆，用于传输高频信号。

屏蔽线缆如常用的音频电缆一般都是焊接到接头座上，特别是对移动式电缆如耳机和话筒的电缆线，必须注意线端的固定。

5.8 压接、绕接、胶结和螺纹连接

除了焊接这种电气方式之外，压接、绕接也是常用的电气连接方法，并且这些连接方法有其特殊的优点，比如压接具有温度适应性强、连接机械强度高、无腐蚀、电气接触良好的优点，尤其在导线的连接中应用最多。此外在整机装配过程中，还要用到胶结和螺纹连接，起到固定元件和导线，将印制电路板和其他部件与机箱实现整体连接。

5.8.1 压接和绕接

1. 压接

压接通常是将导线压到接线端子中，在外力的作用下使端子变形挤压导线，形成紧密接触，如图 5-34 所示。

压接的连接机理有三个：

(1) 在压力的作用下，端子发生塑性变形，紧紧挤压导线；

(2) 导线受到挤压后间隙减小或消失，并产生变形；

图 5-34 压接示意图

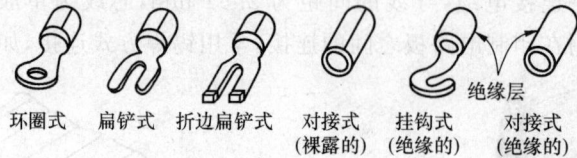

(3) 在压力去除后端子的变形基本保持，导线之间紧密接触，破坏了导线表面的氧化膜，产生一定程度的金属相互扩散，从而形成良好的电气连接。

压接端子主要有如图 5-35(a) 所示的几种类型，压接的过程如图 5-35(b) 所示。

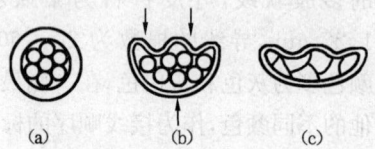

(a) 压接端子类型

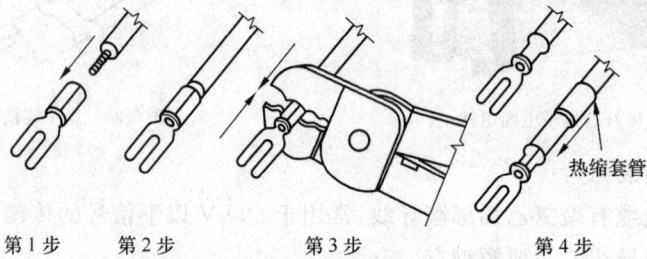

(b) 压接过程

图 5-35 压接端子类型和压接过程

压接工具是一种专用工具，常用的手工压接工具是压接钳。在批量生产中常用半自动或自动压接机完成从切断电线、剥线头到压接完毕的全部工序。在产品的研制工作中也可用普通钳子完成压接的操作。

压接操作因使用不同的机械而有各自的压接方法。一般的操作过程有三个步骤：剥线、调整工具、压线。

2. 绕接

绕接是直接将导线缠绕在接线柱上，形成电气和机械连接的一种连接技术。由于绕接有独特的优点,在通信设备等要求高可靠性的电子产品中得到广泛使用,成为电子装配中的一种基本工艺。

绕接所用的材料是接线端子和导线,接线端子(或称接线柱、绕线杆)通常由铜或铜合金制成,截面一般为正方形、矩形等带棱边的形状,如图 5-36 所示。导线则一般采用单股铜导线。

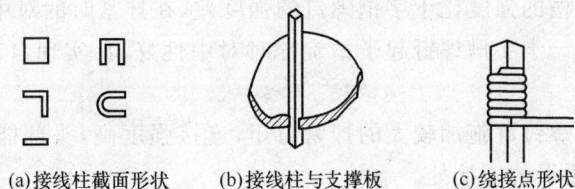

(a)接线柱截面形状　　(b)接线柱与支撑板　　(c)绕接点形状

图 5-36　绕接材料及形式

绕接靠专用的绕接器将导线按规定的圈数紧密绕在接线柱上,靠导线与接线柱的棱角形成紧密连接。由于导线以一定的压力同接线柱棱边相互挤压,形成刻痕。金属的表面氧化物被压破,使两种金属紧密接触,形成金属之间的相互扩散,从而得到良好的连接性能。一般绕接点的接触电阻可达 1 mΩ 以下。

绕接的特点主要是可靠性高,一是工作寿命长,二是工艺性好。

绕接需要使用专用的绕接器,也称做绕枪。绕枪由旋转驱动部分和绕接机构(绕头、绕套等)组成。绕头有大小不同的规格,要根据接线柱不同的尺寸及接线柱之间的距离来选用。

绕接的操作很简单:选择好适当的绕头及绕套,准备好导线并剥去一定长度的绝缘皮,将导线插入导线槽,并将导线弯曲后嵌在绕套缺口后,即可将绕枪对准接线柱,开动绕线驱动机构(电动或手动),绕线即旋转,将导线紧密绕接在接线柱上,整个绕线过程仅需 0.1~0.2 s。

良好的绕接点要求导线排列紧密,不得有重绕,导线不留尾。如果因绕接点的不合格或线路变动需要退绕时,可使用专门的退绕器。由于在绕接时导线会产生刻痕,所以退绕后的导线不能再使用。

5.8.2　胶结和螺纹连接

1. 胶结

胶结装配就是用胶黏剂将零件黏结在一起的安装方法,属于不可拆卸性连接。胶结最大的优点是工艺简单,不需专用的工艺设备,成本低,减轻质量,被广泛用于小型元器件的固定和不便于使用螺纹装配或铆接装配的零件装配中。

胶结一般要经过表面处理、胶黏剂的调配、涂胶、固化、清理和胶缝检查几个工艺过程。胶结质量的好坏主要取决于胶黏剂的性能。

2. 螺纹连接

在电子设备的装配中,对需要经常拆卸的部件,广泛采用螺纹连接。这种连接一般是用螺钉、螺栓、螺母等紧固件,将各种零部件或元器件连接起来的连接方式。其优点是连接可靠,装拆方便,可方便地表示出零部件的相对位置。但是螺纹连接的应力比较集中,在整机受到振动或冲击严重的情况下,螺纹容易松动。

比较常见的紧固件有螺钉、螺母、螺栓、螺柱、垫圈、铆钉、销钉等。

（1）螺钉

螺钉的品种很多，主要是根据头部的结构和形状命名，常用螺钉的种类有圆头和平头、一字槽螺钉和十字槽螺钉、内六角和内花键螺钉、方头螺钉和锥端紧定螺钉等。

螺钉的规格用直径和长度来标志，例如 M×312 的螺钉，表示螺钉的外圆直径为 3 mm，长度为 12 mm。

一字槽螺钉起子槽的强度比十字槽螺钉的强度差，在拧紧时的对中性也差，适用于连接强度要求较低的场合。十字槽螺钉起子槽旋拧时对中性好，易实现自动化装配，外形美观，生产效率高。

内六角和内花键螺钉可施加较大的拧紧力矩，连接强度高，头部能埋入在零件内，用于要求结构紧凑、外形平滑的连接处。

方头螺钉可施加更大的拧紧力矩，顶紧力大，但在运动部位不宜使用。

锥端紧定螺钉借助锐利的锥端直接顶紧零件，用于不常拆卸处或顶紧硬度小的零件。

平端紧定螺钉接触面积大，不伤零件表面，用于顶紧硬度较大的平面或经常调节位置的场合。

圆柱端紧定螺钉不伤零件表面，用于经常调节位置或固定装在空芯轴（薄壁件）上的零件，可传递较大的载荷。

自攻锁紧螺钉用于塑料制品零件的固定，可直接拧入。

沉头螺钉主要用于仪器面板的装配。

（2）螺母

螺母具有内螺纹，配合螺钉或螺栓紧固零部件。螺母的种类很多，其名称主要是根据螺母的外形命名，规格用 M3、M4、M5 等标志，即 M3 的螺母应与 M3 的螺钉或螺栓配合使用。

六角螺母配合六角螺栓的应用最普遍。也有的地方采用方螺母配合方头螺栓配套使用。

圆螺母多为细牙螺纹，常用于直径较大的连接，一般配用圆螺母止动垫圈，以防止连接松动。

（3）螺栓

螺栓是通过与螺母配合进行零部件的紧固。六角螺栓用于重要的、装配精度高的以及受较大冲击、振动或变载荷的地方。

（4）垫圈

垫圈的种类很多。圆平垫圈衬垫在紧固件下用以增加支撑面、遮盖较大的孔眼以及防止损伤零件表面。圆垫圈和小圆垫圈多用于金属零件上。大圆垫圈多用于木制零件上。内齿弹性垫圈用于头部尺寸较小的螺钉头下，能可靠地阻止紧固件松动。外齿弹性垫圈多用于螺栓头和螺母下，能可靠地阻止紧固件松动。圆螺母止动垫圈与圆螺母配合使用，主要用于滚动轴承的固定。单耳止动垫圈允许螺母拧紧在任意位置加以锁定，用于紧固件靠近机器边缘处。

3. 螺纹连接的形式和要求

螺纹连接主要有螺栓连接、螺钉连接、双头螺栓连接、紧定螺钉连接四种基本形式。

螺钉连接就是将螺钉从没有螺纹孔的一端插入，直接拧入被连接件的螺纹孔中，达到机械连接的目的。螺钉连接一般都需要使用两个以上成组的螺钉，紧固时一定要做到交叉对称,分步拧紧。螺钉连接的被连接件之一需制出螺纹孔,一般用于无法放置螺母的场合。

在紧固螺钉时,一般应垫平垫圈和弹簧垫圈,拧紧程度以弹簧垫圈切口被压平为准。螺钉紧固后,有效螺纹长度一般不得小于 3 扣,螺纹尾端外露长度一般不得小于 1.5 扣。若是沉头螺钉,紧固后螺钉头部应与被紧固零件的表面保持平衡,允许稍低于零件表面,但不得低于 0.2 mm。

双头螺栓连接就是将螺栓插入被连接体,两端用螺母固定,达到机械连接的目的。这种连接主要用于厚板零件或需经常拆卸、螺纹孔易损坏的连接场合。

紧定螺钉连接就是将紧定螺钉通过第一个零件的螺纹孔后,顶紧已调整好位置的另一个零件,以固定两个零件的相对位置,达到机械连接防松动的目的。这种连接主要用于各种旋钮和轴柄的固定。

除了压接、绕接、胶结和螺纹连接外,还有一种连接方式叫铆接,就是用铆钉等紧固件,将各种零部件或元器件连接起来的连接方式。目前,在一些小型零部件的装配中仍在使用。

电子装配中所用的铆钉主要有空芯铆钉、实心铆钉和螺母铆钉几类。

实心铆钉主要由铜或铝合金制成,主要用于连接不需要拆卸的两种材料。螺母铆钉一般用铜合金制作,主要用于机壳、机箱的制作中。空芯铆钉一般由黄铜或紫铜制成,是电子制作中使用较多的一种电气连接铆钉。

【技能与技巧】　有悖于常规的实用装配技巧

按照电子元器件的装配原则,应该是以先小后大、先轻后重、先分立后集成的顺序装配元器件,但对于在印制电路板上没有元件符号标记的情况下,按照这个装配原则往往容易将元件的位置搞错。在实际生产实践中,先装配集成件,再装配分立件;先装配大器件,再装配小器件,很容易将元件在板上的位置找对。因为集成件和大元件,将板上的位置占据了很多,剩下来的装配孔就不多了,很容易将元件装配正确。

例如,对分立件收音机的装配,可以采取下列顺序:双联电容器→电位器→中周→输出、输入变压器→电阻器→电容器→三极管→二极管。

按照这个顺序装配收音机元件,一般不会出现装配错误,可以试试看。

【实施步骤】

1.拆卸功率放大器整机,观看其内部结构,熟悉各种电子材料的类型、名称和外形。

2.观察各种导线的安装方法。

3.裁剪绝缘导线和屏蔽导线,对导线端头进行加工。

4.对各种元件的引脚按照工艺要求所示形状进行加工,并安装到印制电路板上。

5.用绑线对线扎进行连续结和点结的捆扎。

6.拆卸功率放大器内部的各种连接线。

7.拆卸各种紧固件。

8.按照拆卸记录下来的顺序,将功率放大器的元件、主板、紧固件、各种连接线进行复位装配。

9.检查装配结果,无误后,进行通电实验。

【小结】

1.电子材料主要有安装导线与绝缘材料。

2.安装导线一般由铜导体和绝缘层组成。

3.绝缘材料除有隔离带电体的作用外，往往还起到机械支撑、保护导体及防止电晕和灭弧等作用。

4.黏接材料是将两种材料连接在一起所需要的一种材料，对黏接材料的选用和被黏接材料接头的处理直接关系到产品的质量。

5.电子元件和各种导线在装配前一定要先进行处理，这是一道不可缺少的工序。

6.导线主要分成绝缘导线和屏蔽导线，对它们的处理主要是端头的处理。

7.对在一块印制电路板上有许多导线在一起的安装，要对导线进行扎线，也就是要把导线扎成线扎，线扎的形式要根据电路的要求决定。

8.各种电子元件的引脚也要进行处理，要根据电路的特点和装配方式的不同，将元件引线做成相应的形状。

9.元件引线的处理有手工制作和机器制作两种方法。

10.压接、绕接、胶结、螺纹连接都是装配中常用的方法，各具有特殊性。

【课后练习】

1.在元器件布局和排列时应注意哪些问题？

2.为什么要对元器件引线进行成形加工？引线成形工艺的基本要求是什么？

3.整机"线扎"加工的主要步骤是什么？

4.常用绑扎线束有哪几种方法？

5.简述射频电缆的加工方法？

6.印制电路板元器件的装配方法及装配技术有何要求？

7.电子产品的整机装配有哪些基本要求？

8.电子产品的整机装配工艺过程大致有哪几个环节？

9.元件引线成形的常用工具有哪些？

10.固定电子零部件应按什么顺序和要领拧紧螺钉？

项目6

电子电路图的读图技能训练

【项目要求】

通过对实际电子产品电路图的识读,要求学生了解电子电路图的类型和作用,学习电子电路图的读图步骤和方法,能对实际电子电路图进行分析。

1. 知识要求

(1)了解电子电路图的类型和作用。

(2)掌握电子电路图的读图步骤。

2. 技能要求

(1)能对中等复杂程度的电路图进行分析,并能对常见故障作出正确判断。

(2)通过读图训练,熟练掌握各种常用电子元器件的符号。

(3)通过读图训练,学习使用电子器件手册的方法。

(4)了解查找器件资料的其他途径。

【实施器材】

1. 实际电子产品(如声光两控灯、收音机)的电路原理图、方框图和印制电路板图,两人配备一套。

2. 与实际电子产品配套的电子元件若干套,两人配备一套。

【知识链接】

阅读电子产品的电路图是从事电子产品装配和调试工作的基本技能之一。只有能看懂电路图,才能了解并掌握电子产品的工作原理及工作过程,才能对电路进行安装、测试、维修或改进。

电路图也称做电原理图、电子线路图,用于表示电路的工作原理。电路图又分为电路原理图、电路方框图和电路接线图几种形式。

6.1 电子电路图的基本知识

6.1.1 电路原理图

电路原理图用于将该电路所用的各种元器件用规定的符号表示出来,并用连线画出它们之间的连接情况,在各元器件旁边还要注明其规格、型号和参数。电路原理图主要用于分析电路的工作原理。在数字电路中，电路原理图是用逻辑符号表示各信号之间逻辑关系的逻辑图，应注意的是，在逻辑符号上没有画出电源和接地线，当逻辑符号出现在逻辑图上时，应理解为数字集成电路内部已经接通了电源。

在电路原理图中，不同的元器件采用不同的电路符号，并且在电路符号的左方或上方都标出了该元器件的文字符号及脚标序号。脚标序号是按同类在图中的位置自左至右，自上而下的顺序编号。对于由几个单元电路组成的产品，必要时元器件顺序编号亦可按单元编制，可以在文字符号的前面加一个该单元的顺序号，并与文字符号写在同一行上。

很多电路原理图上还会设置元器件目录表，表中会汇总标出各元器件的位号、代号、名称、型号及数量，在进行整机装配时，应严格按目录表的规定安装。

电路图中使用的各种图形符号，不表达电路中每个元器件的形状或尺寸，也不反映这些元器件的安装和固定情况，因而一些辅助元件如紧固件、接插件、焊片、支架等组成实际仪器不可缺少的器件在电路图中都不画出。

在电路图中特别值得注意的是连线的画法和省略画法。

1.电路原理图中的连线

在电路原理图中的连线有实线和虚线两种。

(1)实线

实线表达了在电路图中的元器件之间的电气连接，用于连接各个图形符号。在电路图中的实线为了清楚和表达无误，有以下几点要求：

①连线要尽可能画成水平或垂直线，斜线不代表新的含义。在说明性电路图中有时为了表达某种工艺思路特意画成斜线只表示电路接地点的位置和强调一点接地，如图6-1所示。

②实线的相互平行线之间，距离不得小于 1.2 mm；较长的实线应按功能分组画，各组之间应留有 2 倍的线间距。实线如有分支时，一般不要从一点上引出多于 3 根的连线，如图6-2所示。

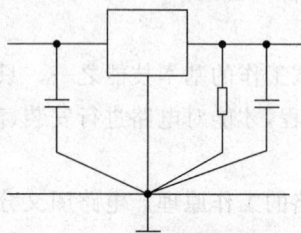

图 6-1 以斜线表示电路接地点的位置　　　　　　图 6-2 实线分支的画法

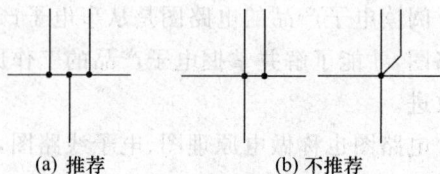

(a) 推荐　　　　(b) 不推荐

③实线线条有粗细的区别时，如果没有特殊说明，不代表电路上电气连接的变化。

④实线连线可以任意延长和缩短。

(2)虚线

在电路图中的虚线一般是作为一种辅助线来使用，没有实际电气连接的意义。虚线有以下几种辅助表达作用：

①虚线在电路图中表示元件之间的机械联动作用，如图6-3所示。

②虚线在电路图中表示封装在一起的元器件，如图6-4所示。

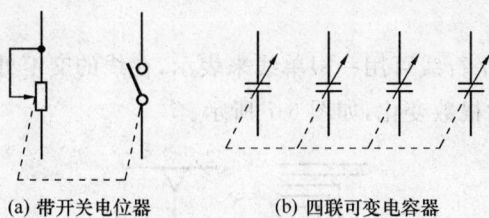

(a) 带开关电位器　　　(b) 四联可变电容器

图 6-3　虚线表示元件之间的机械联动作用

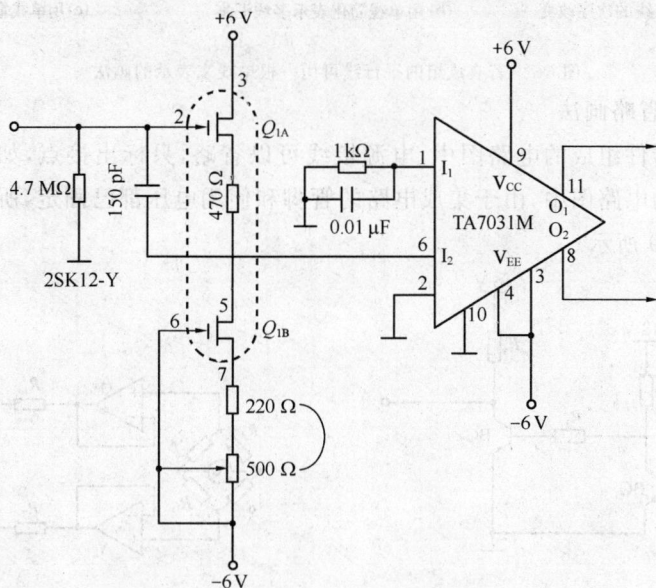

图 6-4　虚线表示封装在一起的元器件

③虚线在电路图中表示对元件进行屏蔽,如图 6-5 所示。

④虚线在电路图中的其他作用。例如表示一个复杂电路被分隔为几个单元电路,将印制电路板分成几个小板,这时一般都需要在图上附加说明。

2.电路图中连线的省略与简化

在有些比较复杂的电路图中,如果将所有的连线和接点都画出,则图形过于密集,线条多反而不易看清楚。因此采取各种办法简化图形或对线条进行省略,使画图和读图都比较方便。

(1)连线的中断

在电路图中离得较远的两个元器件之间的连线,可以不直接画出,而用中断的办法表示,特别是成组的连线,用这种方法可大大简化图形,如图 6-6 所示。

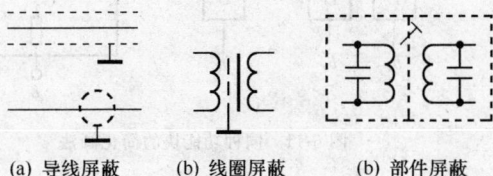

(a) 导线屏蔽　　　(b) 线圈屏蔽　　　(b) 部件屏蔽

图 6-5　虚线表示对元件进行屏蔽

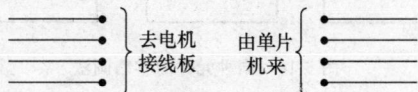

图 6-6　连线的中断

（2）用单线表示多线

在电路图中，成组的平行线可用一根单线来表示，在线的交汇处采用在一根短斜线旁标注数字的方法来表示线的根数变化，如图 6-7 所示。

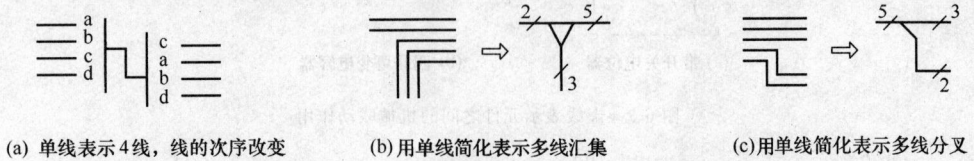

(a) 单线表示 4 线，线的次序改变   (b) 用单线简化表示多线汇集   (c) 用单线简化表示多线分叉

图 6-7 若有成组的平行线可用一根单线来表示的画法

（3）电源线的省略画法

在由分立元器件组成的电路图中，电源接线可以省略，只标出接点，如图 6-8 所示。在由集成电路组成的电路图中，由于集成电路的管脚和使用电压都已固定，所以往往把电源接点也省去，如图 6-9 所示。

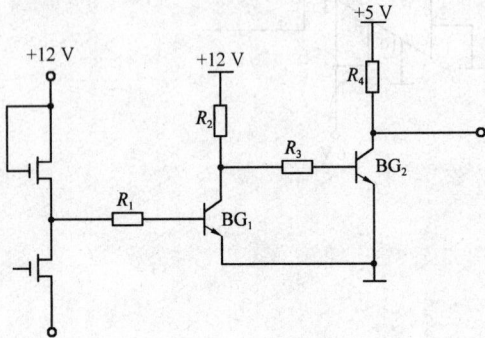

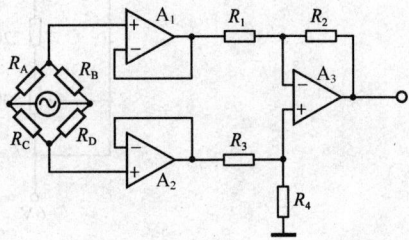

图 6-8 电源线的省略画法   图 6-9 在集成电路电路图中电源接点也省去的画法

（4）同种元器件在电路图中的简化画法

在数字电路图中，有时需要重复使用同一种元器件，而且器件的使用功能也相同，这时可以采用如图 6-10 所示的方法。在图 6-10 中，R_1 到 R_{21} 共有 21 个电阻器，不但阻值相同而且它们在图中的几何位置也相同，采用图中所示的简化画法就很实用。

（5）同种功能块的简化画法

在复杂的电路图特别是数字电路图中，经常会遇到从电路形式到功能都完全相同的电路，这时就可采用如图 6-11 所示的方式进行简化。

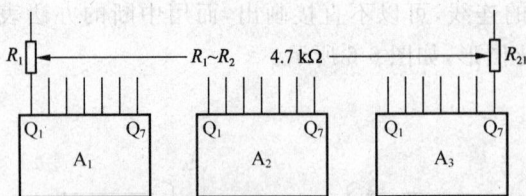

图 6-10 同种元件的省略画法   图 6-11 同种功能块的简化画法

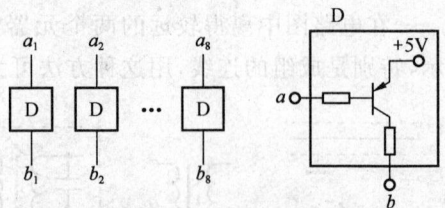

6.1.2 逻辑电路图

在数字电路图中，常常用逻辑符号来表示各种有逻辑功能的单元电路。在表达逻辑关

系时,可采用只画出逻辑符号而不画出具体电路,这样的电路图叫做逻辑电路图。

1.逻辑电路图的画法

逻辑电路图有理论逻辑图(又称纯逻辑图)和工程逻辑图(又称逻辑详图)之分。前者只考虑电路的逻辑功能,不考虑具体器件和电平的高低,常用于教学等说明性领域;后者则涉及具体电路器件和电平的高低,属于工程用图。

由于集成电路的飞速发展,特别是大规模集成电路的应用,绘制详细的电路原理图,不仅非常繁琐,而且没有必要。逻辑电路图实际上已经取代了数字电路中的原理图。如图 6-12 所示是理论逻辑图的实例,如图 6-13 所示是工程逻辑图的实例。

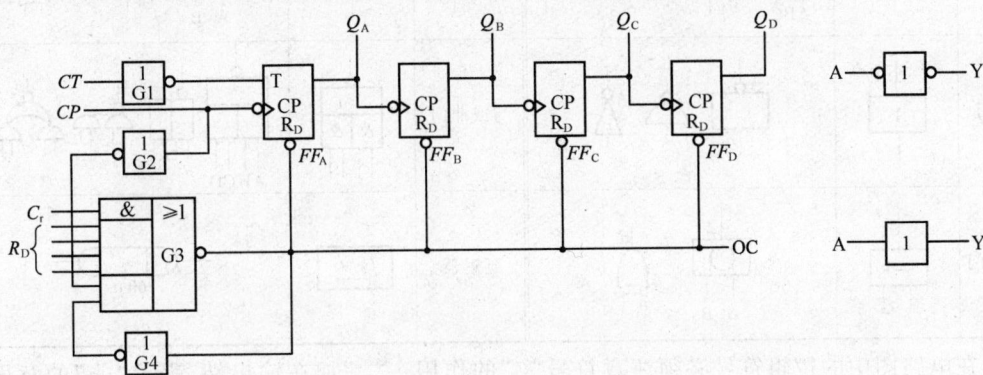

图 6-12　理论逻辑图的实例

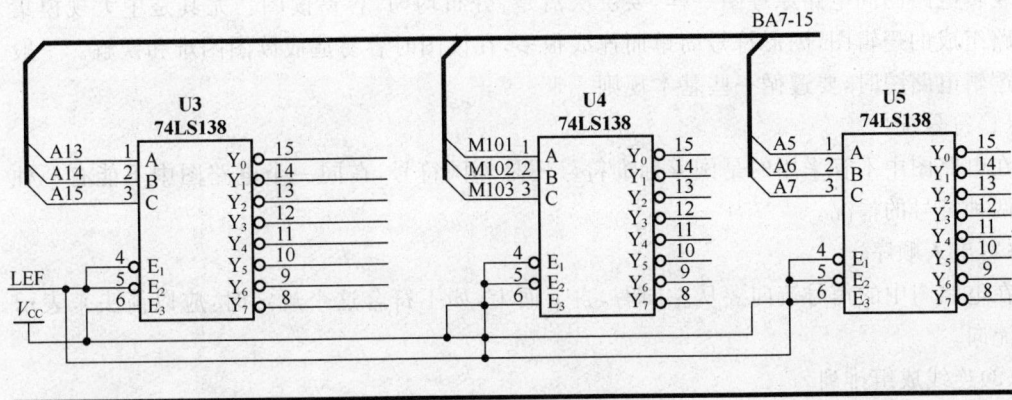

图 6-13　工程逻辑图的实例

2.在逻辑电路图中的逻辑符号

在逻辑电路图中,逻辑符号的画法很重要。国家标准规定的标准逻辑符号和国外的逻辑符号有所不同,但两者都常见于逻辑电路图中,所以在现阶段还有必要认识这两种逻辑符号。表 6-1 列出部分常用的逻辑符号,其中标准符号是指中国国家标准,其他符号是指国外或某些厂家的逻辑符号。

表 6-1 常用逻辑符号对照表

名　称	标　准	其　他	名　称	标　准	其　他
与门	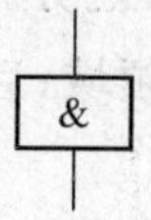 &	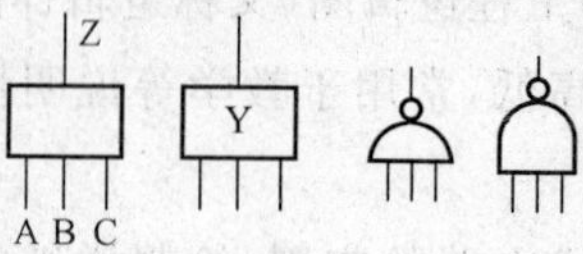 Z / Y / A B C	与非门	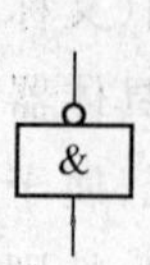 &	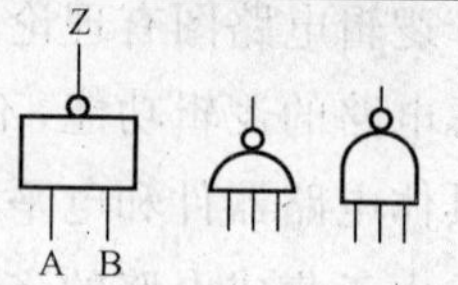 Z / A B
或门	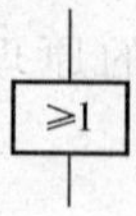 ≥1	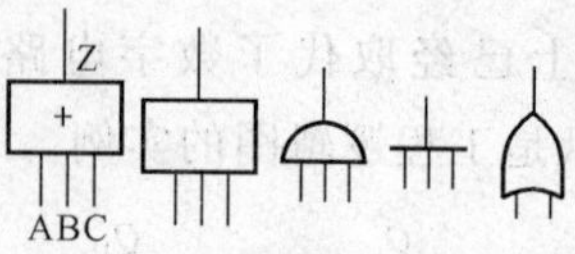 Z / + / ABC	或非门	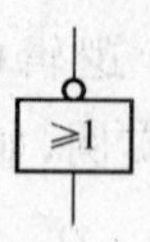 ≥1	 Z / + / A B
非门	 1	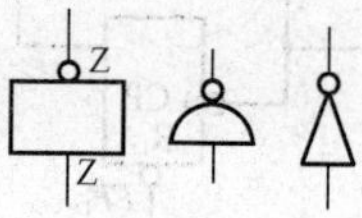 Z	与或非门	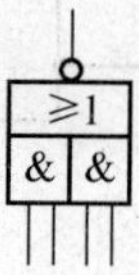 ≥1 & &	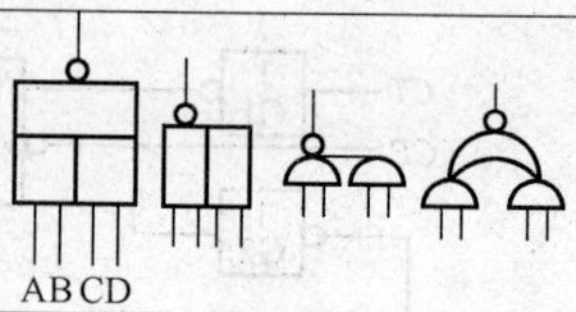 AB CD
异或门	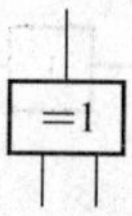 =1	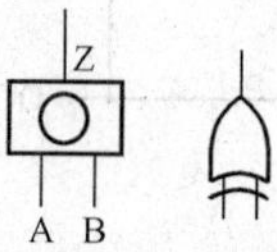 Z / A B	延迟器	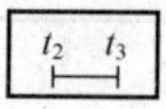 t_2 t_3	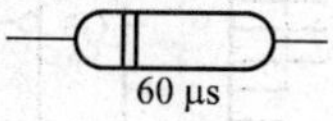 60 μs

在电路图中的逻辑符号必须注意符号"○"的作用。"○"加在输出端，表示"非"的意思；而"○"加在输入端，则表示在该输入端有效信号是低电平、负脉冲或下降沿。

3.画逻辑电路图的基本规则

逻辑电路图同电路原理图一样，要层次清楚，分布均匀，容易读图。尤其是中大规模集成电路组成的逻辑图，图形符号简单而连线很多，在读图时容易造成读图困难和误解。一般在画逻辑电路图时，要遵循一些基本规则。

(1)符号统一

在电路图中不管采用的是国家标准符号还是外国符号，在同一个电路图中不能有一种器件两种符号的情况。

(2)出入顺序

在电路图中的信号流向要从左向右，自下而上，如不符合这个规定时，应以箭头来表示信号流向。

(3)连线成组排列

在逻辑电路中有很多连线，它们的规律性很强，应将有相同功能关联的线排在一组并且与其他线保持适当距离，如计算机电路中的数据线、地址线等。

(4)管脚标注

对中大规模集成电路来说，标出管脚名称与标出管脚标号同样重要。但有时为了在图中不至于显得太拥挤，可只标其一而用另外一图详细标明该芯片的管脚排列及功能。多个相同的集成电路在电路图中可只标出其中的一个。

4.在逻辑电路图中的简化画法

在电路原理图中的简化画法，都适用于逻辑电路图。此外，由于在逻辑电路图中的连线多而有规律，可采用一些特殊简化画法。

（1）同一组线可以只画首尾,将中间省略。由于这种电路图专业性很强,工程人员在读图时一般不会发生误解。

（2）采用断线表示法,即在连线的两端写上名称而将中间线段省略。

（3）将多线变单线,对成组排列的线,可采用在电路的两端画出多根连线而在中间则只用一根线代替一组线的画法,也可在表示一组线的单线上标出线的根数。

6.1.3　电路方框图

电路方框图是将整个电路系统分为若干个相对独立的部分,每一部分用一个方框来表示,在方框内写明该部分电路的功能和作用,在各方框之间用连线来表明各部分之间的关系,并附有必要的文字和符号说明。

电路方框图简单、直观,可在宏观上了解整个电路系统的工作原理和工作过程,可以对系统进行定性分析。在读图时先阅读电路方框图,可为进一步读懂电路原理图,起到引路的作用。如图 6-14 所示是普通超外差收音机的方框图,它使人一眼就可看出电路的全貌,对收音机的组成部分和各级的功能一目了然。

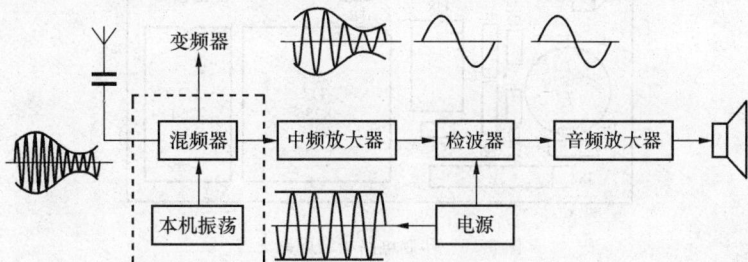

图 6-14　普通超外差收音机的方框图

有了电路方框图,对了解电路原理图非常有用。因此一般比较复杂的电子设备都附有方框图。

6.1.4　电路接线图

电路接线图是将电路图中的元器件及连接线按照布线规则绘制的图,各元器件所在的位置上有元器件的名称和标号。在工厂生产的电子产品电路中,电路接线图就是印制电路板图。印制电路板图主要用于指导对电子设备的安装、调试、检查和维修。

印制电路板图有两类,一类是将印制电路板上的导线图形按板图画出,然后在安装位置插上元器件,如图 6-15 所示。

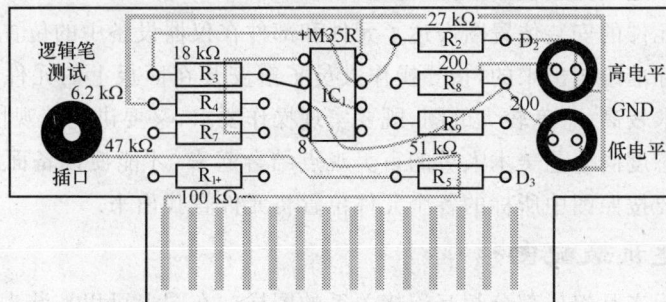

图 6-15　印制电路板装配图之一

读这种安装图时要注意以下几点：

（1）在板上的元器件可以是标准符号和实物示意图，也可以两者混合使用。

（2）对有极性的元器件，如电解电容器的极性、三极管的极性一定要看清楚。

（3）对同类元件可以直接标出参数、型号，也可只标出代号，另有附表列出代号的内容。

（4）对特别需要说明的工艺要求，如焊点的大小、焊料的种类、焊后的处理方法等技术要求，在图上一般都有标注。

还有一类印制电路板装配图不画出印制导线的图形，而是将元件的安装面作为印制电路板的正面，画出元器件的外形及位置，指导工人进行元件的装配插接，如图 6-16 所示。这类电路图的元件大多是以集成电路为主，电路的元器件排列比较有规律，而且印制电路板上有用油漆印制的元器件标记，对照此图进行元件安装一般不会发生错误。

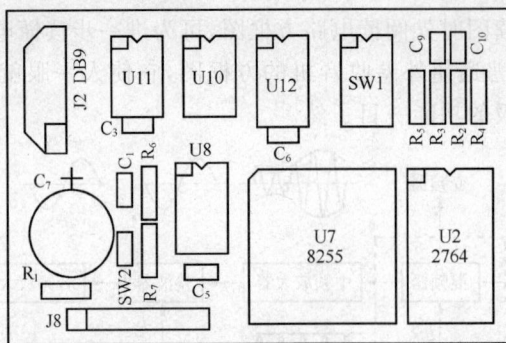

图 6-16　印制电路板装配图之二

读这种安装图时要注意以下几点：

（1）图上的元器件全部用实物表示，但没有细节，只有外形轮廓。

（2）对有极性或方向定位的元件，按照实际排列时要找出元件极性的安装位置。

（3）图上的集成电路都有管脚顺序标志，且大小和实物成比例。

（4）图上的每个元件都有代号。

（5）对某些规律性较强的器件如数码管等，有时在图上是采用了简化表示方法。

在实际工程中，当采用计算机设计印制电路板图时，只要需要，可同时获得印制电路板的装配图。

6.1.5　机壳底板图和设备面板图

这两种图是表达机壳底板上元件的安装位置和面板上各个操作旋钮、开关等元件位置的。机壳底板上元件的安装位置图表达了元件和部件在仪器设备中的位置。设备面板图是按照机械制图的标准绘制出来的，指导操作人员了解安装在面板上的元件位置。设备面板图是工艺图中要求较高、难度较大的图，既要实现操作要求，又要讲究美观悦目，将工程技术人员的严谨科学态度同工艺美术人员的审美观点结合起来，才能使设备面板图达到上述要求。读这种图时要按照图中所标的各个元件位置将元件查找出来。

6.1.6　整机装配图

装配图是表示产品组成部分相互连接关系的图样。在图上可以按装入的零部件或整机的装配结构来完整地表示出产品的结构总形状。

装配图一般包括以下几项内容：

(1)表明产品装配结构的各种视图。

(2)外形尺寸、安装尺寸、与其他产品连接的位置尺寸，以及所需检查的尺寸和极限偏差。

(3)装配时需借助的配合或装配方法。

(4)在装配过程中或装配完毕后需要加工的说明。

(5)其他必要的技术要求和说明。

看装配图时，首先要看标题栏，了解装配图的名称、图号等内容。看明细栏来了解各零部件的序号、名称、材料、性能及其用途等内容。然后找到各部件在装配图上的位置。仔细分析装配图各部件的相互位置关系和装配连接关系等，最后按照工艺的要求，按装配图进行装配。

6.2 电子电路图的读图步骤和查找器件资料的途径

6.2.1 电子电路图读图的基本步骤

对电路原理图的读图可以采用以下步骤进行。

1.先了解电路的用途和功能

在开始读图时首先要大致了解该电路的用途和电路的总体功能，这对进一步分析电路图各部分的功能将会起到指导作用。电路的用途可以从电路的说明书中找到，若没有电路说明书只能通过分析输入信号和输出信号的特点以及它们的相互关系来找出。

2.查清每块集成电路或晶体管的功能和技术指标

在电子设备中，集成电路已经是组成电路系统的基本器件，特别是中大规模集成电路的应用越来越广泛，几乎每一个电子设备中都离不开集成电路。当接触到一个新的集成电路时，必须从集成电路手册或其他资料中查出该器件的功能和技术指标，以便进一步分析电路的工作原理。

3.将电路划分为若干个功能块

根据信号的传送和流向，结合已学过的电子知识，将电路分成若干个功能块，用方框图表示出来。一般是以晶体管或集成电路为核心进行划分，尤其是以在电子电路中学过的基本电路为一个功能块，粗略地分析出每个功能块的作用，找出该功能块的输入与输出之间的关系。

4.将各功能块联系起来进行整体分析

按照信号的流向关系，分析整个电路从输入到输出的完整工作过程，必要时还要画出电路的工作波形图，以搞清楚各部分电路信号的波形以及时间顺序上的相互关系。对于一些在基本电路中没有的元器件或特殊器件，要单独对其进行分析。

因为各个电路系统的复杂程度、组成结构、采用的器件集成度各不相同，因此上述的读图步骤不是唯一的，只是一个基本指导思路。工程人员在读图时，完全可以根据具体情况灵活运用，只要能读懂图就行。

这里将对电子电路图的读图方法总结成口诀，以便于记忆和指导读图：化整为零，找出通路，跟踪信号，分析功能。

6.2.2　查找器件资料的途径

要准确地识读电子电路图,非常重要的一个基本功就是会查阅器件手册。器件手册给出了器件的技术参数和使用资料,是正确使用器件的依据。器件的种类很多,其结构、用途和参数指标是不同的。在使用器件时,若不了解它的特性、参数和使用方法,就不能达到预期的使用效果,有时还会因器件的部分或某一项参数不满足电路要求而损坏器件或整个电路。由此可见,要正确地使用器件,先要了解其性能、参数和使用方法,而器件手册则提供了这些有用的资料。

能熟练地查阅器件手册,并经常查阅一些新的器件手册,可以不断了解许多新的器件,这些新器件所具备的特点和功能,往往可以使其被应用于某一实际电路中,解决一些过去无法解决的问题,促使研究工作向前迈进。经常查阅手册也可扩展知识,不断提高自身的技能。

1. 器件手册的类型

器件手册的种类很多,凡是能够系统地、详细地给出各种器件特性、参数的资料都可作为器件手册。常用的器件手册有《常用晶体管手册》、《常用线性集成电路大全》、《中国集成电路大全》、《国外常用集成电路大全》等。

有一些电子类技术图书中也有许多以附录形式出现的、介绍器件参数的资料,也能起到与手册相同的作用,但它介绍的内容一般仅限于与书本内容有关的器件。还有一些常用器件型号对照表等资料,也可作为器件手册的扩充。

2. 器件手册的基本内容

器件手册一般包括以下内容:

(1)器件的型号命名方法

器件手册上附有按国家标准或原电子工业部标准规定的器件型号命名方法。器件型号命名方法指出了所介绍器件的型号由几部分组成,在各部分中的数字或字母所表示的意义。

(2)参数符号说明

为了查阅和了解手册中介绍器件的功能及有关技术性能,手册中一般都给出器件通用的参数符号及其表示意义。例如,在《集成运算放大器》中给出了集成运放的直流参数:V_1、I_{IO}、A_{VO}、K_{CMR} 和交流参数 BW、S_R、BW_P,并对这些参数的意义分别作了说明。

(3)器件的主要用途

各种器件根据其结构和制作工艺的不同,其特性参数不同,因而其用途也不同。器件手册中介绍了器件的各种用途,为正确选用器件提供了可靠的依据。例如,在《常用晶体管手册》中介绍硅稳压二极管的用途时说明:硅稳压二极管在无线电设备、电子仪器中作稳压用。在《半导体集成电路性能汇编》中介绍 L522 的用途时说明:本电路用于调频信号发生器、函数发生器(三角波、矩形波、锯齿波、正弦波)、FSK 发生器、单脉冲信号发生器等仪器设备。

(4)器件的主要参数和外形

在器件手册上一般以列表形式给出了器件的参数及这些参数的测试条件。例如,3DD03A 型三极管的部分参数:$P_{CM} = 10$ W(测试条件:$T_C = 75$ ℃),$h_{FE} \geqslant 10$(测试条件:$V_{CE} = 10$ V,$I_C = 0.5$ A)。当需要测试这些参数时,应按照手册中所给的条件进行。

对于集成电路,有的还附有相应的测试电路图。手册上还给出器件的外形、尺寸和引线排列顺序,供识别器件、设计印制电路板时参考。

（5）器件的内部电路和应用参考电路

对于集成电路，手册上都附有所介绍集成电路的内部电路或内部逻辑图（数字电路），并附有较为典型的应用参考电路，供分析电路原理、设计实用电路时参考。

3.器件手册的应用方法

在实际工作中，使用器件手册的方法有如下两种：

（1）已知器件的型号查找其参数和应用电路

若已知器件的型号，查阅器件手册，可以查找出此器件的类型、用途、主要参数等技术指标。这在设计、制作电路时可对已知型号的器件进行分析，看其是否满足电路要求。

查阅手册时先根据器件的类别选择相应的手册，如根据器件的种类决定应查线性集成电路手册还是查数字电路手册，然后根据手册的目录，查出待查器件技术资料所在的页数，便可查到所需要的资料。

例如，若组装一个功率放大电路，需要两个 $P_{CM} = 1.5$ W，$I_{CM} = 1$ A，$V_{(BR)CEO} \geqslant 20$ V 的 NPN 型硅大功率管。手中刚好有两个 3DD50A 型晶体管，不知能否满足要求，决定查阅《常用半导体手册》。查找目录得知，3DD50A 的资料在该书第 142 页，由此查得 3DD50A 的参数：$P_{CM} = 1$ W，$I_{CM} = 1$ A，$V_{(BR)CEO} \geqslant 30$ V，$h_{FE} \geqslant 10$。因为 3DD50A 管的 P_{CM} 不符合电路要求，所以应选用其他型号的晶体管。

（2）根据使用要求查选器件

在手册中查找满足电路要求的器件型号，是器件手册的又一用途。查阅手册，首先要确定所选器件的类型，确定应查阅哪类手册；其次确定在手册中应查哪类器件的栏目；确定栏目后，将栏目中各型号的器件参数逐一与所要求的参数相对照，看是否满足要求，据此确定选用器件的型号。

例如，通过查找手册得知 3DD50A 不满足所设计的功率放大电路要求，应选用其他型号的三极管。根据已掌握的情况，可使用同一手册，在同一栏目中，逐一查找各种三极管的参数，结果查得 3DD53B 型硅材料、低频大功率管的 $P_{CM} \geqslant 5$ W，$I_{CM} = 2$ A，$V_{(BR)CEO} \geqslant 50$ V，$h_{FE} \geqslant 10$，符合所设计电路的要求，所以可选 3DD53B 型三极管作为功率放大器的放大管。

上述方法，同样适用于查找集成电路或其他电子器件。

6.2.3　查找电子器件的其他途径

作为一名电子技术工作者，对于电子器件性能的掌握是十分必要的。经常阅读一些电子技术期刊，如《无线电》、《电子世界》、《现代通信》、《国外电子元器件》等杂志，以及《电子报》、《北京电子报》等报刊，对学习和掌握电子器件是十分必要的。在这些期刊上经常登载新的电子器件及其用法，可以开拓思路，提高使用各类器件的熟练程度。经过日积月累，这些期刊也会形成一笔巨大的信息资源，成为查阅电子器件及电子技术应用的信息库。

1.要掌握和了解权威的电子器件手册

国内有两套很有权威性的电子器件手册。

一套是《中国集成电路大全》，它有《TTL 集成电路》、《CMOS 集成电路》、《HTL 集成电路》等分册，介绍了这些集成电路的功能、外部引脚、电气参数特性、动态特性等各种数据以及有关的内部电路、典型电路应用等。

另一套是《电子工程手册系列》，它有《标准集成电路数据手册——TTL 集成电路》、《标准集成电路数据手册——CMOS 集成电路》等分册，给出了每一种集成电路的逻辑图、引脚定义以及详细的电气特性参数等。

2.学会通过 Internet 网查找电子器件

通过 Internet 网查找电子器件要有以下几个先决条件：

(1)有使用计算机访问 Internet 的操作能力。

(2)熟悉国内和世界各大电子器件厂的网址。

(3)要熟悉每个电子厂家的产品特点和公司的英文名称。

例如，Motorola Semiconductor Products Inc.是摩托罗拉半导体公司，公司的缩写为 Motorola，公司的主要产品是通信设备、各类单片机、数字集成电路等。

再如，Lattice Semiconductor Corp.是晶格半导体公司，公司的缩写为 Lattice，该公司生产的特点：主要生产可编程器件 PLD。

当在电子设计和维修中要用到单片机时，可通过 Internet 浏览 Motorola 主页，检索有关信息。要用到 PLD 器件的时候，通过 Lattice 公司的网址浏览其主页，就可以查阅或下载 PLD 的有关资料。

3.国际上最新和最全的资料手册——D. A. T. A. BOOK

全世界生产的器件种类很多，那么哪一种器件手册是世界上包含器件资料最新和最全的呢？这就是下面要介绍的 D. A. T. A. BOOK。

D. A. T. A. BOOK 专门收集和提供世界各国生产的、有商品供应的各类电子器件，包括电子器件的功能、特性和数据资料，还有器件的典型应用电路图和器件的外形图，生产厂的有关资料也在其中。

D. A. T. A. BOOK 创刊于 1952 年（现已改名为 D. A. T. A. DIGEST，为了叙述方便，下面仍称之为 D. A. T. A. BOOK），每年以期刊形式出版各个分册，分册品种逐年增加，整套 D. A. T. A. BOOK 具有资料积累性，一般不必做回溯性检索。最新出版的整套 D. A. T. A. BOOK 除了增加以前没有收录的电子器件的资料外，还包括了以前历年收集的电子器件的资料，原则上有一套最新的版本，就可以将所有的器件资料一览无遗。

D. A. T. A. BOOK 由美国 D. A. T. A. 公司（Derivation And Tabulation Associates Inc.）以英文出版，初通英语的电子科技人员，只要掌握该资料的检索方式，均可以查到要找的电子器件资料。可以这样说，D. A. T. A. BOOK 是当今世界上信息最全的电子器件手册，只要知道电子器件的型号，均可以查找到该电子器件的所有信息。在一般的电子器件手册上找不到该器件时，或反映该器件的信息不全时，别忘了还有 D. A. T. A. BOOK 这部电子器件大全。

6.3　实际电子产品电路图的分析

6.3.1　声光两控延时开关电路的电路分析

声光两控延时开关电路的电路图如图 6-17 所示。这个电路比较简单，但按照读电路图的步骤对其进行分析，会有助于初学者对电路进行读图时掌握读图的步骤。

1.先阅读产品说明书

通过阅读产品说明书，先了解声光两控延时开关的功能。声光两控延时开关的功能：该开关以白炽灯泡作为控制对象，在有光的场合无论有声或无声灯均不亮；只有在无光（夜晚）

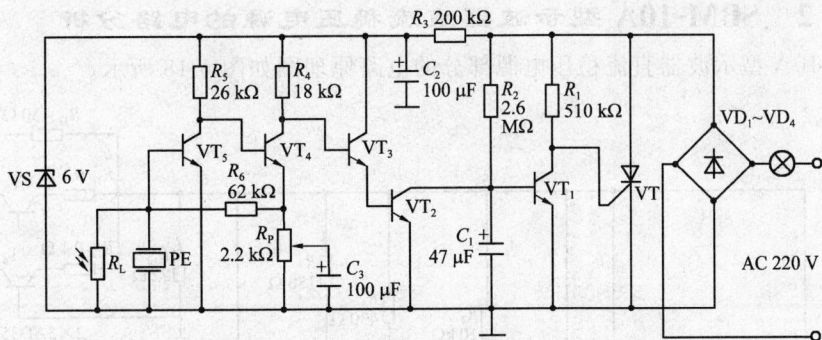

图 6-17 声光两控延时开关电路的电路图

且有声音的情况下灯才会亮;灯亮一段时间(40 s 左右,可调)后将自动熄灭;当再次有声音(满足无光条件)时,灯才会再亮。这种开关特别适合在楼道和长时间无人的公共场合使用,可以大大节约电能和延长灯泡的使用寿命。

2. 再将电路化整为零

按照"化整为零"的读图方法,可将该开关分成主控电路、开关电路、检测及放大电路,控制对象为 15 W 的电灯泡。

3. 按信号流程找出通路

按照"找出通路"的读图步骤可以将整流桥、单向晶闸管 VT 组成一个主通路(和灯泡串联)。当单向晶闸管 VT 的栅极上加有高电平时,单向晶闸管 VT 将导通使灯泡发光,所以栅极前面的电路就应该是开关电路。开关电路由开关三极管 VT_1 和充电电路 R_2、C_1 组成,当 VT_1 截止时,将给栅极提供一个高电平,使晶闸管处于导通状态,这也是一个通路。放大电路由 VT_2~VT_5 和电阻器 R_4~R_6、R_P 组成。压电陶瓷片 PE 和光敏电阻器 R_L 作为传感器构成检测电路。控制电路的电源由稳压管 VS 和电阻器 R_3、电容器 C_2 构成。

4. 按照不同情况进行分析

按照"跟踪信号"的读图步骤,可以将信号分成有光、无光无声、无光有声三种情况进行分析。

刚接通电路时,交流电源经过桥式整流和电阻器 R_1 加到晶闸管 VT 的控制极,由于电容器上的电压不能突变,保持为零,所以 VT_1 截止,使 VT 导通。由于灯泡与二极管和 VT 构成通路,则使灯点亮。同时整流后的电源经 R_2 给 C_1 充电,当 C_1 的充电电压达到 VT_1 的开门电压时,VT_1 饱和导通,晶闸管控制极得到低电位,由于整流后的电压波形是全波,含有零电压,则在阳极上出现零电压时 VT 关断,灯熄灭,所以改变充电时间常数的大小,就可以改变灯延时的长短。

在无光有声的情况下,光敏电阻器的电阻很大,可以认为对电路没有影响。压电陶瓷片接收声音转换成一个电信号,经放大后使 VT_2 导通,致使 C_1 放电,使 VT_1 截止,晶闸管控制极得到高电位,使 VT 导通后灯亮。随着电源经 R_2 给 C_1 充电的进行,灯延时后自动熄灭。调节 R_2,改变负反馈的大小,可以改变接收声音信号的大小,从而调节灯对声音和光线的灵敏度。

在有光的情况下,光敏电阻器的阻值很小,相当于把压电陶瓷片短路,所以即使是有声,压电陶瓷片感应出的电信号也极小,不能被有效放大,也就不能使 VT_3 导通,所以灯不会亮。

以上分析指出了这种电路的工作原理,不难根据电路的故障现象找出电路的故障所在。

6.3.2　SBM-10A 型示波器直流稳压电源的电路分析

SBM-10A 型示波器直流稳压电源部分的电路原理图如图 6-18 所示。

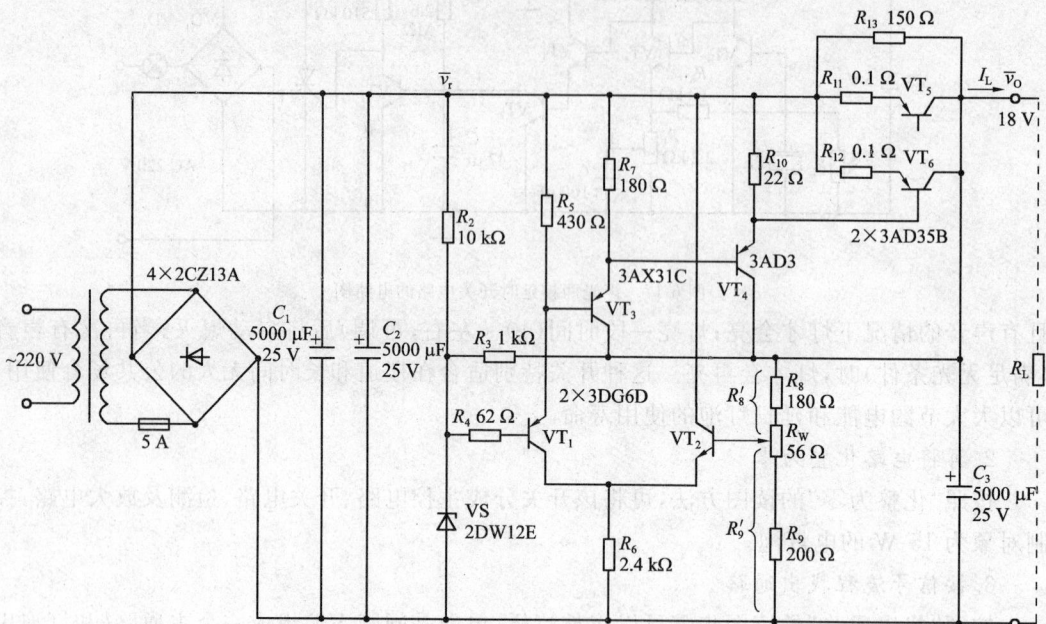

图 6-18　SBM-10A 型示波器直流电源电路图（部分）

SBM-10A 型示波器的直流电源由 3 个部分组成：第 1 部分是 18 V 直流稳压电源，它是其他两部分直流电源的供电电源；第 2 部分是高频高压电源，由单管电流变换器及倍压整流电路组成，供给示波管各电极所需的直流高压；第 3 部分是低压直流电源，由推挽式电流变换器及多路整流滤波电路组成，供给放大电路和扫描电路所需的直流电压，这部分的输出电压没有稳压环节。这里着重分析 18 V 直流稳压电源的工作原理，以熟悉电路识图的方法和技巧。

1. 分析电路组成

按照"化整为零"的读图步骤，先粗略看一下电路的组成。从电路所用的元件和电路形式，可知这是一个串联调整型的稳压电源。按照"分析功能"的读图步骤，可以分析出电路的特点。从电路的要求上看，它的输出是作为其他直流电源的能源，所以需要输出较大的电流（约 2 A）；为了保证输出电压的稳定和当负载出现短路情况时，能对调整管加以保护，所以需要采用保护电路。根据上述分析，可知它应具有变压、整流、滤波、基准电压设置、比较放大、调整、短路保护等环节，和以前学过的串联调整型稳压电路应该是大同小异。而作为读电路图的目的之一，正是要找出这个电路和典型电路的不同点。通过分析该电路的这些特点，才能掌握这个电路的设计思想和高明之处，也可以对稳压电源的结构形式有进一步的深刻理解。

2. 分析电路特点

该电路的特点可以从以下几个方面进行分析。

（1）调整管的输出端不同

典型串联调整型稳压电源电路的输出端是在调整管的发射极，而该电路的输出端却是接在调整管的集电极,因此把这个电路作为射极输出器的概念就不再适用。仔细观察示波器的元件安装,发现两个电源调整管的集电极都直接安装在机器的铁外壳上,而不是像典型的串联调整型稳压电源电路那样安装在散热片上,那么可以分析出设计者的用意就是在电路中不必再另加散热片,既保证了大功率调整管需要的要求,又节省了散热片,还可以使电路的尺寸有所减小,可谓匠心独特。

(2)电路中有深度负反馈

为了既要保证电路的稳压精度又要使电路具有较低的内阻,必须采用深度电压负反馈才行。电路中的 R_3 正是为解决这个问题而设置的,这也是和典型串联调整型稳压电源电路的不同之处。

(3)大功率管加有均衡电阻器

为了适应输出较大电流的需要,调整管采用两只 3AD35B 型大功率管并联,为了保证电流分配的均匀性,在它们的发射极分别串接一个 0.1 Ω 电阻器,使电流分配均匀;还加了两级复合管 VT_4 和 VT_3,以减轻比较放大级的负载。

(4)电路有负载短路保护

为了防止负载短路损坏调整管,利用 R_3 将输出电压反馈到 VT_1 的基极和稳压管的供电回路,如果负载短路,则输出电压会为零,由 R_3 反馈在稳压管上的电压将为零,不足以使稳压管 VS 击穿工作,所以 VT_1 将处于截止状态,其集电极电流将很小,因此流过复合管 VT_4、VT_3 和调整管 VT_5、VT_6 的电流也都很小,从而保护了调整管。

(5)电路中加有启动电阻器

为了保证在开机时各放大管有合适的静态工作点,在 VT_5、VT_6 的集电极和发射极两端并联有启动电阻器 R_{13},这样可以使开机时即使调整管还没有工作,也会使负载中流过电流,建立起工作状态,保证整个电路正常启动。

3.画出电路的方框图

根据前面的分析,并通过方框图的形式将电路表示出来,会更容易分析电路的功能。该电路的方框图如图 6-19 所示。

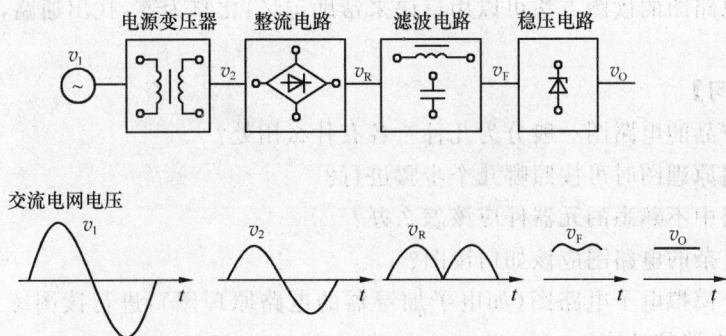

图 6-19 SBM-10A 型示波器稳压电源电路的方框图

4.整机性能分析

由以上的电路分析可知,在稳压电路中有一路电压串联负反馈,因此该放大电路的输出电阻(即稳压电源的内阻)将比无负反馈时减小 $1+AF$ 倍,从而大大提高了电路的带负载能力,输出电压相当稳定。由于负反馈的存在,这个电路的其他动态指标也有相应的改善。

【技能与技巧】　怎样才能顺利识读电子电路图

阅读电子电路图是从事电子技术的工程技术人员必须掌握的技能,但许多人往往在一张大图纸前感到无从下手,觉得电子电路图真难读。

其实光学习读图的方法和知道电路图的种类是不够的,不能很好地看懂电路图,往往反映了读图者对一些电路的基础知识掌握得不够。要能正确地看懂电路原理图,必须掌握如下基础知识:

1.各种元器件的符号要熟悉,不认识的元器件符号先弄清。

2.一些基本单元电路图要牢记,其扩展电路要了解。

3.常用的集成电路的功能要知道,不熟悉的集成块的功能和引脚功能要先查手册。

4.整个电子设备的功能要大致了解,对方框图要心中有数。

有了以上这些基础知识,读起电路图来就方便多了。

【实施步骤】

1.学习各种电子元器件的符号。

2.学习各种典型电路图的标准画法。

3.学习电子电路的读图步骤。

4.对实际电子产品的电路图进行读图训练。

【小结】

1.电路图用于表示电路的工作原理,分为电路原理图、电路方框图和电路接线图几种形式。

2.电路原理图将该电路所用的各种元器件用规定的符号表示出来,能准确地表示电路的工作原理和电气连接。

3.电路方框图是将电路中各个相对独立的部分用方框表示出来,能概要地表示整个电路中各部分电路之间的关系。

4.电路接线图是将电路图中的元器件及连接线按照布线规则绘制的图,能明确地表示各个元件之间的电气连接。对于正规电子产品而言,电路接线图一般就是印制电路板图。电路接线图主要用于对电子设备的安装调试和对电路故障进行检查和维修。

5.电子电路图的读图方法可以用口诀来帮助记忆:化整为零,找出通路,跟踪信号,分析功能。

【课后练习】

1.电子产品的电路图一般分为几种? 各有什么用处?

2.读电路原理图时可按照哪几个步骤进行?

3.对电路中不熟悉的元器件应该怎么办?

4.对于复杂的电路图应该如何读图?

5.找一个模拟电子电路图(如电子加湿器的电路原理图),进行读图练习,分析单元电路,并指出该电路的功能。

6.找一个数字电子电路图(如图书馆中的统计人数的计数器电路原理图),进行读图练习,先找出各个集成电路块的功能,再分析单元电路,最后说明该电路的工作原理。

7.找一个模拟电路和数字电路混合的电路图(如用集成电路制作的楼道声光两控照明灯电路图),进行读图练习,分析单元电路,找出不熟悉元件(如光敏电阻和驻极体电容话筒),查找其特性和参数,分析该电路的工作原理。

项目 **7**

电子电路的调试维修技能训练

【项目要求】

通过对超外差式收音机电路和功率放大器电路的调试,掌握一般电子电路的调试方法,通晓电路调试的一般过程,会使用常用的调试仪器。

1. 知识要求

(1)掌握一般电子电路的调试方法,知道调试电路所需要使用的仪器设备。

(2)掌握半导体收音机电路的工作原理和调试方法。

(3)掌握功率放大器的工作原理和调试方法。

2. 技能要求

(1)会使用调试电路所用的仪器设备。

(2)会调试收音机电路。

(3)会调试功率放大器电路。

【实施器材】

1.示波器、低频信号发生器、直流稳压电源、交流毫伏表、万用表各一台。

2.功率放大器元器件一套。

3.已经安装好的晶体管超外差式收音机一台。

4.收音机、功率放大器的电路原理图纸和印制电路板图纸。

【知识链接】

电子电路的调试工艺包括调整和测试两部分,通常统称为调试。

电子电路装配完成之后,必须通过调整与测试才能达到规定的技术要求。装配工作只是把电子元器件按照电路要求连接起来,由于每个元器件特性的参数差异,其综合结果会使电路性能出现较大的偏差,使整机电路的各项技术指标达不到设计要求。在电子行业有句话叫做"三分装七分调",可见电子电路调整与测试工作的重要性。

7.1 电子电路的调试设备与调试内容

在开始调试之前,调试人员应仔细阅读调试说明及调试工艺文件,熟悉整机的工作原理、技术条件及有关指标,并能正确使用调试仪器仪表。

7.1.1 电子电路的调试设备配置和调试程序

1. 电子电路的调试设备配置

常规的电子电路调试需要配置基本的仪器设备：信号源、万用表、示波器、可调稳压电源。

根据电子电路的不同还可以配置：扫描仪、频谱分析仪、集中参数测试仪等。

对于特定的电子电路的调试，又可分为两种情况：一是小批量多品种，一般是以通用仪器加上专用仪器，即可以完成对产品的调试工作；二是大批量生产，应以专用调试设备为主，主要是提高生产效率。

专用调试仪器是为一个或几个电子电路进行调试而专门设计的，其功能单一，可检测产品的一项或几项参数，如电冰箱测漏仪等。

通用调试仪器是针对电子设备的一项电参数或多项电参数的测试而设计的，可检测多种产品的电参数，例如示波器、函数发生器等。

2. 电子电路的调试目的

调整主要是对电路参数的调整，一般是对电路中的可调元器件，例如电位器、可调电容器、可调电感器等以及相关的机械部分进行调整，使电路达到预定的功能和性能要求。

测试主要是对电路的各项技术指标和功能进行测量和试验，并同设计指标进行比较，以确定电路是否合格。

调整与测试是相互依赖、相互补充的，在实际工作中，两者是一项工作的两个方面，测试、调整、再测试、再调整，直到实现电路的设计指标为止。

调试是对装配技术的总检查，装配质量越高，调试的直通率就越高，各种装配缺陷和错误都会在调试中暴露。调试又是对设计工作的检验，凡是在设计时考虑不周或存在工艺缺陷的地方，都可以通过调试来发现，并为改进和完善产品质量提供依据。

调试工作一般在装配车间进行，严格按照调试工艺文件进行调试。比较复杂的大型产品，根据设计要求，可在生产厂进行部分调试工作或粗调，然后，在安装场地或试验基地按照技术文件的要求进行最后安装及全面调试工作。

3. 电子电路的调试程序

由于电子电路种类繁多，电路复杂，各种设备单元电路的种类及数量也不同，所以调试程序也不尽相同。

对一般的电子电路来说，调试程序大致如下：

（1）通电检查

先置电源开关于"关"位置，检查电源变换开关是否符合要求（是交流 220 V 还是110 V），保险丝是否装入，输入电压是否正确，然后插上电源插头，打开电源开关通电。

接通电源后，电源指示灯亮，此时应注意有无放电、打火、冒烟现象，有无异常气味，手摸电源变压器有无过热，若有这些现象，立即停电检查。另外，还应检查各种保险、开关、控制系统是否起作用，各种风冷、水冷系统能否正常工作。

（2）电源调试

电子电路中大都具有本机的直流稳压电源电路，调试工作首先要进行电源部分的调试，才能顺利进行其他项目的调试。电源调试通常分为两个步骤：

①电源空载：电源电路的调试通常先在空载状态下进行，目的是避免因电源电路未经调试而加载，引起部分电子元器件的损坏。

　　调试时,插上电源部分的印制电路板,测量有无稳定的直流电压输出,其值是否符合设计要求或调节取样电位器使之达到预定的设计值。测量电源各级的直流工作点和电压波形,检查工作状态是否正常,有无自激振荡等。

　　②加负载时电源的细调:在初调正常的情况下,加上额定负载,再测量各项性能指标,观察是否符合额定的设计要求,当达到要求的最佳值时,选定有关调试元件,锁定有关电位器等调整元件,使电源电路具有加载时所需的最佳功能状态。

　　有时为了确保负载电路的安全,在加载调试之前,先在等效负载下对电源电路进行调试,以防匆忙接入负载电路可能会受到的冲击。

　　(3)分级分板调试

　　电源电路调好后,可进行其他电路的调试,这些电路通常按单元电路的顺序,根据调试的需要及方便,由前到后或从后到前依次地插入各部件或印制电路板,分别进行调试。首先检查和调整静态工作点,然后进行各参数的调整,直到各部分电路均符合技术文件规定的各项技术指标为止。注意在调整高频部件时,为了防止工业干扰和强电磁场的干扰,调整工作最好在屏蔽室内进行。

　　(4)整机调整

　　各部件调整好之后,把所有的部件及印制电路板全部插上,进行整机调整,检查各部分连接有无影响,以及机械结构对电气性能的影响等。整机电路调整好之后,测试整机总的消耗电流和功率。

　　(5)整机性能指标的测试

　　经过调整和测试,确定并紧固各调整元件。在对整机装调质量进一步检查后,对产品进行全参数测试,各项参数的测试结果均应符合技术文件规定的各项技术指标。

　　(6)环境试验

　　有些电子电路在调试完成之后,需进行环境试验,以考验在相应环境下正常工作的能力。环境试验有温度、湿度、气压、振动、冲击和其他环境试验,应严格按技术文件规定执行。

　　(7)整机通电老化

　　大多数的电子电路在测试完成之后,均进行整机通电老化试验,目的是提高电子电路工作的可靠性。老化试验应按产品技术条件的规定进行。

　　(8)参数复调

　　整机经过通电老化后,各项技术性能指标会有一定程度的变化,通常还需进行参数复调,使交付使用的产品具有最佳的技术状态。

　　调试工作对工作者的技术和综合素质要求较高,特别是样机调试工作是技术含量很高的工作,没有扎实的电子技术基础和一定的实践经验是难以胜任的。

7.1.2　电子电路的调试类型

　　电子电路的调试有两种类型,一种是样机产品调试,另一种是批量产品调试。

　　1.样机产品调试

　　样机产品的调试,不单纯指电子电路试制过程中制作的样机,而是泛指各种试验电路。样机产品的调试过程如图 7-1 所示,其中故障检测占了很大比例,而且调试和检测工作都是由同一个技术人员完成的。样机产品调试不是一道生产工序,而是产品设计的过程之一,是产品定型和完善的必由之路。

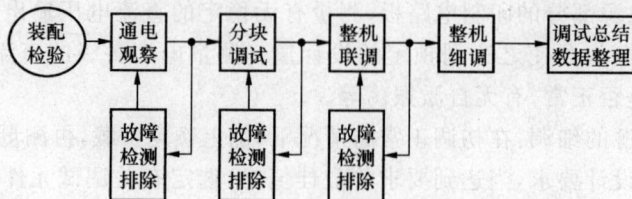

图 7-1　样机产品的调试过程

2. 批量产品调试

批量产品调试是大规模生产过程中的一道工序，是保证产品质量的重要环节。批量产品的调试过程如图 7-2 所示。

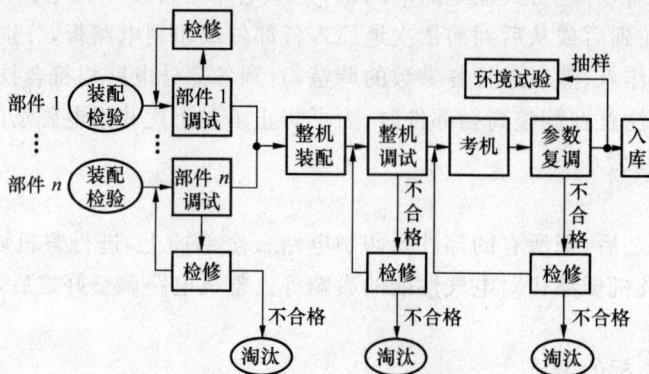

图 7-2　批量产品的调试过程

采用高集成度专用集成电路和大规模、超大规模通用集成电路，采用高质量的电路元器件再加上 SMT（表面组装技术），高可靠性的制造技术使电子电路走出了传统的反复调整和测试的模式，向免调整、少测试的方向发展。

当调试设备需要使用调压器时，要注意调压器的接法，如图 7-3 所示。由于调压器的输入端与输出端不隔离，因此接到电网时必须使公共端接零线，这样才能保证安全。如果在调压器后面接一个隔离变压器，则输入端无论如何连接，均可保证安全，如图 7-4 所示，后面连接的电路在必要时可另接地线。

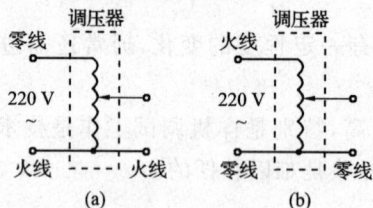

图 7-3　调压器的接法

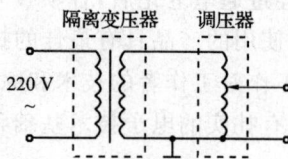

图 7-4　使用隔离变压器

7.2　电子电路的调试方法和内容

检测电子电路的关键在于采用合适的检查方法，以便发现、判断和确定产生故障的部位和原因，这样就可以对产品进行维修。

7.2.1 检查故障的方法

检查电路故障的方法有很多,以下几种方法是最基本的检查方法。

1.观察法

观察法是凭人感官的感觉对故障原因进行判断。

(1)设备不通电时的观察

在不通电的情况下,仪器设备的面板上的开关、旋钮、刻度盘、插口、接线柱、探测器、指示电表和显示装置、电源插线、熔丝管插塞等都可以用观察法来判断有无故障。对仪器的内部元器件、零部件、插座、电路连线、电源变压器、排气风扇等也可以用观察法来判断有无故障。观察元件有无烧焦、变色、漏液、发霉、击穿、松脱、开焊、短线等现象,一经发现,应立即予以排除,通常就能修复设备。

(2)设备通电时的观察

在设备通电的情况下凭感官的感觉对故障部位及原因进行判断,是查找故障的重要方法。

如果在不通电观察中未能发现问题,就应采用"通电观察法"进行检查。通电观察法特别适用于检查元件跳火、冒烟、有异味、烧熔丝等故障。为了防止故障的扩大以及便于反复观察,通常要采用逐步加压法来进行通电观察。

采用逐步加压法时,可使用调压器来供电,其测试电路的接法示意图如图7-5所示。

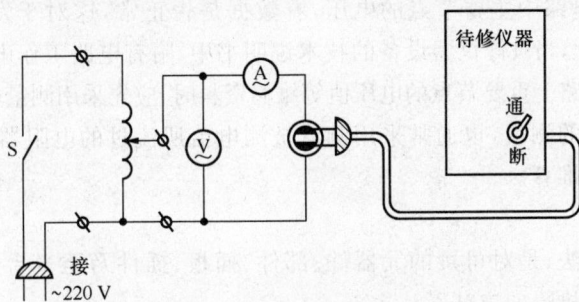

图 7-5 用逐步加压法测试的线路接法示意图

在逐步加压的过程中,若发现设备有元件发红、跳火、冒烟,或整流桥很烫或电解电容器有发烫、吱吱声,或电源变压器、电阻器发烫、发黑、冒烟、跳火等现象时,应立即切断电源,并将调压器的输出退回到 0 V。如一时看不清楚损坏的器件,可以再开机进行逐步加压的通电观察。

如果在加压不大的情况下(十几伏或几十伏),交流电流指示值已有明显增大,这表明仪器设备内部有短路故障存在,此时应将调压器的输出电压调回到 0 V,然后将被修的仪器设备的电路分割,再进行开机逐步加压测试。当电流指示恢复正常时,说明被分割的电路有短路故障。

2.电阻法

在设备不通电的情况下,利用万用表的电阻挡对设备进行检查,是确定故障范围和确定元件是否损坏的重要方法。

对电路中的晶体管、场效应管、电解电容器、插件、开关、电阻器、印制电路板的铜箔、连线都可以用测量电阻法进行判断。在维修时,先采用"测量电阻法",对有疑问的电路元器件进行电阻检测,可以直接发现损坏和变质的元件,对元件和导线虚焊等故障也是一个有效的方法。

采用"测量电阻法"时，可以用万用表的 $R \times 1$ 挡检测通路电阻，必要时应将被测点用小刀刮干净后再进行检测，以防止因接触电阻过大造成错误判断。

采用"测量电阻法"时，要注意：

（1）不能在仪器设备开通电源的情况下检测各种电阻器。

（2）检测电容器时应先对电容器进行放电，然后脱开电容器的一端再进行检测。

（3）测量电阻器元件时，如电阻器和其他电路连通，应脱开被测电阻器的一端，然后再进行检测。

（4）对于电解电容器和晶体管的检测，应注意测试表笔（棒）的极性，不能搞错。

（5）万用表电阻挡的挡位选用要适当，否则不但检测结果不正确，甚至会损坏被测元器件。

3.电压法

测量电压法是通过测量被修仪器设备的各部分电压，与设备正常运行时的电压值进行对照，找出故障所在部位的一种方法。

检查电子设备的交流供电电源电压和内部的直流电源电压是否正常，是分析故障原因的基础，所以在检修电子仪器设备时，应先测量电源电压，往往会发现问题，查出故障。

对于已确定电路故障的部位，也需要进一步测量该电路中的晶体管、集成电路等各引脚的工作电压，或测量电路中主要节点的电压，看数据是否正常，这对于发现故障和分析故障原因，均有帮助。因此，当被修仪器设备的技术说明书中，附有电路工作电压数据表、电子器件的引脚对地电压值、电路上重要节点的电压值等维修资料时，应先采用测量电压法进行检测。

对于电路中电流的测量，也通常采用测量被测电流所流过的电阻器的两端电压，然后借助欧姆定律进行间接推算。

4.替代法

替代法又称试换法，是对可疑的元器件、部件、插板、插件乃至半台机器，采用同类型的部件通过替换来查找故障的方法。

在检修电子仪器设备时，如果怀疑某个元件有问题但又不能通过检测给出明确的判断，就可以使用与被怀疑器件同型号的元器件，暂时替代有疑问的元器件。若设备的故障现象消失，说明被替代元件有问题。若替换的是某一个部件或某一块印制电路板，则需要再进一步检查，以确定故障的原因和元件。替换法对于缩小检测范围和确定元件的好坏很有效果，特别是对于结构复杂的电子仪器设备进行检查时最为有效。

替换法在下列条件下适用：①有备份件；②有同类型的仪器设备；③有与机内结构完全一样的零部件。用替代法检查的直接目的在于缩小故障部位的范围，也可以立即确定有故障的元件。

随着电子仪器设备所用器件的集成度增大，智能化仪器设备迅速增多，使用替代法进行检查具有重要的地位。在进行具体操作时，要脱开有疑问的有源元器件，使用好的元器件来替代，然后开机观察仪器的反应。对于有开路疑问的电阻器和电容器等元件，可使用好的元器件直接在板上进行并联焊接，以判断该元件的好坏。

在进行器件替代后，若故障现象仍然存在，说明被替代的元器件或单元部件没有问题，这也是确定某个元件或某个部件没有故障的一种方法。

在进行替代元件的过程中，要切断电子仪器设备的电源，严禁带电进行操作。

7.2.2　电子电路的调试内容

1.电路静态工作点的调整

各级电路的调整,首先是各级直流工作状态(静态)的调整,测量各级直流工作点是否符合设计要求。检查静态工作点也是分析判断电路故障的一种常用方法。

(1)晶体管静态工作点的调整

调整晶体管的静态工作点就是调整它的偏置电阻(通常调上偏电阻),使它的集电极电流达到电路设计要求的数值。调整一般是从最后一级开始,逐级往前进行。调试时要注意静态工作点的调整应在无信号输入时进行,特别是变频级,为避免产生误差,可采取临时短路振荡的措施,例如,将双联中的振荡连短路,或调到无台的位置。

各级调整完毕后,接通所有的各级集电极电流检测点,即可用电流表检查整机静态电流。

(2)集成电路静态的调整

由于集成电路本身的结构特点,其"静态工作点"与晶体管不同,集成电路能否正常工作,一般看其各脚对地电压是否正确。因此只要测量各脚对地电压值与正常数值进行比较,就可判断其"工作点"是否正常。但有时还需对整个集成块的功耗进行测试,除能判断其能正常工作外,还能避免可能造成电路元器件的损坏。测试的方法是将电流表接入供电电路中,测量电流值,计算出耗散功率,若集成块用正负电源供电,则应分别进行测量,得出总的耗散功率。

(3)数字集成电路的调整

对于数字集成电路往往还要测量其输出电平的大小。例如各种门电路就是如此,图7-6为 TTL 与非门输出电平测试图,R_L 为规定的假负载。

(4)模拟集成电路的调整

模拟集成电路种类繁多,调整方法不一,以使用最广泛的集成运放为例,除一般直流电压的测试外,往往还需要进行零电位调整,如图 7-7 所示,W 为外接调零电路,R_2 一般取 R_1 与 R_F 的并联值,若改变输入电阻器 R_1、R_2 的值,则需要重新进行调零工作。

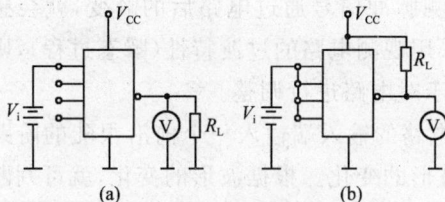

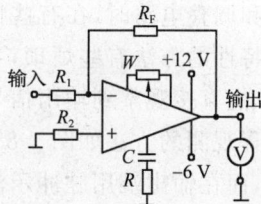

图 7-6　TTL 集成电路的静态调整　　　图 7-7　集成运放电路的静态调整

2.电路动态特性的调整

(1)波形的观察与测试

波形的观测是电子电路调试工作的一项重要内容。各种整机电路中都有波形的产生、变换和传输的电路。通过对波形的观测来判断电路工作是否正常,已成为测试与维修中的主要方法。观察波形使用的仪器是示波器。通常观测的波形是电压波形,有时为了观察电流波形,可采用电阻变换成电压或使用电流探头。

利用示波器进行调试的基本方法,是通过观测各级电路的输入端和输出端或某些点的信号波形,来确定各级电路工作是否正常。若电路对信号变换处理不符合设计要求,则说明电路某些参数不对或电路出现某些故障。应根据机器和具体情况,逐级或逐点进行调整,使其符合预定的设计要求。

这里需要注意的是,电路在调整过程中,相互是有影响的。例如在调整静态电流时,中点电位可能发生变化,这就需要反复调整,达到最佳状态。

示波器不仅可以观察各种波形,而且可以测试波形的各项参数,例如:幅度、周期、频率、相位、脉冲信号的前后沿时间、脉冲宽度、调幅信号的调制度等等。

(2)频率特性的测量

在分析电路的工作特性时,经常需要了解网络在某一频率范围内其输出与输入之间的关系。当输入电压幅度恒定时,网络输出电压随频率而变化的特性称之为网络幅频特性。频率特性的测量是整机测试中的一项主要内容,如收音机中频放大器频率特性测试的结果反映收音机选择性的好坏;电视接收机的图像质量好坏,主要取决于高频调谐器及中放通道的频率特性。

频率特性的测量,一般有两种方法:一是点频法(又称插点法),二是扫频法。

①点频法

测试时需保持输入电压不变,逐点改变信号发生器的频率,并记录各点对应的输出幅度的数值。在直角坐标平面描绘出的幅度-频率曲线,就是被测网络的频率特性。点频法的优点是准确度高,缺点是烦琐、费时,而且可能因频率间隔不够密,漏掉被测频率中的某些细节。

②扫频法

这种方法是利用扫频信号发生器来实现频率特性的自动或半自动测试。因为发生器的输出频率是连续变化的,因此,扫频法简捷、快速,而且不会漏掉被测频率特性的细节。但是,用扫频法测出的动态特性对于用点频法测出的静态特性来讲是存在误差的,因而测量不够准确。用扫频法测频率特性的仪器是"频率特性扫频仪",简称扫频仪。

(3)瞬态过程的观测

在分析和调整电路时,在有些情况下,为了观测脉冲信号通过电路后的畸变,就会感到应用测量其特性的方法有些烦琐,不够直观。而采用观测电路的过渡特性(瞬态过程),则比较直观,而且能直接观察到输出信号的形状,适合于对电路进行调整。

瞬态过程观测的方法如图7-8所示。一般在电路的输入端输入一个前沿很陡的阶跃波或矩形脉冲,而在输出端用脉冲示波器观测输出波形的变化。根据波形的变化,就可判断产生变化的原因,明确电路的调整方法。

如图7-9所示为方波信号通过放大器后的波形,图7-9(a)为正常波形;图7-9(b)表示高频响应不够宽;图7-9(c)表示低频增益不足;图7-9(d)表示低频响应不足。

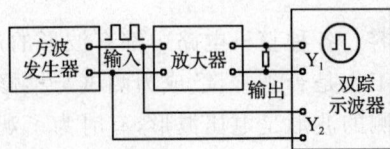

图 7-8　瞬态过程的观测方法　　　　　　　　　　图 7-9　瞬态过程部分波形分析

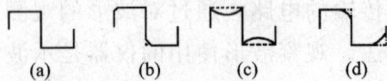

7.2.3　超外差式收音机的调试

1.标准超外差式收音机的技术指标

标准超外差式调幅收音机一般是指六管中波段收音机,标准超外差式收音机的技术指标如下:

频率范围:525～1605 kHz

输出功率:50 MW(不失真)、150 MW(最大)

扬声器:ϕ57 mm、8 Ω

电源:3 V(两节五号电池)

体积:宽 122 mm×高 65 mm×厚 25 mm

重量:约 175 g(不带电池)

2.标准超外差式收音机的电路原理图

标准超外差式收音机的电路原理图如图 7-10 所示。

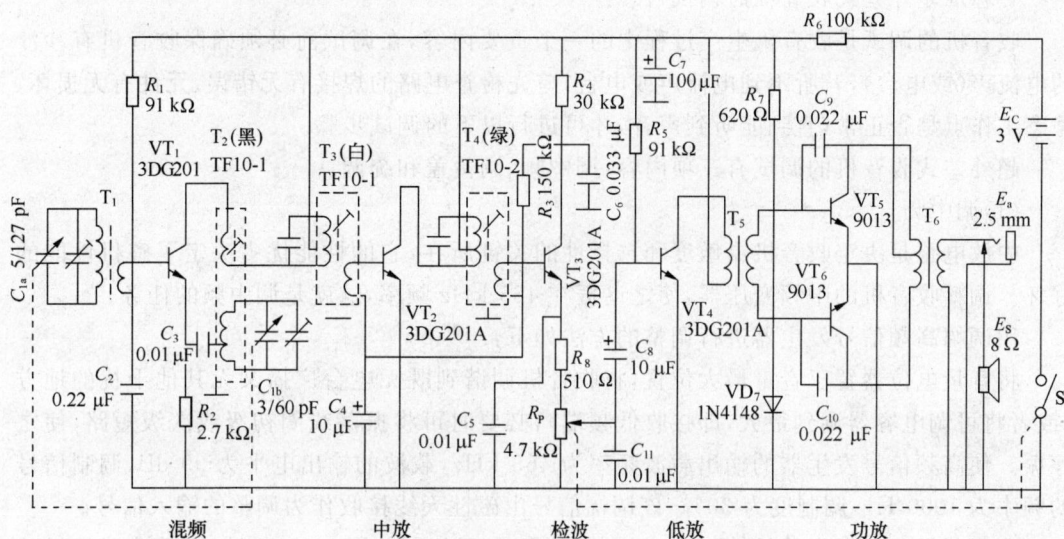

图 7-10　标准超外差式收音机的电路原理图

3.标准超外差式收音机调试前的检测

(1)通电前的检测工作

对安装好的收音机先进行自检和互检,检查内容包括元件焊接质量是否达到要求,特别注意检查各电阻器的阻值是否与图纸所示位置相同,各三极管和二极管是否有极性焊错的情况。

收音机在接入电源前,必须检查电源有无输出电压(3 V)和引出线的正负极是否正确。

(2)通电后的初步检测

将收音机接入电源,要注意电源的正、负极性,将频率盘拨到 530 kHz 附近的无台区,在收音机开关不打开的情况下,首先用万用表的电流挡跨接在开关的两端,可以测量整机静态工作的总电流"I_o"。然后将收音机开关打开,用万用表的电压挡分别测量三极管 VT_1～VT_6 的 E、B、C 三个电极对地的电压值(即静态工作点),将测量结果记录下来。

注意:该项检测工作非常重要,在收音机开始正式调试前,该项工作必须要做。表 7-1

给出了各个三极管的三个极对地电压的参考值。

表 7-1 各个三极管的三个极对地电压的参考值

	工作电压：$E_C = 3$ V			整机工作电流：$I_0 = 12$ mA		
三极管	VT_1	VT_2	VT_3	VT_4	VT_5	VT_6
E	1	0	0.056	0	0	0
B	1.54	0.63	0.63	0.65	0.62	0.62
C	2.4	2.4	1.65	1.85	2.8	2.8

（3）试听

如果元器件质量完好，安装也正确，初测结果正常，即可进行试听。将收音机接通电源，慢慢转动调谐盘，应能听到广播声，否则应重复前面做过的各项检查，找出故障并改正，注意在此过程不要调中周及微调电容器。

4. 标准超外差式收音机的调试内容

收音机的调试是收音机生产过程中的一个重要内容，在调试前必须确保收音机有沙沙的电流声（或电台），若听不到电流声或电台，应先检查电路的焊接有无错误、元件有无损坏、静态工作点是否正常，直到能听到声音，才可进行以下的调试步骤。

超外差式收音机的调试有三项内容：调中频、调覆盖和统调。

（1）调中频

中放电路是决定收音机灵敏度和选择性的关键所在，它的性能优劣决定了整机性能的好坏。调整收音机的中频变压器，使之谐振在 465 kHz 频率，这就是调中频的任务。

用调幅高频信号发生器进行调整的方法如下：

将音量电位器置于音量最大位置，将收音机调谐到既无电台广播又无其他干扰的地方（或者将可调电容器调到最大，即接收低频端），必要时可将振荡线圈初级或次级短路，使之停振。使高频信号发生器的输出载波频率为 465 kHz，载波的输出电平为 99 dB，调制信号的频率为 1000 Hz，调制度为 30%，该调幅信号由磁性天线接收作为调整的输入信号。

用无感螺丝刀微微旋转第一个中周的磁帽（白颜色），如图 7-11 所示，使示波器显示的波形幅度最大，若波形出现平顶，应减小信号发生器的输出，同时再细调一次。再用无感螺丝刀微微旋转第二个中周的磁帽（绿颜色），使示波器显示的波形幅度最大。在调整中频变压器时，也可以用喇叭监听，当喇叭里能听到 1000 Hz 的音频信号，且声音最大，音色纯正，此时可认为中频变压器调整到最佳状态。

（2）调覆盖

按照国标规定，收音机中波段的接收频率范围为 525～1605 kHz，实际在调整时要留有一定的余量，一般为 515～1625 kHz。对 515 kHz 的调整叫做低端频率调整，对 1625 kHz 的调整叫做高端频率调整。

低端频率调整：将可变电容器（调谐双联）旋到容量最大处，即机壳指针对准频率刻度的最低频端，将收音机调谐到既无电台广播又无其他干扰的地方。使高频信号发生器的输出载波频率为 515 kHz，载波的输出电平为 99 dB，调制信号的频率为 1000 Hz，调制度为 30%，高频调幅信号由收音机的磁性天线接收，作为调整的输入信号。

用无感螺丝刀调整中波振荡线圈的磁芯（黑色中周），如图 7-11 所示，使示波器出现

1000 Hz 波形,并使波形最大。或直接监听收音机的声音,使收音机发出的声音最响、最清晰。

图 7-11　调中周时的可调元件位置

高端频率调整:将可变电容器旋到容量最小处,这时机壳指针应对准频率刻度的最高频端。使高频信号发生器的输出频率为 1625 kHz,载波的输出电平为 99 dB,调制信号的频率为 1000 Hz,调制度为 30%,高频调幅信号由收音机的磁性天线接收,作为调整的输入信号。

用无感螺丝刀调节并联在振荡线圈上的 C_{1b} 旁边的补偿电容器,如图 7-12 所示,使示波器的波形最大(或喇叭声音最响)。

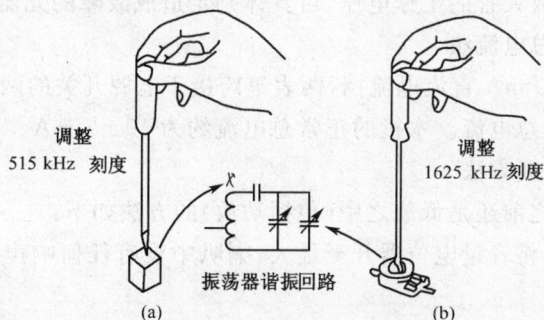

图 7-12　调整频率接收范围

这样收音机的频率覆盖就达到 515～1625 kHz 的要求了,但因为高低频端的谐振频率的调整相互牵制,所以必须反复调节多次,直到整机的接收频率范围符合要求为止。

(3)统调

统调又称调整灵敏度。输入回路与外来信号的频率是否谐振,决定了超外差式收音机的灵敏度和选择性(即选台功能),因此,调整输入回路使它与外来信号频率谐振,可以使收音机的灵敏度和选择性提高。调整时,低频端要调整输入回路线圈在磁棒上的位置,高频端要调整输入回路的微调电容器。

我国规定中波段的统调点为 630 kHz、1000 kHz 和 1400 kHz。

先统调低频率 630 kHz 端。高频信号发生器的输出频率为 630 kHz,电平为 99 dB,调制信号的频率为 1000 Hz,调制度为 30%,该高频调幅信号作为调整的输入信号由收音机的磁性天线接收。将接收机调谐到刻度指示为630 kHz频率上，然后调整磁性天线线圈在磁棒上的位置，如图7-13所示，使整机输出波形幅度最大（或听到的收音机的声音最响、最清晰）。

接着统调高频端频率点，将高频信号发生器调至1400 kHz，将接收机调谐到刻度指示为1400 kHz频率上，然后用无感螺丝刀调节磁性天线回路中并联在C_{1a}旁边的补偿电容器，如图7-13所示，使整机输出波形最大（或听到的收音机的声音最响、最清晰）。

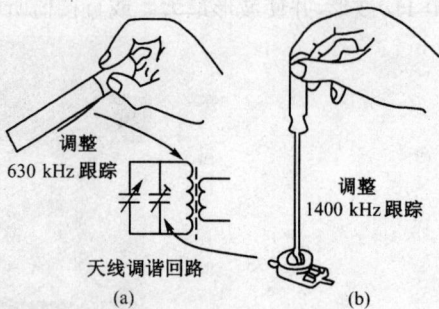

图7-13　收音机的统调

至此，收音机的调试工作结束。

5. 六管超外差式收音机的实用维修方法

（1）维修基本方法

①信号注入法

收音机是一个信号捕捉、处理、放大系统，通过注入信号可以判定故障位置。用万用表$R\times10$电阻挡，红表笔接电池负极（地），黑表笔触碰放大器输入端（一般为三极管基极），此时扬声器可听到"咯咯"声。然后用手握螺丝刀金属部分去碰放大器输入端，从扬声器听反应，此法简单易行，但相应信号微弱，不经三极管放大则听不到声音。

②电位测量法

用万用表测各级放大管的工作电压，可具体判定造成故障的元器件。

③测量整机静态总电流法

将万用表拨至250 mA直流电流挡，两表笔跨接于电源开关的两端，此时开关应置于断开位置，可测量整机的总电流。本机的正常总电流约为10 ± 2 mA。

（2）故障位置的判断方法

判断故障在低放之前还是低放之中（包括功放）的方法如下：

①接通电源开关，将音量电位器开至最大，喇叭中没有任何响声，可以判定低放部分肯定有故障。

②判断低放之前的电路工作是否正常，方法如下：将音量减小，万用表拨至直流电压挡。挡位选择0.5 V，两表笔并接在音量电位器非中心端的两端上，一边从低端到高端拨动调谐盘，一边观看电表指针，若发现指针摆动，且在正常拨出时指针摆动次数在数十次左右，即可断定低放之前电路工作是正常的。若无摆动，则说明低放之前的电路中也有故障，这时仍应先解决低放中的问题，然后再解决低放之前电路中的问题。

（3）完全无声故障的检修方法

将音量电位器开至最大，用万用表直流电压10 V挡，黑表笔接地，红表笔分别触碰电位的中心端和非接地端（相当于输入干扰信号），可能出现如下几种情况：

①碰非接地端喇叭中无"咯咯"声，碰中心端喇叭有声。这是由于电位器内部接触不良，可更换或修理排除故障。

②碰非接地端和中心端均无声，这时用万用表$R\times10$挡，两表笔并接触碰喇叭引线，触碰时喇叭若有"咯咯"声，说明喇叭完好。然后将万用表拨至电阻挡，点触T_6次级两端，喇

叭中如无"咯咯"声,说明耳机插孔接触不良,或者喇叭的导线已断;若有"咯咯"声,则把表笔接到 T_6 初级两组线圈两端,这时若无"咯咯"声,就是 T_6 初级有断线。

③将 T_6 初级中心抽头处断开,测量集电极电流。若电流正常,说明 VT_5 和 VT_6 工作正常,T_5 次级无断线。若电流为 0,则可能是 R_7 断路或阻值变大;VD_7 短路;T_5 次级断线;VT_5 和 VT_6 损坏(同时损坏情况较少)。若电流比正常情况大,则可能是 R_7 阻值变小;VD_7 损坏;VT_5、VT_6 和 T_5 初、次级有短路;C_9 或 C_{10} 有漏电或短路。

④测量 VT_4 的直流工作状态,若无集电极电压,则 T_5 初级断线;若无基极电压,则 R_5 开路;C_8 和 C_{11} 同时短路较少,C_8 短路而电位器刚好处于最小音量处时,会造成基极对地短路。若红表笔触碰电位器中心端无声,触碰 VT_4 基极有声,说明 C_8 开路或失效。

⑤用干扰法触碰电位器的中心端和非接地端,喇叭中均有声,则说明低放工作正常。

(4)无台故障的检修

无台故障是指将音量开大,喇叭中有轻微的"沙沙"声,但调谐时收不到电台。

①测量 VT_3 的集电极电压,若无,则 R_4 开路或 C_6 短路;若电压不正常,检查 T_4 是否良好。测量 VT_3 的基极电压,若无,则可能 R_3 开路(这时 VT_2 基极也无电压),或 T_4 次级断线,或 C_4 短路。注意,此时工作在近似截止的工作状态,所以它的发射极电压很小,集电极电流也很小。

②测量 VT_2 的集电极电压。无电压,是 T_4 初级断线;电压正常而干扰信号的注入在喇叭中不能引起声音,是 T_4 初级线圈或次级线圈有短路,或槽路电容器(200 pF)短路。

③测量 VT_2 的基极电压。无电压,是 T_3 次级断线或脱焊。电压正常,但干扰信号的注入不能在喇叭中引起响声,是 VT_2 损坏。

④测量 VT_1 的集电极电压。无电压,是 T_2 次级线圈、初级线圈有断线。电压正常,喇叭中无"咯咯"声,为 T_3 初级线圈或次线圈有短路,或槽路电容器短路。如果中周内部线圈有短路故障时,由于其匝数较少,所以较难测出,可采用替代法加以证实。

⑤测量 VT_1 的基极电压。无电压,可能是 R_1 或 T_1 次级开路,或 C_2 短路。电压高于正常值,是 VT_1 发射结开路。电压正常,但无声,是 VT_1 损坏。

到此时如果仍收听不到电台,可进行下面的检查。

⑥将万用表拨至直流电压 10 V 挡,两表笔分别接于 R_2 的两端。用镊子将 T_2 的初级短一下,看指针指示是否减小(一般减小 0.2～0.3 V)。若电压不减小,说明本机振荡没有起振,振荡耦合电容器 C_3 失效或开路,C_2 短路(VT_1 射极无电压)。T_2 初级线圈内部断路或短路;双联质量不好;电压减小很少,说明本机振荡太弱,或 T_2 受潮,印制电路板受潮,或双联漏电,或微调电容器不好,或 VT_1 质量不好。用此法同时可检测 BG_1 偏流是否合适。

若电压减小正常,可断定故障在输入回路。检查双联对地有无短路,电容器质量如何,磁棒线圈 T_1 初级是否断线。到此时收音机应能收听到电台播音,可以进行整机调试。

【技能与技巧】 没有专用仪器时收音机的调试技巧

在没有专用仪器的情况下,对于初学者,一般不要轻易调整收音机的线圈、中周(中频变压器)以及可变电容器和电位器等。当然,这不是说绝对不能碰,而是有一定方法和技巧。

1.进行静态调试可利用万用表的电压挡。可利用万用表测量各放大管的 BE 结电压来进行判断,正常电压硅管约为 0.7 V,该电压过低或反偏,则该管处于截止状态。也可通过测量集电极电压进行判别,该电压过高或等于电源电压,可能是该管开路;若该电压过低,则可能是该管处于饱和状态。

2.在进行动态调试前应记住被调整件的原始位置,最好做标记,避免调乱。

3.调整旋具应使用无感旋具(不锈钢、塑料等材料),其尺寸大小应适当。调整时不能用力过大,应适当轻柔地旋转,以防磁芯破碎。

4.调试无改善时要及时归位。当用无感旋具顺时针调整磁芯一定角度仍不能改善接收效果时(听声音的大小和音质),应及时退回到起始位置,然后再试着反时针调整磁芯。如此反复调整对比效果,使之达到最佳。若反调也不能改善接收效果,就应及时调回到起始位置,因为问题也许不是出在本级。如果不及时退回到磁芯的起始位置,将会越调越乱。

【实施步骤】

1.按照电路图安装焊接功率放大器。

2.用万用表对功率放大器板上的各种电子元器件进行在线检测。

3.通电测试,按照电路图的技术指标对电路进行测量和调试。

集成功率放大器的调试步骤如下:

(1)在面包板上按照所选电路安装好器件。

(2)调整测试。对安装好的电路先进行静态测量,测量结果正常后再进行动态调试,测出音频最大不失真输出电压、电压放大倍数和输出功率。

4.对晶体管超外差式收音机进行调试。

调试步骤如下:

(1)测量收音机电路的静态工作点。

(2)收音机中频特性的调试。

(3)收音机频率范围的调试。

(4)三点跟踪统调。

【小结】

1.电子电路在安装焊接完成后必须进行电路调试。

2.电子电路的调试设备需要根据电子电路的电路要求进行确定,一般分成普通调试设备和专用调试设备。

3.电子电路的调试主要有电路静态工作点的调整和电路动态特性的调整。

4.电子电路的调试类型主要有电子电路样机的调试和电子电路批量生产的调试。

5.电子电路的测试方法主要有观察法、电阻法、电压法、替代法,还有一些方法需要结合具体产品加以使用。

6.超外差式收音机的调试有三项内容:调中频、调覆盖和统调。这些调试内容是在收音机已经通电工作的基础上进行的。

【课后练习】

1.电子电路为什么要进行调试? 调试工作的主要内容是什么?

2.如何制定好电子电路的调试方案?

3.调试仪器的布置和连接要注意哪些问题?

4.以收音机为例,说明静态工作点的调整方法。

5.进行动态特性的测试,主要应用哪些方法或手段?

6.以收音机为例,说明整机动态工作特性调试的方法。

7.在电子电路调试中,一般要采用哪些安全措施?

项目 8

模拟电子电路装调综合训练

任务一 超外差式收音机的装配与调试

【项目要求】

通过对一台调幅收音机的装配、焊接和调试,使学生了解电子产品的装配过程,掌握电子元器件的识别方法和质量检验标准,了解整机的装配工艺,培养学生的实践技能。

1.知识要求

(1)了解标准超外差式调幅收音机的结构。

(2)掌握咏梅 838 型超外差式收音机的装配与调试。

2.技能要求

(1)会分析收音机电路图。

(2)对照收音机原理图能看懂印制电路板图和接线图。

(3)认识电路图上的各种元器件的符号,并与实物相对照。

(4)会测试各元器件的主要参数。

(5)认真细心地按照工艺要求进行产品的装配和焊接。

(6)按照技术指标对产品进行调试。

【实施器材】

1.咏梅 838 型超外差式收音机套件	1 套/人
2.万用表	1 只/人
3.直流稳压电源	1 台/人
4.焊接工具	1 套/人

【实施步骤】

1.咏梅 838 型超外差式收音机的材料清单(见表 8-1)

表 8-1 咏梅 838 型超外差式收音机的材料清单

序号	代号与名称		规格	数量	序号	代号与名称	规格	数量
1	电阻器	R_1	91 kΩ（或 82 kΩ）	1	27	T_1	天线线圈	1
2		R_2	2.7 kΩ	1	28	T_2	本振线圈（黑）	1
3		R_3	150 kΩ（或 110 kΩ）	1	29	T_3	中周（白）	1
4		R_4	30 kΩ	1	30	T_4	中周（绿）	1
5		R_5	91 kΩ	1	31	T_5	输入变压器	1
6		R_6	100 kΩ	1	32	T_6	输出变压器	1
7		R_7	620 kΩ	1	33	带开关电位器	4.7 kΩ	1
8		R_8	510 kΩ	1	34	耳机插座（GK）	Φ2.5 mm	1
9	电容器	C_1	双联电容器	1	35	磁棒	55 mm×13 mm×5 mm	1
10		C_2	瓷介 223(0.022 μF)	1	36	磁棒架		1
11		C_3	瓷介 103(0.01 μF)	1	37	频率盘	Φ37 mm	1
12		C_4	电解 4.7~10 μF	1	38	拎带	黑色（环）	1
13		C_5	瓷介 103(0.01 μF)	1	39	透镜（刻度盘）		1
14		C_6	瓷介 333(0.033 μF)	1	40	电位器盘	Φ20 mm	1
15		C_7	电解 47~100 μF	1	41	导线		6 根
16		C_8	电解 4.7~10 μF	1	42	正、负极片		各 2
17		C_9	瓷介 223(0.022 μF)	1	43	负极片弹簧		2
18		C_{10}	瓷介 223(0.022 μF)	1	44	固定电位器盘	M1.6×4	1
19		C_{11}	涤纶 103(0.01 μF)	1	45	固定双联可变电容器	M2.5×4	2
20	三极管	VT_1	3DG201（β值最小）	1	46	固定频率盘	M2.5×5	1
21		VT_2	3DG201	1	47	固定印制电路板	M2×5	1
22		VT_3	3DG201	1	48	印制电路板		1
23		VT_4	3DG201（β值最大）	1	49	金属网罩		1
24		VT_5	9013	1	50	前壳		1
25		VT_6	9013	1	51	后盖		1
26	二极管	VD_7	1N4148	1	52	扬声器（Y）	8 Ω	1

2. 用万用表检测收音机各个元器件

检测顺序和要求见表 8-2,将测量结果填入实训报告。注意:VD_5、VD_6 的 h_{FE} 相差应不大于 20%,同学之间可相互调整使管子性能配对。

表 8-2　　　　　　　　　　　　用万用表检测元件的参数

类别	测量内容	万用表功能及量程	禁止用量程
R	电阻值	Ω	
V	h_{FE}（VD_5、VD_6 配对）	Ω×10, h_{FE}	Ω×1 ,Ω×1 k
B	绕组,电阻,绕组与壳绝缘	Ω×1	
C	绝缘电阻	Ω×1 k	
电解 CD	绝缘电阻及质量	Ω×1 k	

3. 用万用表检测输出、输入变压器绕组的内阻

检测顺序和要求见表 8-3,将测量结果填入实训报告。

表 8-3　　　　　　　　　　　　变压器绕组的内阻测量

	T_2（黑）本振线圈	T_3（白）中周 1	T_4（绿）中周 2
万用表挡位	Ω×1	Ω×1	Ω×1
	5—1, 4: 0.3 Ω; 4—3: 3.4 Ω; 0.1 Ω	5—1, 4: 1 Ω; 4—3: 3.8 Ω; 0.2 Ω	5—1, 4: 2.4 Ω; 4—3: 3 Ω; 1 Ω

	T_5（蓝或白）输入变压器	T_6（黄或粉）输出变压器
万用表挡位	Ω×10	Ω×1
	5—4: 85 Ω; 4—3: 85 Ω; 1—2: 180 Ω	5—4: 6 Ω; 4—3: 6 Ω; 1—2: 0.7 Ω

注意:

(1)为防止变压器原边线圈与副边线圈之间短路,要测量变压器原边与副边之间的电阻。

(2)若输入变压器、输出变压器用颜色不好区分,可通过测量线圈内阻来进行区分。

线圈内阻阻值大的是输入变压器,线圈内阻阻值小的是输出变压器。

4. 对元器件的引线进行镀锡处理

5. 检查印制电路板的铜箔线条是否完好

咏梅 838 型超外差式收音机的印制电路板图如图 8-1 所示。要特别注意检查印制电路板上的铜箔线条有无断线及短路的情况,还要特别注意印制电路板的边缘是否完好,如图 8-2 所示。

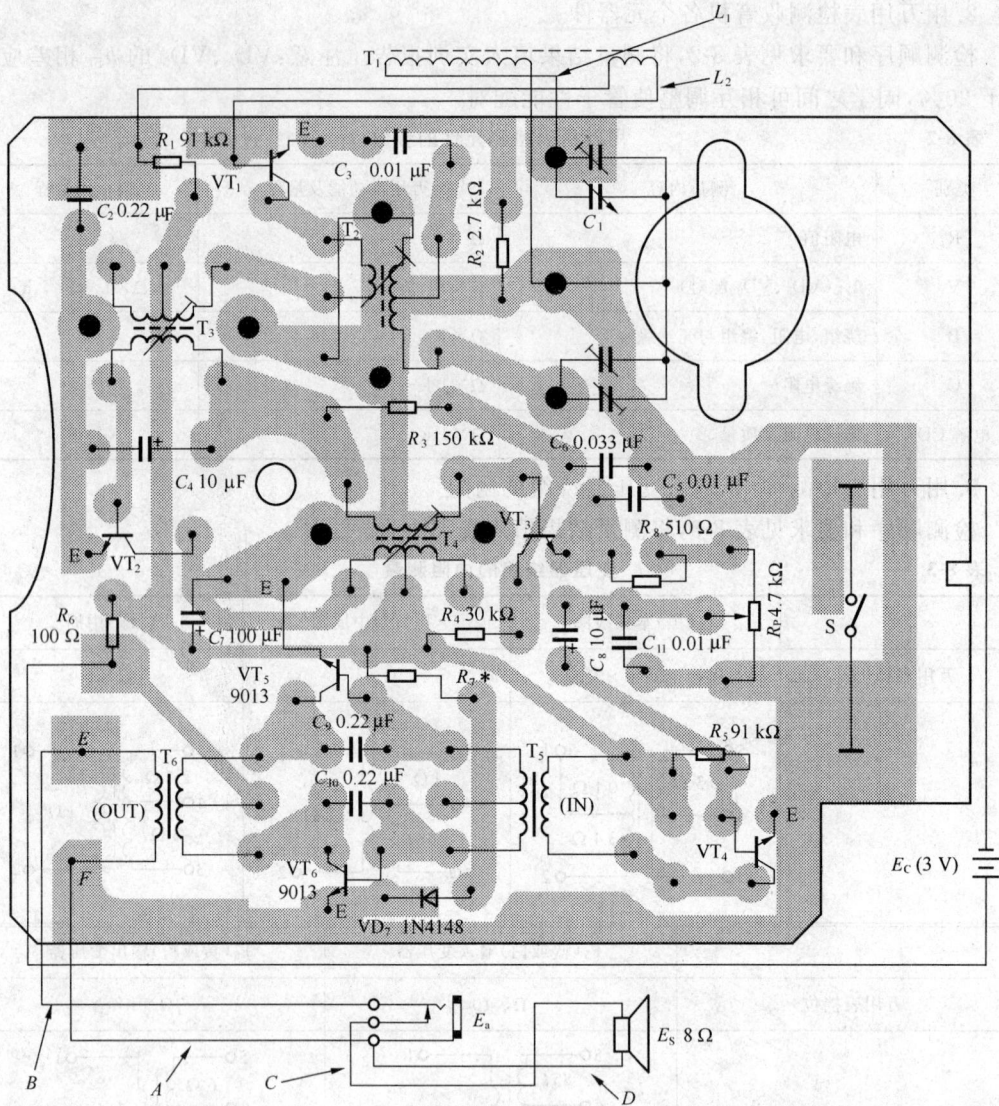

图 8-1　收音机印制电路板图

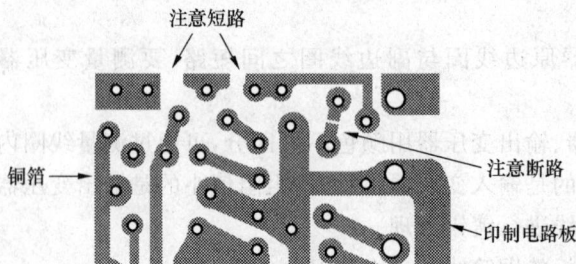

图 8-2　有问题的印制电路板示意图

6.装配元器件

元器件的装配质量及顺序直接影响整机的质量与成功率,合理的装配需要思考和经验。表 8-4 中所示的装配顺序及要点是经过实践检验,被证明是较好的一种装配方法。

注意:装配时,所有元器件的高度不得高于中周的高度。

表 8-4　　　　　　　　　元器件的安装顺序及要点(分类安装)

序　号	内　容	注意要点
1	安装 T_2、T_3、T_4	中周　中周要求按到底 外壳固定引线内弯 90°,要求焊上
2	安装 T_5、T_6	经指导教师检查后可以先焊 引线固定
3	安装 $VT_1 \sim VT_6$	注意色标、极性及安装高度 E B C
4	安装全部 R	2 mm　≤13 mm 色环方向保持一致,注意安装高度
5	安装全部 C(除双联电容器)	标记向外　极性　注意高度 <13 mm
6	安装双联电容器、电位器及磁棒架	磁棒架装在印制电路板和双联电容器之间 焊盘面　磁棒架 印制电路板　双联可变电容器
7	焊前检查	检查已安装的元器件位置,特别注意 VT(三极管)的引线,经指导教师检查后,方可进行焊接
8	焊接已插上的元器件	焊锡丝　电烙铁 焊接时注意锡量适中
9	修整引线	<2 mm 剪断引线多余部分,注意不可留得太长、也不可剪得太短
10	检查焊点	注意不要桥接 检查有无漏焊点、虚焊点、短接点

（续表）

序 号	内 容	注意要点
11	焊 T_1、电池引线，安装拨盘、磁棒等	焊 T_1 时注意看接线图，其中的线圈 L_2 应靠近双联电容器一边，并按图连线
12	其他	固定扬声器、装标牌、金属网罩及拎带等 

7. 收音机的检测和调试

学生通过对自己组装的收音机的通电检测调试，可以了解一般电子产品的生产调试过程，初步学习调试电子产品的方法。咏梅 838 型超外差式收音机的电路原理图如图 7-10 所示。收音机的检测调试流程图如图 8-3 所示。

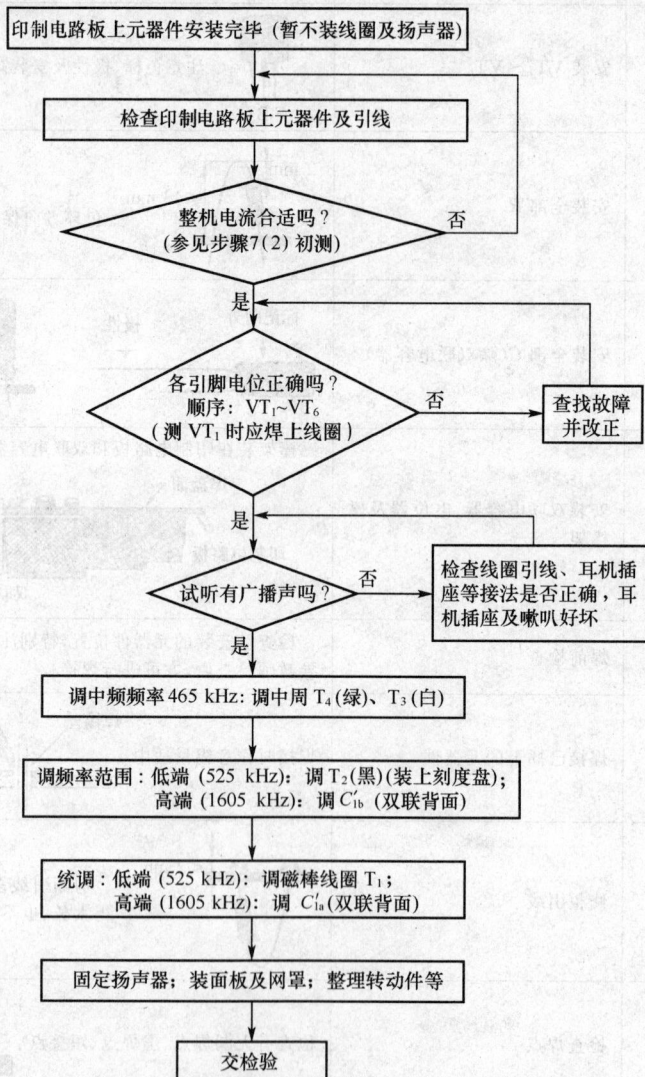

图 8-3 收音机的调试流程图

（1）通电前的检测工作

①同学之间对装配好的收音机进行自检和互检，检查焊接质量是否达到要求，特别注意检查各电阻器的阻值是否与图纸所示位置相同，各三极管和二极管是否有极性焊错的情况。

②收音机在接入电源前，必须检查电源有无输出电压（3 V）和引出线的正、负极是否正确。

（2）通电后的初步检测

将收音机接入电源，要注意电源的正、负极性，将频率盘拨到 530 kHz 附近的无台区，在收音机开关不打开的情况下，首先测量整机静态工作的总电流"I_0"。然后将收音机开关打开，分别测量三极管 $VD_1 \sim VD_6$ 的 E、B、C 三个电极对地的电压值（即静态工作点），将测量结果填到实训报告中。

注意：该项检测工作非常重要，在收音机开始正式调试前，该项工作必须要做。表 8-5 给出了各个三极管的三个极对地电压的参考值。

表 8-5　　　　　　　　　　　三极管的三个极对地电压的参考值

三极管	工作电压：$E_C = 3$ V			整机静态工作总电流：$I_0 = 10$ mA		
	VT$_1$	VT$_2$	VT$_3$	VT$_4$	VT$_5$	VT$_6$
E	1	0	0.056	0	0	0
B	1.54	0.63	0.63	0.65	0.62	0.62
C	2.4	2.4	1.65	1.85	2.8	2.8

（3）试听

如果元器件质量完好，装配也正确，初测结果正常，即可进行试听。将收音机接通电源，慢慢转动调谐盘，应能听到广播声，否则应重复前面做过的各项检查，找出故障并改正，注意在此过程不要调中周及微调电容器。

（4）收音机的调试

收音机经过通电检查并正常发声后，可以进行调试工作。

（详见项目 12 中收音机的调试方法）

8.收音机的验收

按产品出厂的要求进行验收：

（1）外观：机壳及频率盘清洁完整，不得有划伤、烫伤及缺损。

（2）印制电路板装配整齐美观，焊接质量好，无损伤。

（3）导线焊接要可靠，不得有虚焊，特别是导线与正负极片间的焊接位置和焊接质量要好。

（4）整机装配合格：转动部分灵活，固定部分可靠，后盖松紧合适。

（5）性能指标要求：

①频率范围：525～1605 kHz。

②灵敏度较高。

③收音机的音质清晰、洪亮、噪音低。

【实训报告】

1.画出本次实训的电路原理详图、整机布局图、整机电路配线接线图。

2.写出各部分电路的工作原理及性能分析。

3.对出现的故障进行分析。

4.测量数据。

5.实训体会。

任务二　MF-47型指针式万用表的装配与调试

【项目要求】

万用表是电子技术专业最常用的仪表。通过实训要求学生熟悉指针式万用表的基本工作原理,学会使用一些常用的电工工具及仪表,并且要求学生掌握一些常用开关电器的使用方法及工作原理。了解指针式万用表的机械结构。

1.在熟悉指针式万用表工作原理的基础上学习装配和调试。

2.学会排除指针式万用表的常见故障。

3.通过实训熟练掌握锡焊技术。

【实施器材】

1.MF-47型指针式万用表套件	1套/人
2.完好的成品万用表(校正用)	1台/人
3.直流稳压电源	1台/人
4.焊接工具	1套/人

【知识链接】

1.MF-47型指针式万用表的特点

MF-47型指针式万用表具有26个基本量程,还有测量电平、电容、电感、晶体管直流参数等7个附加参考量程,是一种量限多、分挡细、灵敏度高、体形轻巧、性能稳定、过载保护可靠、读数清晰、使用方便的通用型万用表。

MF-47型指针式万用表采用高灵敏度的磁电系整流式表头,造型大方,设计紧凑,结构牢固,携带方便。其特点为:

(1)测量机构采用高灵敏度表头,并采用硅二极管保护,保证过载时不损坏表头,线路设有0.5 A保险丝以防止挡位误用时烧坏电路;

(2)在电路设计上考虑了湿度和频率补偿;

(3)在低电阻挡选用2号干电池供电,电池容量大、寿命长;

（4）配合高压表笔和插孔，可测量电视机内 25 kV 以下高压；

（5）配有晶体管静态直流放大系数检测挡位；

（6）表盘标度尺刻度线与转换开关指示盘均为红、绿、黑 3 色，分别按交流是红色、晶体管是绿色、其余是黑色对应制成，共有 7 条专用刻度线，刻度分开，便于读数；

（7）配有反光铝膜，可以消除视差，提高读数精度；

（8）除测量交直流 2500 V 电压挡和测量直流 5 A 电流挡分别有单独插孔外，其余各电量的测量只需转动一个旋钮开关进行选择，使用方便；

（9）外壳上装有提把，不仅便于携带，而且可在必要时做倾斜支撑，便于读数。

2. MF-47 型指针式万用表的结构

MF-47 型指针式万用表的形式很多，但基本结构都是由机械部分、显示部分、电气部分 3 大块组成。机械部分由外壳、转换开关旋钮及电刷等部分组成；显示部分是一个高灵敏度电流表头；电气部分由测量印制电路板、电位器、电阻器、二极管、电容器等元器件组成。其实物如图 8-4 所示。

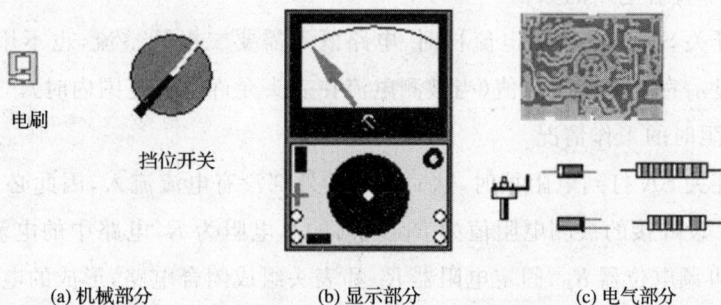

| (a) 机械部分 | (b) 显示部分 | (c) 电气部分 |

图 8-4　MF-47 型指针式万用表的基本组成

表头是指针式万用表的测量显示装置，MF-47 型指针式万用表采用显示面板和表头一体化的结构；转换开关用来选择被测电量的种类和量程；测量印制电路板将不同性质和大小的被测电量转换为表头所能接受的直流电流。

MF-47 型指针式万用表可以测量直流电流、直流电压、交流电压和电阻等多种电量。当转换开关拨到直流电流挡，可分别与 5 个接触点接通，用于测量 500 mA、50 mA、5 mA 和 500 μA、50 μA 量程的直流电流。

当转换开关拨到欧姆挡，可分别测量 ×1 Ω、×10 Ω、×100 Ω、×1 kΩ、×10 kΩ 量程的电阻；当转换开关拨到直流电压挡，可分别测量 0.25 V、1 V、2.5 V、10 V、50 V、250 V、500 V、1000 V 量程的直流电压；当转换开关拨到交流电压挡，可分别测量 10 V、50 V、250 V、500 V、1000 V 量程的交流电压。

3. MF-47 型指针式万用表的工作原理

MF-47 型指针式万用表最基本的工作原理图如图 8-5 所示。电路由表头、电阻测量挡、电流测量挡、直流电压测量挡和交流电压测量挡几个部分组成，图中标有"－"的端点是黑表笔的插孔，标有"＋"的端点是红表笔的插孔。

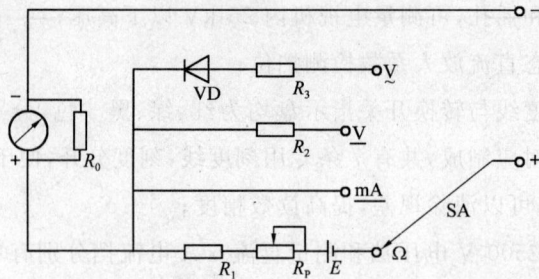

图 8-5　MF-47 型指针式万用表最基本的工作原理图

（1）测量电压和电流时的工作情况

当测量电压和电流时，外部电路的电流流入表头，因此在表中的电路里不需要接电池。当把转换开关 SA 打到交流电压挡时，通过二极管 VD 对交流电进行整流，通过电阻器 R_3 限流，电压的数值由表头显示出来。

当把转换开关 SA 打到直流电压挡时，此时不需要二极管进行整流，仅需电阻器 R_2 限流，表头即可显示直流电压的数值。

当把转换开关 SA 打到直流电流挡时，电路既不需要二极管整流，也不用电阻器限流，表头即可直接显示直流电流的数值（当被测电流在表头允许电流范围内时）。

（2）测量电阻时的工作情况

当把转换开关 SA 打到电阻挡时，这时电路的外部没有电流流入，因此必须使用表内的电池作为电源。设外接的被测电阻值为 R_x，表内的总电阻为 R，电路中的电流为 I，由电阻器 R_x、电池 E、可调电位器 R_P、固定电阻器 R_1 和表头组成闭合电路，形成的电流 I 使表头的指针偏转。红表笔与电池的负极相连，通过电池的正极与电位器 R_P 及固定电阻器 R_1 相连，经过表头接到黑表笔与被测电阻器 R_x 形成回路，电路中的电流使表头的指针偏转。

需要注意的是，电路中的电流 I 和被测电阻器 R_x 并不是线性关系，所以在表盘上电阻标度尺的刻度是不均匀的。当电阻越小时，回路中的电流越大，指针的摆动越大，因此电阻挡的标度尺刻度是反向分度。

当万用表红黑两表笔直接连接时，相当于外接电阻最小，即 $R_x = 0$，此时通过表头的电流最大，表头指针的摆动最大，应该指向满刻度处，此时显示的阻值为 0。反之，当万用表的红黑两表笔开路时，相当于 $R_x \rightarrow \infty$，此时通过表头的电流最小，因此指针指向电流为零刻度处，显示的电阻值应为∞。

（3）完整的 MF-47 型指针式万用表的电路原理图

完整的 MF-47 型指针式万用表的电路原理图如图 8-6 所示。MF-47 型指针式万用表的显示表头是一个直流微安表；WH_2 是一个可调电位器，用于调节表头回路中电流的大小；VD_3、VD_4 两个二极管反向并联并与电容器 C_1 并联，用于限制表头两端的电压，起保护表头的作用，使表头不致因电流过大而烧坏。

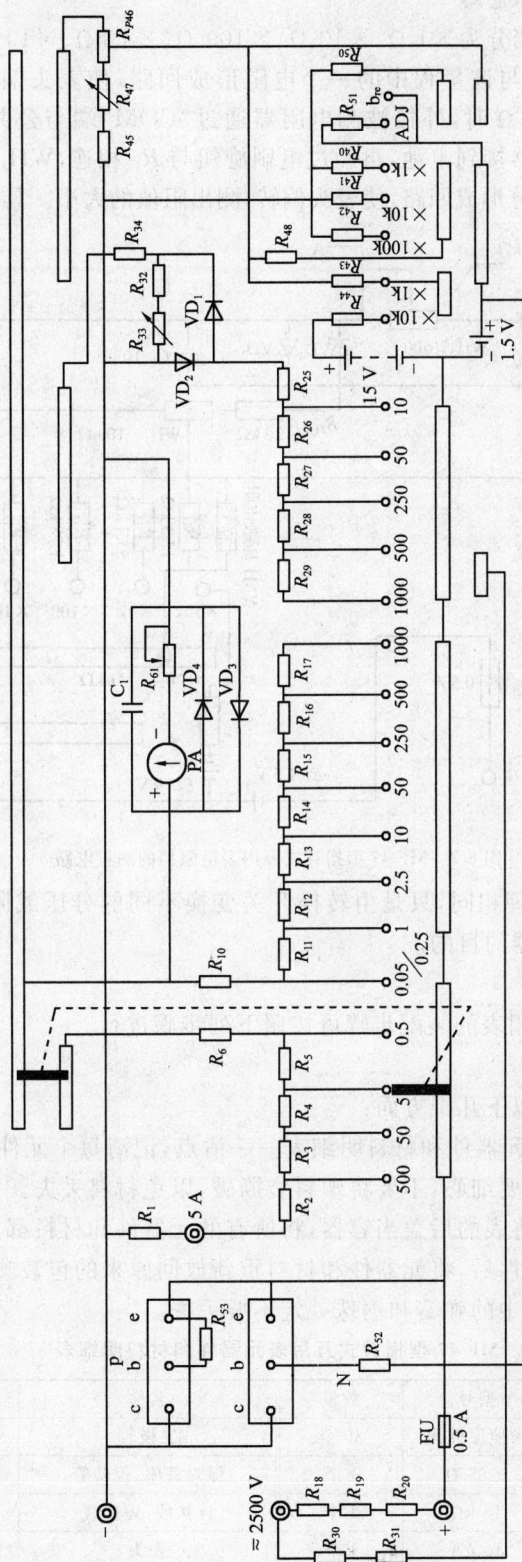

图8-6 MF-47型指针式万用表的电路原理图

4.测量电阻器的具体电路

测量电阻器的电阻挡分为×1 Ω、×10 Ω、×100 Ω、×1 kΩ、×10 kΩ 五个量程,当转换开关打到某一个量程时,与该量程中的一个电阻形成回路,使表头偏转,测出阻值的大小。例如将转换开关打到×1 Ω 时,外接被测电阻器通过"COM"端与公共显示部分相连;通过"+"端经过 0.5 A 熔断器接到电池,再经过电刷旋钮与 R_{18} 相连,WH_1 为电阻挡公用调零电位器,最后与公共显示部分形成回路,使表头偏转,测出阻值的大小。具体电路如图 8-7 所示。

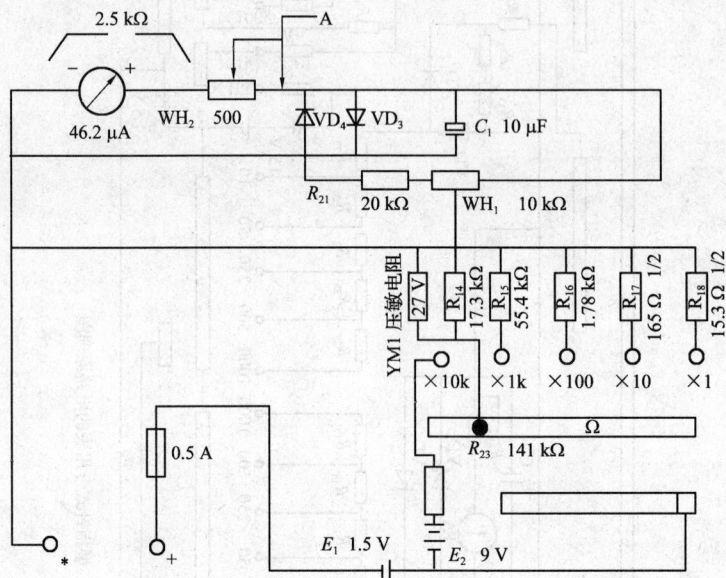

图 8-7　MF-47 型指针式万用表电阻挡的测量电路

其他挡位的测量原理相同,只是由转换开关变换不同的分压或限流电阻,达到用不同量程测量不同阻值电阻器的目的。

【实施步骤】

MF-47 型指针式万用表的装配步骤可按照下列步骤进行。

1.清点材料

清点材料时要注意以下几个方面:

(1)按表 8-6 中所列元器件和材料明细表一一清点,记清每个元件的名称和外形。

(2)打开套件包装时要细心,不要将塑料袋撕破,以免材料丢失。

(3)清点材料时,可将表的后盖当容器,将所有的元器件和材料都放在里面。

(4)清点完所有的器件后,将元器件和材料重新放回原来的包装塑料袋中。

(5)千万注意元器件中的弹簧和钢珠一定不要丢失。

表 8-6　MF-47 型指针式万用表元器件和材料明细表

名称	型号	数量	名称	型号	数量
固定电阻器	参照原理图	30 个	二极管	1N4001	4 个
分流器	0.05 Ω	1 个	保险管座、保险管		1 副
电位器	10 kΩ	1 个	连接线、短接线	红、黑	4 根
电容器	10 μA	1 个	表头	46.2 μA	1 个
印制电路板		1 个	其他材料		若干

2.电解电容器和二极管极性的识别与检测

在装配万用表前,要对有极性区别的元件如电解电容器和二极管进行识别和检测。

(1)电解电容器极性的识别与检测

注意观察电解电容器的表面,标有"－"号对应的电极是负极,如果电解电容器上没有标明正、负极,也可以根据引脚的长短来判断,长脚为正极,短脚为负极,如图 8-8 所示。

图 8-8 电解电容器极性的判断

(2)二极管极性的识别与检测

在二极管的表面一般有色环(黑色或银色)标志,靠近色环的一端,其极性为负极。若没有色环标志,判断二极管的极性可用指针式万用表进行测试。将指针式万用表的红表笔插在"＋"插孔中,黑表笔插在"－"插孔中,将二极管搭接在表笔两端,如图 8-9 所示。观察万用表指针的偏转情况,如果指针偏向右边显示阻值很小时,表明此时二极管与黑表笔连接的为正极,与红表笔连接的为负极。反之,如果指针偏向左边显示阻值很大时,表明此时与红表笔搭接的是二极管的正极,与黑表笔搭接的是二极管的负极。

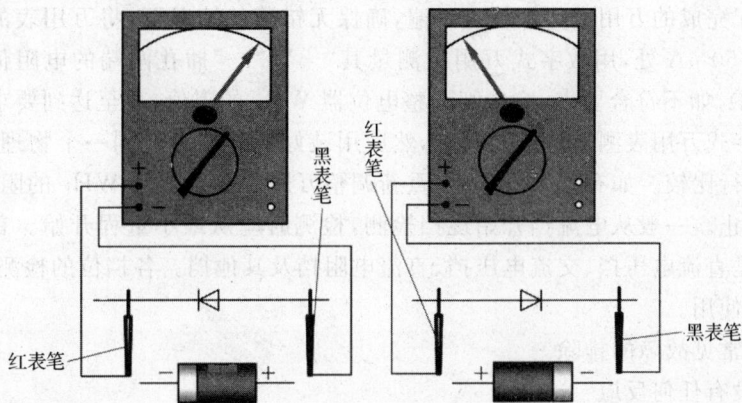

图 8-9 用万用表判断二极管的极性

3.元器件的插装与焊接

(1)清除元器件引线表面的氧化层

元器件经过长期存放,其引线表面会形成氧化层,不仅使元器件难以焊接,而且影响焊接的质量,因此当元器件引线表面有氧化层时,应首先清除元器件引线表面的氧化层。可以用镊子夹住元件的引线来回擦蹭,即可去除元器件引线表面的氧化层。

(2)将元器件引脚成形

按照以前讲述的对元器件引脚成形的方法对元器件引脚进行处理。

(3)元器件的插装

将引脚处理后的元器件对照万用表的装配图插装到印制电路板上。在插装元器件时,一定不能插错位置;插装二极管和电解电容器时一定要分清极性;插装电阻器时,要注意读数方向的排列,卧式插装的其色环必须从左向右读,立式插装的其色环必须从下向上读。

(4)元器件的焊接

元器件插装完毕后,对照装配图用万用表进行校验,检查每个元器件插装是否正确;二极管、电解电容器的极性是否正确;电阻器的读数方向是否一致。全部合格后方可进行元器件的焊接。

插装后的元器件，要求排列整齐，高度一致。为了保证焊接的整齐美观，焊接时可将印制电路板放在焊接架上进行焊接，两边架空的高度要一致。元件插好后，要调整位置，使每个元件焊接高度一致。焊接时，电阻器不能离印制电路板太远，也不能紧贴在印制电路板上，以免影响电阻器的散热。

MF-47 型指针式万用表的印制电路板如图 8-10 所示。

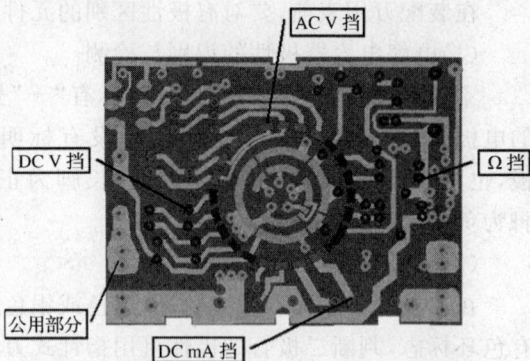

4.万用表的调试

万用表的调试方法有两种：一是用专业的调试设备进行校准；二是用普通数字式万用表进行校准。

图 8-10　MF-47 型指针式万用表的印制电路板图

用普通数字式万用表进行校准的方法如下：

（1）将装配完成的万用表仔细检查一遍，确保无错装的情况下，将万用表的旋转开关旋至最小电流挡 50 μA 处，用数字式万用表测量其"＋"、"－"插孔两端的电阻值。电阻值应为 4.9～5.1 kΩ，如不符合要求，应仔细调整电位器 WH_2 的阻值，直至达到要求为止。

（2）用数字式万用表测量各个物理量，然后用装好的万用表对同一个物理量进行测量，将测量结果进行比较。如有误差，则应该重新调整万用表上电位器 WH_2 的阻值，直至测量结果相同时为止。一般从电流挡开始逐挡检测，检测时应从最小量程开始。首先检测直流电流挡，然后是直流电压挡、交流电压挡、直流电阻挡及其他挡。各挡位的检测符合要求后，该表即可投入使用。

5.万用表常见故障的排除

（1）表头没有任何反应

表头没有任何反应可能存在以下故障：表头或表笔损坏、接线错误、保险管没有装配或损坏、电池极板装错、电刷装错。

（2）电压指针反偏

这种情况一般是由表头引线极性接反引起的。如果 DCA、DCV 正常，ACV 指针反偏，则为整流二极管 VD_1 的极性接反。

【实训报告】

1.画出本次实训所用万用表的电路原理详图、整机布局图、整机电路配线接线图。

2.写出各部分电路的工作原理及性能分析。

3.对出现的故障进行分析。

4.实训体会。

任务三　充电器和稳压电源两用电路的装配与调试

【项目要求】

通过制作此电路，让学生了解电子产品的生产制作全过程，训练学生的动手能力，培养学生的工程实践观念。

1. 会分析电路图,能说出每个元件的名称和作用。

2. 能对元件进行检测,熟悉检测方法。

3. 能绘制印制电路板图,要求元件分布合理。

4. 能按照装配工艺装配元件。

5. 会调试电路使之达到设计指标。

【实施器材】

1. 充电器和稳压电源两用电路套件	1 套/人
2. 万用表	1 只/人
3. 直流稳压电源	1 台/人
4. 焊接工具	1 套/人

【知识链接】

充电器和稳压电源两用电路可将 220 V 交流电源转换成 3~6 V 的直流稳压电源,既可作为收音机等小型电器的外接电源,又可对 1~5 节可充电电池进行恒流充电,性能优于市售的一般充电器,具有较高的性价比,是一种用途广泛的实用电器。这个电路的元件和外壳可以采用产品套件,也可以自己设计和制作。

1. 充电器和稳压电源主要性能指标

(1)输入电压:AC:220 $\widetilde{V}$。

输出电压(直流稳压):分三挡(即 3 V、4.5 V、6 V),各挡误差为 10%。

(2)输出直流电流:额定值 150 mA,最大值 300 mA。

(3)具有过载、短路保护,故障消除后自动恢复正常工作。

(4)充电恒定电流:60 mA(10%),可对 1~5 节 5 号可充电电池进行充电,充电时间约 10~11 小时。

2. 电路工作原理

充电器和稳压电源两用电路的电路原理图如图 8-11 所示。

变压器 T 及二极管 VD_1~VD_4、电容器 C_1 构成典型的桥式整流、电容器滤波电路,在稳压电路中若去掉 R_2 及 LED_1,则是典型的串联稳压电路,其中 LED_2 兼做电源指示及基准稳压管。当流经该发光二极管的电流变化不大时,其正向压降较为稳定,约为 1.9 V 左右,但此值会因发光二极管的规格不同而有所不同,对同一种 LED 则变化不大,因此发光二极管可作为低电压稳压管来使用。R_2 和 LED_1 组成简单的过载和短路保护电路,LED_1 还兼做电流过载指示。当输出过载(输出电流增大)时,R_2 上的压降增大,当增大到一定数值后会使 LED_1 导通,使调整管 VT_5、VT_6 的基极电流不再增大,限制了输出电流的增加,起到了限流保护作用。

K_1 为输出电压选择开关,K_2 为输出电压极性变换开关。

VT_8、VT_9、VT_{10} 及其相应元器件组成三路完全相同的恒流源电路,以 VT_8 单元为例,LED_3 在该处兼做稳压和充电指示作用,VD_{11} 可防止将充电电池的极性接错,通过电阻器 R_8 的电流(即输出电流)可近似地表示为

$$I_O = \frac{U_Z - U_{BE}}{R_8}$$

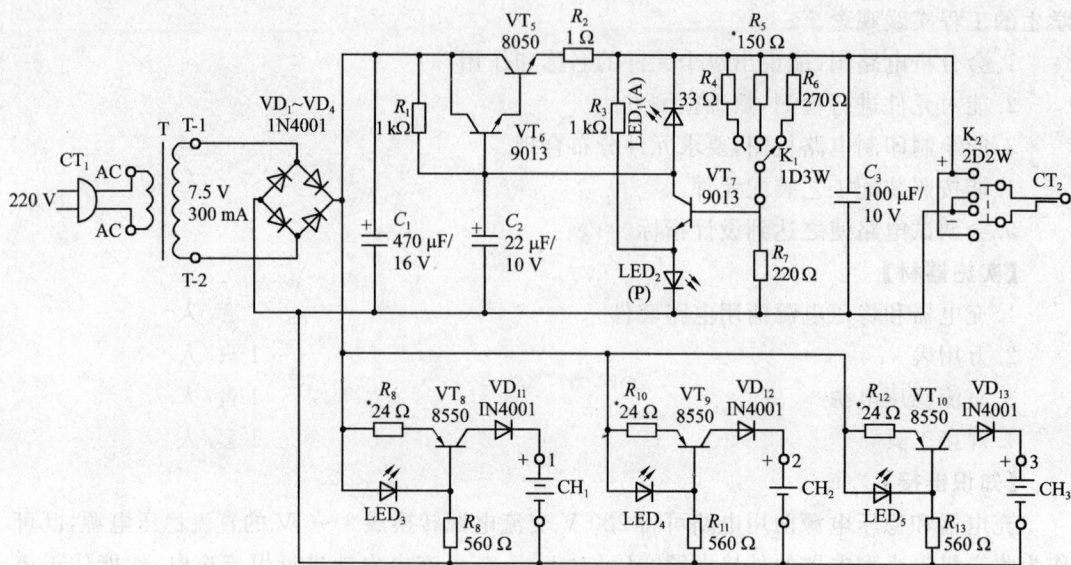

图 8-11　充电器和稳压电源两用电路的电路原理图

其中　I_O——输出电流；

　　　　U_{BE}——VT_8 的基极和发射极间的压降（约 0.7 V）；

　　　　U_Z——LED_3 上的正向压降，取 1.9 V。

由此可见，输出电流 I_O 的值主要取决于 U_Z 的稳定性，而与负载的大小无关，实现了充电电路的恒流特性。

由上式可知，改变电路中 R_8 的大小即可调节输出电流的大小，因此该电路也可改为大电流快速充电方式工作，但大电流充电会影响充电电池的寿命。若减小该电路的充电电流即可对电池进行充电。当增大输出电流时可在 VT_8 的 C、E 极之间并接一个电阻器（阻值约数十欧姆）以减小 VT_8 的功耗。

【实施步骤】

1. 元器件的识别与检测

全部元器件在装配前必须按照清单进行查点，然后用万用表对所有的元器件进行测试检查，检查合格后再进行装配。

2. 设计制作印制电路板

该电路在设计印制电路板时要考虑到实用性，设计成 A、B 两块印制电路板为好。参考印制电路板图如图 8-12 所示，也可自己进行设计。

3. 元件的装配和焊接

（1）印制电路板 A 上元件的装配和焊接

印制电路板 A 上的元器件全部进行卧式装配，在装配中要注意二极管、三极管和电解电容器的极性。元件卧式装配的结果应如图 8-13 所示，装配完成后可进行焊接。

（2）印制电路板 B 上元件的装配和焊接

① 先将开关 K_1、K_2 从板的元件面插入，且必须装到底。

② 发光二极管 $LED_1 \sim LED_5$ 的焊接高度一定要如图 8-14(a) 所示。要求发光二极管顶部距离印制电路板高度为 5～14 mm，保证让 5 个发光二极管露出机壳 2 mm 左右，且排列

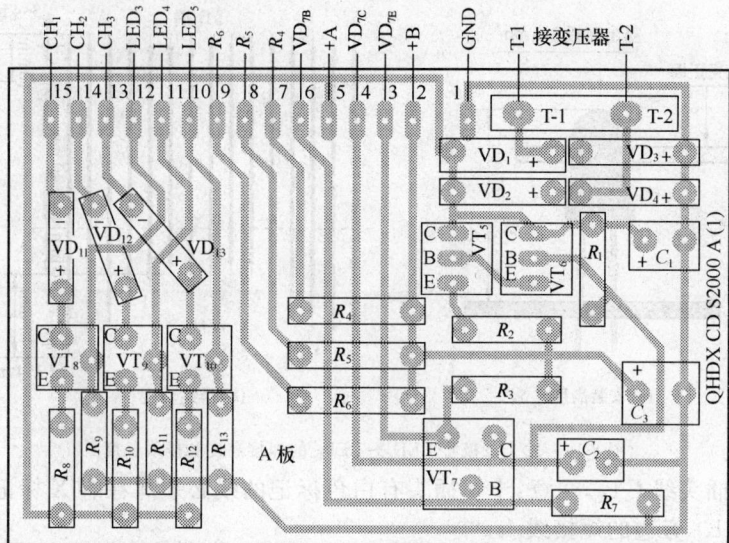

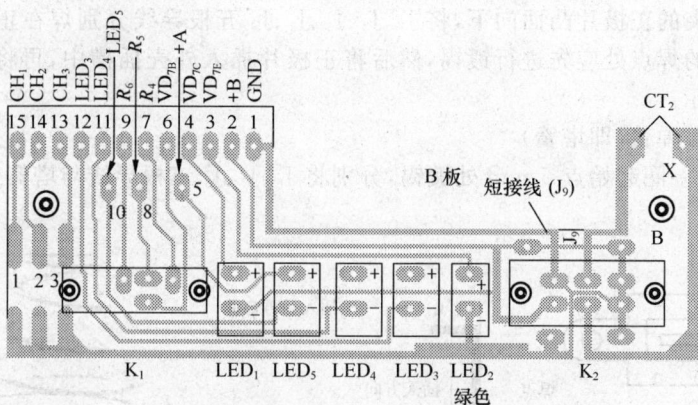

图 8-12 参考印制电路板设计图

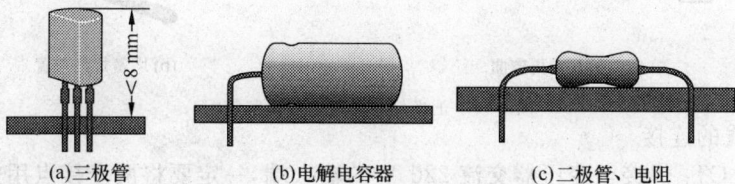

图 8-13 元件卧式装配的结果

整齐。要注意发光二极管的颜色和极性。也可先不焊接 LED，将 LED 插入 B 板装入机壳，调好位置后再进行焊接。

4. 焊接连接导线

先将 15 根排线的 B 端（如图 8-14（b）所示）与印制电路板上的序号为 1～15 的焊盘依顺序进行焊接。排线的两端必须先进行镀锡处理后方可焊接，排线的长度要适当。左右两边各 5 根线（即 1～5，11～15），依次剪成均匀递减（参照图 8-14（b）中所标长度）的形状。再将排线中的所有线段分开，并将 15 根排线的两头剥去线皮约 2～3 mm，然后把每个线头的多股线芯绞合后镀锡，要保证线头不能有毛刺。

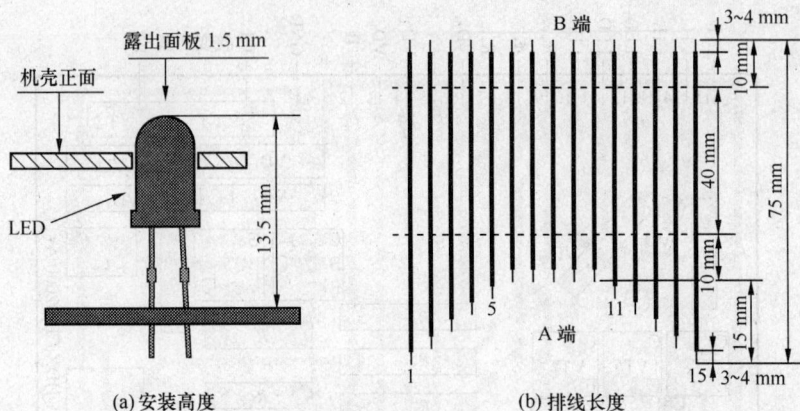

图 8-14　发光二极管 $LED_1 \sim LED_5$ 的焊接高度和排线长度

焊接十字插头线 CT_2，注意：十字插头有白色标记的线必须焊在有 X 标记的焊盘上。

焊接开关 K_2 旁边的短接线 J_9。

装接电池夹的正极片和负极弹簧：

（1）将电池夹的正极片凸面向下，将 J_1、J_2、J_3、J_4、J_5 五根导线分别焊在正极片的凹面焊接点上，正极片的焊点处应先进行镀锡，然后将正极片插入外壳插槽中，再将其弯曲 90 度，如图 8-15（a）所示。

（2）装配负极弹簧（即塔簧）

在距塔簧第一圈起始点 5 mm 处镀锡，分别将 J_6、J_7、J_8 三根导线与塔簧进行焊接，如图 8-15（b）所示。

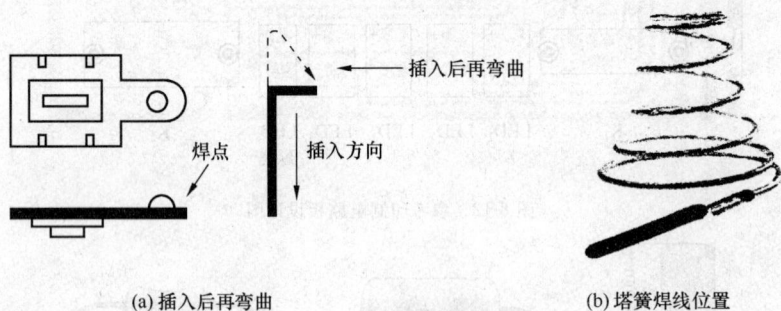

图 8-15　正极片和塔簧的焊接和装配

（3）电源线的连接

把电源线 CT_1 焊接至变压器交流 220 V 的输入端，一定要将两个接点用热缩套管进行绝缘，热缩套管套上后需加热两端，使其收缩固定，如图 8-16 所示。

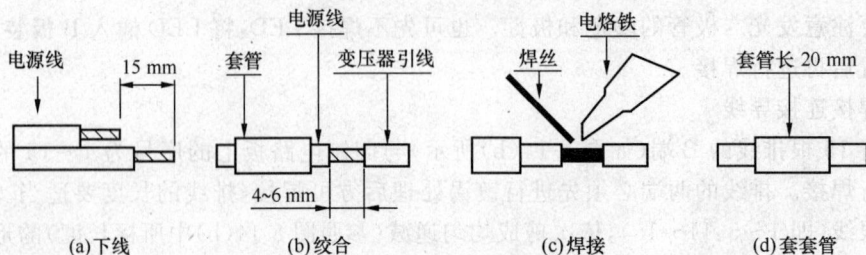

图 8-16　电源线的接点用热缩套管进行绝缘

(4)焊接 A 板与 B 板以及变压器上的所有连线

将变压器副边的引出线焊接至 A 板的 T-1、T-2；将 B 板与 A 板用 15 根排线对号按顺序进行焊接。

(5)焊接印制电路板 B 与电池片之间的连线

将 J_1、J_2、J_3、J_6、J_7、J_8 分别焊接在 B 板的相应点上。

5.进行整机装接

以上装配和焊接步骤全部完成后，按图进行检查，正确无误后，再进行整机装接。

按下述步骤将板插入机壳：

(1)将焊好的正极片先插入机壳的正极片插槽内，然后将其弯曲 90 度。

注意：为防止电池片在使用中掉出，应注意焊线牢固，最好一次性插入机壳。

(2)将塔簧插入槽内，要保证焊点在上面。在插左右两个塔簧前应先将 J_4、J_5 两根线焊接在塔簧上后再插入相应的槽内。

(3)将变压器副边引出线放入机壳的固定槽内。

(4)用 M2.5 的自攻螺钉固定 B 板的两端。

6.通电检查和技术指标的检测调试

(1)先进行目视检验

总装完毕，按原理图及工艺要求检查整机装配情况，着重检查电源线、变压器连线、输出连线及 A 和 B 两块印制电路板的连线是否正确、可靠，连线与印制电路板相邻导线及焊点有无短路及其他缺陷。

(2)通电检测

①电压可调功能的检查：在十字头输出端测输出电压(注意电压表极性)，所测电压应与面板指示相对应。拨动开关 K_1，输出电压应相应变化(与面板标称值误差在 10％为正常)，并记录该值。

②极性转换功能的检查：按面板所示开关 K_2 位置，检查电源输出电压极性能否转换，应与面板所示位置相吻合。

③带负载能力的检查：用一个 47 Ω/2 W 以上的电位器作为负载，接到直流电压输出端，串接万用表 500 mA 挡。调电位器使输出电流为额定值 150 mA；用连接线替下万用表，测此时的输出电压(注意换成电压挡)。将所测电压与(1)中所测值比较，各挡电压下降均应小于 0.3 V 为好。

④过载保护功能的检查：将万用表 DC500 mA 挡串入电源负载回路，逐渐减小电位器阻值，面板指示灯 A 应逐渐变亮，电流逐渐增大到一定数时(大于 500 mA)不再增大，则保护电路起作用。当增大阻值后指示灯 A 熄灭，恢复正常供电。

注意：过载时间不可过长，以免烧坏电位器。

⑤充电功能的检测：用万用表 DC250 mA(或数字表 200 mA 挡)作为充电负载代替被充电电池，LED_3～LED_5 应按面板指示位置相应点亮，电流值应为 60 mA(误差为 10％)。注意表笔不可接反，也不得接错位置，否则没有电流。稳压电源和充电器的面板功能和充电功能检测示意图如图 8-17 所示。

稳压电源和充电器两用电路的整机装配图如图 8-18 所示。

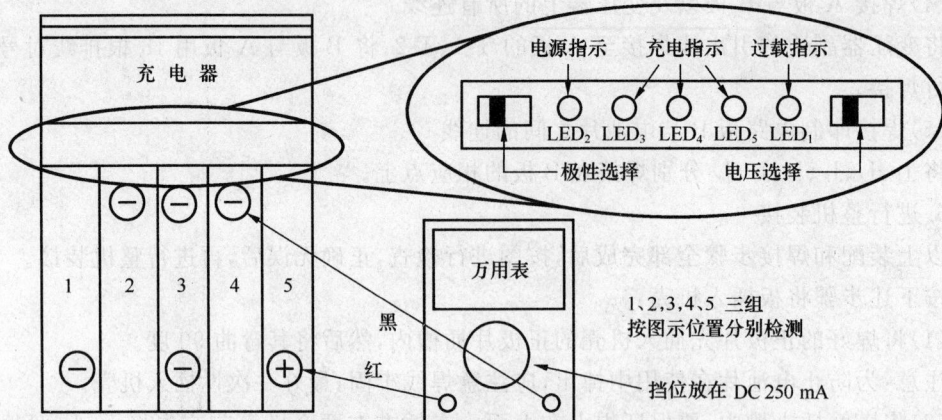

图 8-17　稳压电源和充电器的面板功能和充电电源检测示意图

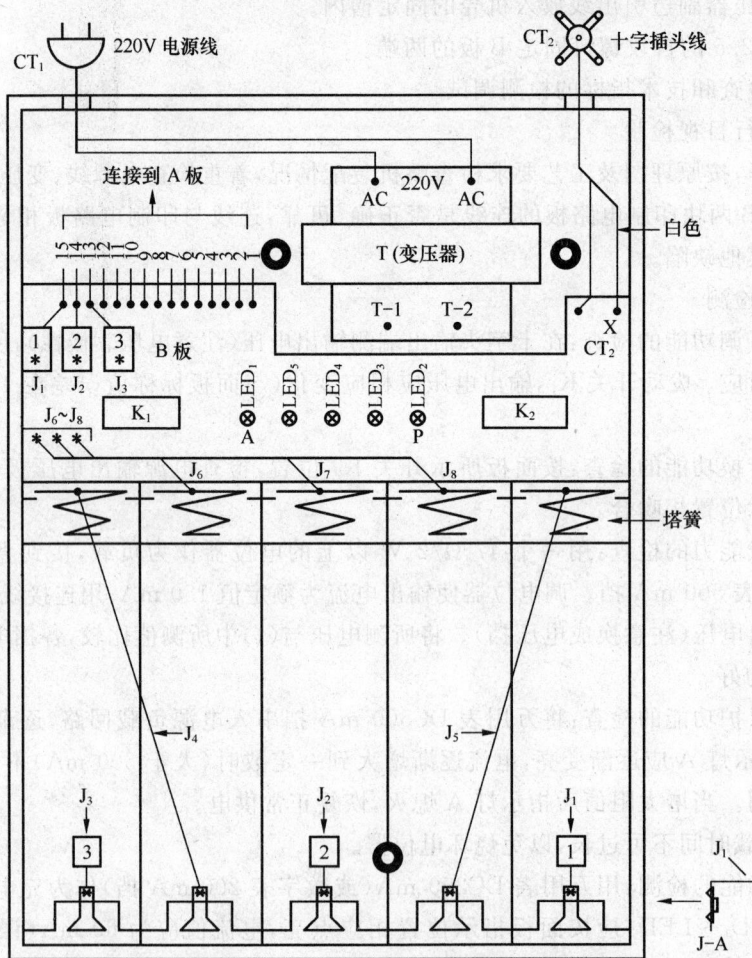

图 8-18　稳压电源和充电器两用电路的整机装配图

【实训报告】

1. 画出本次实训所用稳压电源和充电器两用电路的电路原理详图、整机布局图、整机电路配线接线图。

2.写出各部分电路的工作原理及性能分析。

3.对出现的故障进行分析。

4.记录测量数据。

5.写出实训体会。

任务四 集成电路扩音机的装配与调试

【项目要求】

1.知识要求

(1)掌握放大器电路系统的设计、装配及调试技能。

(2)熟悉音频功率放大集成电路的应用,加深对模拟电子技术知识的理解。

(3)通过对扩音机电路的装配和调试,提高综合运用电子技术知识的工程能力。

2.技能要求

(1)对扩音机电路有深刻理解。

(2)能对扩音机电路进行装配和调试。

(3)按照下列技术指标设计扩音机电路:

①输入信号的灵敏度:0~5 mV。

②最大不失真输出功率:8 W。

③负载阻抗:8 Ω。

④频带宽度:BW 为 80~6000 Hz。

⑤失真度:THD≤3%(在频带宽度内满功率)。

⑥音调控制功能:在 1 kHz 为 0 dB,在 100 Hz 和 10 kHz 处有各为正负 11 dB 的调节范围。

【实施器材】

1.模拟电子实验箱　　　　　　　　　　　　　　　　　　1 台/组

2.万用表　　　　　　　　　　　　　　　　　　　　　　1 只/组

3.实验电源　　　　　　　　　　　　　　　　　　　　　1 台/组

4.低频信号发生器　　　　　　　　　　　　　　　　　　1 台/组

5.集成电路及其他元件的名称、型号及数量,详见表 8-7。

表 8-7　　　　　　　　扩音机电路主要器件的名称、型号及数量

序号	名称	型号	数量
1	高速低噪声集成双运放	CF353	1 块
2	通用集成运放	CF741	1 块
3	集成音频功率放大器	TDA2030	1 块
4	输入信号控制电位器	WT-3-220 kΩ-0.25 W-X	1 只
5	音调调节电位器	WT-3-470 kΩ-0.25 W-Z	2 只
6	带开关的音量电位器	WTK-5-22 kΩ-0.25 W-D	1 只
7	扬声器	YD200-3-15 W-8 Ω	1 只
8	电阻器、电容器	详见各电路图	若干

【知识链接】

扩音机是音响系统中必不可少的重要设备，实际上是一个典型的多级放大器。扩音机的组成框图如图 8-19 所示。

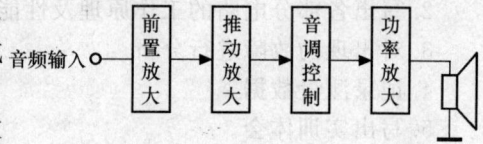

因为一般情况下的输入信号非常微弱，为改善信噪比，提高扩音机的性能，一般在扩音机中都要设计一级前置放大级，简称前置级，前置级主要完成对小信号的放大。对前置级的要求是输入阻抗高、输出阻抗低、频带宽度宽、噪声要小，信号再经过推动级激励放大。

图 8-19 扩音机的组成框图

音调控制级要按一定的规律提升和衰减输入信号中的高音和低音，调节放大器的频率响应，达到美化音色的目的，以满足各人的音质欣赏要求。在音调控制网络之后一般要接一个音量控制电位器，用于调节扩音机输出音量的大小，以适应各种不同场合的要求。

最后一级是功率放大级，用来对信号进行功率放大，推动一定功率的扬声器发声。为使放大器能稳定地工作，在电路中都需要采用负反馈技术。

功率放大器的技术指标决定了整机的输出功率和非线性失真系数等指标，对功率放大器的要求是效率要高，失真要小，输出功率要满足要求。在进行扩音机的设计时，应首先根据技术指标的要求，对整机电路作适当的安排，确定各级的增益分配，然后再对各级电路进行具体设计。

因为该实训中对扩音机的最大输出功率要求是 $P_{\mathrm{Omax}} = 8$ W、负载阻抗是 8 Ω，所以依此可知扩音机的输出电压

$$U_{\mathrm{o}} = \sqrt{PR} = 8 \text{ V}$$

要使幅值为 5 mV 的输入信号放大到 8 V，所需要的总电压放大倍数应为

$$Av = 8 \text{ V}/5 \text{ mV} = 1.6 \times 10^3$$

可以将扩音机中各级放大器增益分配为：前置级电压放大倍数为 10，推动级电压放大倍数为 10，音调控制级电压放大倍数为 1，功率放大级电压放大倍数为 20，则总的电压放大倍数为

$$Av = 10 \times 10 \times 1 \times 20 = 2000$$

【实施步骤】

1. 前置放大级的设计

扩音机的前置放大器电路采用集成运算放大器 A1 构成，考虑到对噪声和频率响应的要求，集成运算放大器选用双运放 CF353。CF353 是场效应管输入型的高速低噪声集成器件，其输入阻抗极高，用它做音频前置放大器十分理想。用 CF353 设计的前置放大器和推动放大器电路如图 8-20 所示。

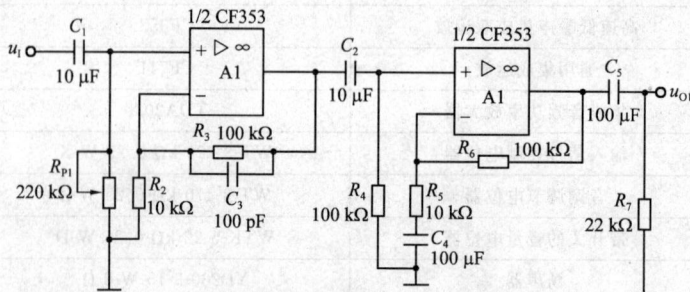

图 8-20 前置放大器和推动放大器的电路图

因为前置放大级的电压放大倍数

$$Av_1 = 1 + R_3/R_2 = 11$$

所以可取 $R_2 = 10\text{ k}\Omega$，$R_3 = 100\text{ k}\Omega$。耦合电容器 C_1、C_2 均取 10 μF 即可。

2. 推动放大级的设计

推动放大级的作用是为功率放大级提供足够的推动信号，采用集成运算放大器 A2 构成。

A1 和 A2 各用 CF353 双运放的 1/2。可取 $R_5 = 10\text{ k}\Omega$，$R_6 = 100\text{ k}\Omega$，这样推动级的电压放大倍数

$$Av_2 = 1 + R_6/R_5 = 11$$

电阻器 R_{P1} 和 R_4 为放大器的偏置电阻器，可取 $R_{P1} = R_4 = 100\text{ k}\Omega$，耦合电容器 C_4、C_5 均取 100 μF，以保证扩音机的低频响应。

3. 音调控制级的设计

音调控制电路有多种形式，如衰减式音调控制、反馈式音调控制等电路。为简便起见，可采用集成运算放大器 CF741 和阻容元件构成反馈式音调控制电路，电路如图 8-21 所示。

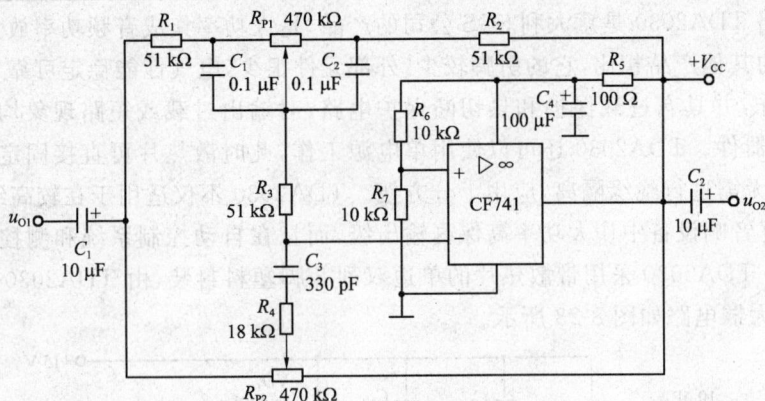

图 8-21　反馈式音调控制电路

在图 8-22 中，R_{P1} 为低音调节电位器，R_{P2} 为高音调节电位器，电路中其他元件的选取要满足 C_1 和 C_2 的容量要远大于 C_3 的容量，R_{P1} 和 R_{P2} 的总阻值要远大于 R_1、R_2、R_3、R_4 的阻值。

当输入信号的频率在低频区时，C_3 和 R_4 支路可视作开路，信号传输和反馈作用主要通过 R_3 以上的电路来完成。当 R_{P1} 的滑动端移至最左端时，为低频信号提升最大；当 R_{P1} 的滑动端在最右端时，为低频信号的衰减最大。

当信号频率在高频区时，C_1 和 C_2 可视作短路，C_3 和 R_4 支路开始起作用。当 R_{P2} 滑动端移至最左端时，为高频信号提升最大；当 R_{P2} 滑动端移至最右端时，为高频信号衰减最大。

4. 功率输出级的设计

功率输出级的电路结构有许多种形式，选择分立元件组成功率放大器或选用单片集成功率放大器均可。由于电子技术的迅速发展，目前市场上已有多种性能优良的集成功放产品，采用集成功放将使电路的设计变得十分简单，只需查阅手册便可得知功放块外围电路的元件值。这里选用集成功率放大器 TDA2030 构成扩音机的功率放大输出级，其性能参数见表 8-8，TDA2030 的外形和引脚功能如图 8-22 所示。

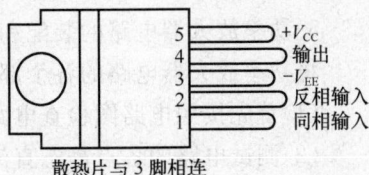

图 8-22　TDA2030 的外形和引脚功能

表 8-8 TDA2030 的性能参数

参数名称	符号	单位	参数值			测试条件
			最小	典型	最大	
电源电压	V_{CC}	V	±6		±18	
静态电流	I_{CC}	mA		40	60	$V_{CC}=\pm18$ V,$R_L=4$ Ω
输出功率	P_O	W	11	14		$R_L=4$ Ω,THD $=0.5\%$
			8	9		$R_L=8$ Ω,THD $=0.5\%$
输入阻抗	R_i	MΩ	0.5	5		开环,$f=1$ kHz
谐波失真	THD	%		0.2	0.5	$P_o=0.1\sim11$ W,$R_L=4$ Ω
频率响应	BW	Hz	10		140 k	$P_o=11$ W,$R_L=4$ Ω
电压增益	G_v	dB	25	30	30.5	$f=1$ kHz

集成电路 TDA2030 是意大利 SGS 公司的产品，是大功率集成音频功率放大电路芯片。与性能类似的其他产品相比，它的引脚较少，外部元件很少，电气性能稳定可靠，能适应长时间连续的工作，并具有过载保护和热切断保护电路，对输出过载或短路现象均能起保护作用，不会损坏器件。TDA2030 还可以使用单电源工作，此时散热片可直接固定在金属片上与地线相通，无需进行绝缘隔离，应用十分方便。TDA2030 不仅适用于在较高级的收音机、收录机和家庭音响设备中作大功率高保真输出级，而且在自动控制系统和测控仪器中都有广泛的应用。TDA2030 采用带散热片的单边双列 5 脚塑料封装，由 TDA2030 组成的典型OTL 功率放大器电路如图 8-23 所示。

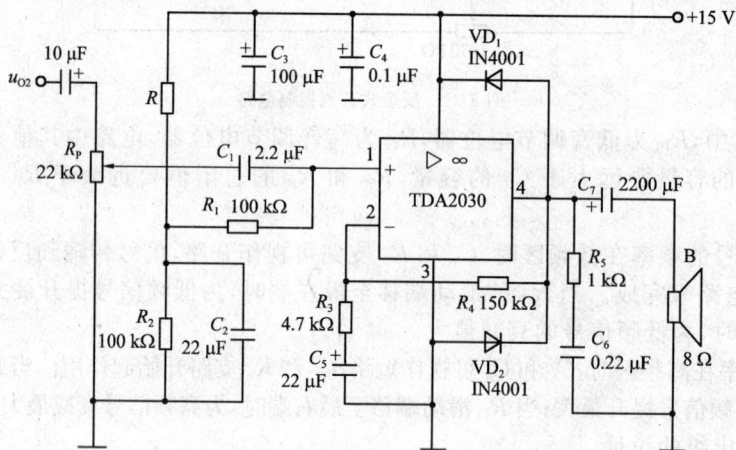

图 8-23 TDA2030 组成 OTL 功率放大器电路

5.功率放大器电路的装配和调试

将功率放大器电路的各个部分装配焊接起来，然后按照下列步骤进行调试：

(1)首先按照电路图检查电路的接线和元件的装配是否正确可靠。

(2)测试电路的各点静态直流电位是否正常。

(3)检查电路的音频输出波形是否失真，如果波形上部失真，则应检查自举电容器是否接好或是损坏；如果波形上下都有失真，则应检查输入信号是否过大，整机放大倍数是否太大、负反馈回路是否开路;如电路产生高频振荡,则应检查消振电容器是否接好或是否损坏。

(4)电路的高音和低音调节及音量调节的检查。

(5)检查电路的功率输出,如果输出功率不够,应检查集成电路是否正常。

【实训报告】

1.画出本次实训的扩音机电路原理详图、整机布局图、整机电路配线接线图。

2.写出各部分电路的工作原理及性能分析。

3.对出现的故障进行分析。

4.测量数据。

5.实训体会。

任务五　正弦波信号发生器的装配与调试

【项目要求】

1.知识要求

(1)掌握正弦波信号发生器的结构和工作原理,学会对运放芯片的正确使用。

(2)掌握正弦波信号发生器的调试和测量方法。

2.技能要求

(1)按照正弦波信号发生器的电路图设计 PCB 图。

(2)对所用的元件进行正确测量。

(3)完成正弦波信号发生器的装配。

(4)完成正弦波信号发生器的调试与测量。

【实施器材】

整个正弦波信号发生器的元件清单见表 8-9,若多波段开关买不到,则不用也可,只是整个电路的信号频率范围只能在一个波段内变化,至于信号到底在哪个波段,就看将 RC 串并联网络中的哪两个相同容量的电容器接在电路中了。若取电容器为 C_{12} 和 C_{22},则信号源的频率正好在音频范围内,为 100 Hz~1 kHz。

表 8-9　　　　　　　　　正弦波信号发生器元件清单

序号	名称	规格	数量(个)
1	磁片电容器	104	4
7	高精度电容器	1.5 μF	2
8	高精度电容器	0.15 μF	2
9	高精度电容器	0.015 μF	2
10	高精度电容器	0.0015 μF	2
11	电解电容器	470 μF/25 V	2
12	电解电容器	100 μF/16 V	2
13	精密五环电阻器	1 kΩ/八分之一瓦	2
14	精密五环电阻器	10 kΩ/八分之一瓦	3
15	精密五环电阻器	5.1 kΩ/八分之一瓦	1
16	多圈电位器	5 kΩ	1

（续表）

序号	名称	规格	数量(个)
17	三端集成稳压块	7812	1
18	三端集成稳压块	7912	1
19	集成运放	TL082	1
20	双联电位器	10 kΩ	1
21	单联电位器	50 kΩ	1
22	波段开关	双刀四掷	1
23	电源变压器	双 12 V/5 W	1
24	电源线		1
25	印制电路板		1

【知识链接】

采用集成运算放大器构成的正弦波信号发生器电路原理图如图 8-24 所示，图 8-25 是为其配套的电源电路。整个电路可以在面包板上焊接而成，也可自制 PCB 图，效果会更好，图 8-26 是可供参考的元件排列位置图和 PCB 图。

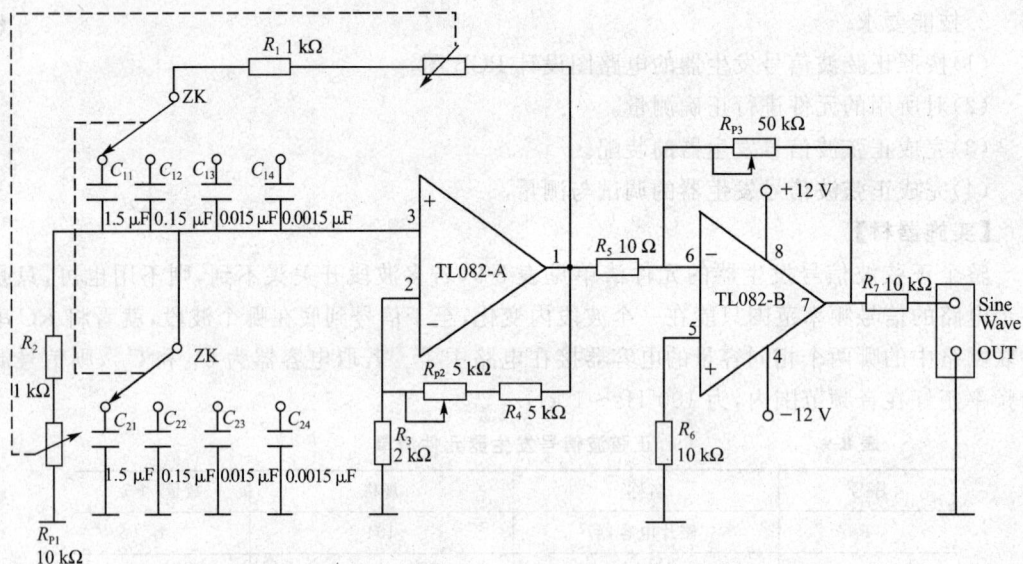

图 8-24　正弦波信号发生器电路原理图

由图 8-24 可见，正弦波信号发生器电路由两级构成。第一级是一个 RC 文氏桥振荡器，通过双刀四掷波段开关 ZK 切换电容挡进行信号频率的粗调，每挡的频率相差 10 倍。通过双联电位器 R_{P1} 进行信号频率的细调，在该挡频率范围内频率连续可调。R_{P2} 是一个多圈电位器，调节它可以改善波形失真。若将 R_4 改成阻值为 3 kΩ 的电阻器，则调节 R_{P2} 时，可以明显看出 RC 文氏桥电路的起振条件和对波形失真的改善过程。电路的第二级是一个反向比例放大器，调节单联电位器 R_{P3} 可以改变输出信号的幅度，本级的电压放大倍数最大为 5 倍，最小为零倍，调节 R_{P3} 可以明显看到正弦波信号从无到有直至幅度逐渐增大的情况。当然这级电路若采用同向比例放大器，则调节 R_{P3} 时，该级电路对前级信号源电路的影响明显减小，这是因为同向比例放大器的输入电阻比反向比例放大器的输入电阻大得多的缘故。

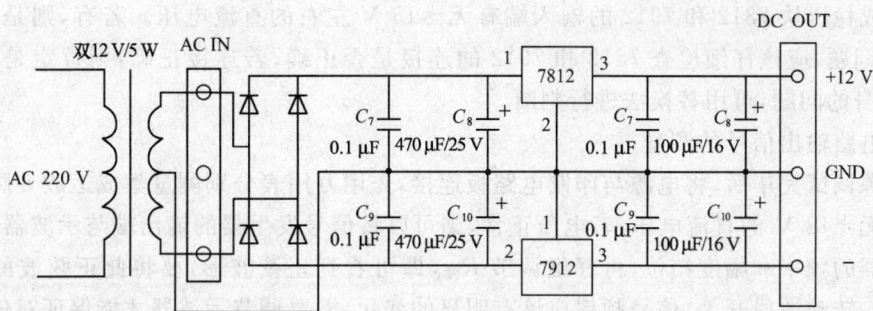

图 8-25　电源电路图

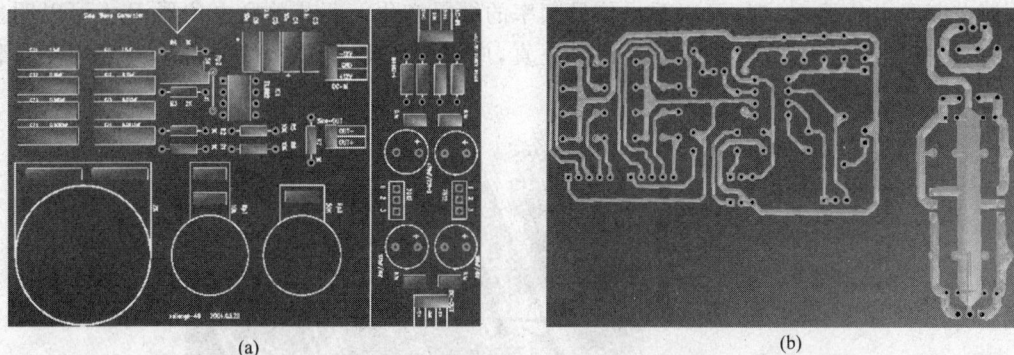

(a)　　　　　　　　　　　　　　　(b)

图 8-26　正弦波信号发生器元件位置图和 PCB 图

通过正弦波信号发生器的制作,可以对电子电路的许多理论有更为深刻的理解和认识。

RC 文氏桥信号发生器的振荡频率由公式 $f = 1/(2\pi RC)$ 决定。通过计算可知,这个电路能产生的信号频率范围为 10 Hz～100 kHz,覆盖了整个音频范围,所以若将信号源的输出接在一个音频功率放大器上,从喇叭的发声情况,就可以了解人耳对次声波、音频波和超声波的不同反应。当然,若同时在信号发生器的输出端接一个示波器,就可以对频率的高低与声调的高低有更直观的认识。

【实施步骤】

1.元器件装配

该电路元件装配的难点有三个,一是波段开关上各个引线与 RC 串并联网络的电容器的连接要正确;二是集成运放的管脚识别要正确;三是三端集成稳压块 7812 和 7912 的管脚功能不同,要正确识别。双刀四掷波段开关上的各个掷之间互成 180 度角的两个电极是一对对应关系,应该分别连到一对相同容量的电容器上。TL082 是高速精密双运算放大器,采用双列直插封装,在塑封的表面上有一个圆点,其对应的管脚就是 1 脚,然后按照逆时针顺序排列。电源板和信号发生器印制电路板之间要用三根导线进行电源的连接,保证供给 ±12 V 直流电。三端集成稳压块 7912 的管脚从左至右分别是地、输入端和输出端,而 7812 的管脚从左至右分别是输入端、地和输出端。

2.电路调试

电路装配完毕并检查无误后即可进行调试。首先进行电源的调试,将变压器的初级接到 220 V 交流电上,用万用表的直流电压挡分别直接测量三端集成稳压电路的输出,只要器件本身和装配没有问题,应该有直流 ±12 V 电压的输出,若没有输出电压,则应该分别检查三端集成稳压块 7812 和 7912 的输入端有无±15 V 左右的直流电压。若有,则是 7812 和 7912 的问题,应该仔细检查 7812 和 7912 的连接是否正确;若连接正确,则肯定是 7812 和 7912 本身的问题,可用替换法进行判断。

3. 电路输出信号的测量

电源调试完毕后,将电源与印制电路板连接,先用万用表分别测量集成运放 8 脚和 4 脚对地有无±12 V 的直流电压,若电压正常,则可以将信号发生器的输出端与示波器相连,选择示波器的频率和幅度挡位,再仔细调节 R_{P2},即可看到正弦波形,要将此正弦波的失真调至最小。转动波段开关,信号频率应该有明显的变化,需要调节示波器才能保证对信号的跟踪,再仔细调节多圈电位器 R_{P2},保证在任一波段都有基本不失真的正弦波形。在每个波段,调节双联电位器 R_{P1} 时,可以看出信号频率的缓慢变化。调节单联电位器 R_{P3},可以明显看到信号幅度的变化,若幅度增大时信号失真,应再仔细调节 R_{P2},使信号不失真为止。装配完的信号发生器实物如图 8-27 所示。

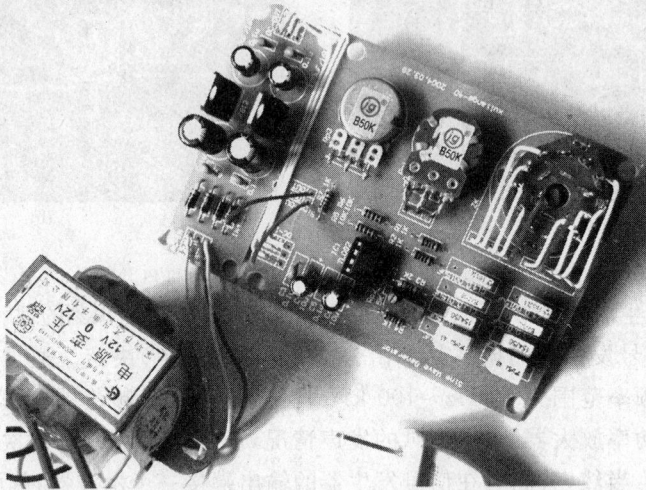

图 8-27　装配完的信号发生器实物图

【实训报告】

1. 按实训内容要求整理实验数据。

2. 画出实训内容中的电路图、接线图和测量所得的波形图。

3. 对下列问题进行讨论并给出解决方案:

(1)能否将这个频率范围扩展为 10 Hz～100 kHz,需要变动什么元件? 是否可以无限制地进行频率扩展?

(2)为什么调节幅度旋钮 R_{P3} 时,信号的频率也会跟随变化? 如何让信号频率不随幅度的变化而变化?

(3)若信号发生器的三个波段都有信号产生,只有一个波段没有信号,故障可能发生在何处?

(4)若信号发生器的四个波段都没有信号产生,故障可能发生在何处?

任务六　荧光灯电子镇流器的装配与调试

【项目要求】

1. 知识要求

(1)熟悉荧光灯电子镇流器工作原理,提高识读电路图及印制电路板图的能力。

(2)通过对荧光灯电子镇流器的装配与调试,掌握生产工艺流程,提高焊接工艺水平。

(3)掌握电子元器件的识别及质量检验,学会故障判断及排除。

2. 技能要求

(1)能读懂荧光灯电子镇流器电路图。

(2)能对照电路原理图看懂接线电路图。

(3)认识电路图上所有元件的符号,并与实物相对照。

(4)会测试元器件的主要参数。

(5)熟练进行元件装配和焊接。

(6)能按照技术要求进行电路调试。

【实施器材】

1. 荧光灯电子镇流器套件	1 套/人
2. 万用表	1 台/人
3. 焊接工具	1 套/人

【知识链接】

1. 荧光灯电子镇流器的电路组成

荧光灯电子镇流器电路的形式很多,但基本原理大致相同,荧光灯电子镇流器的电路组成框图如图 8-28 所示。

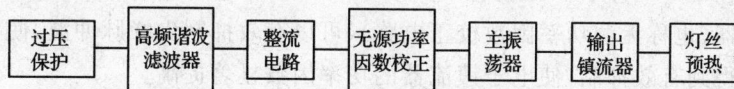

图 8-28　荧光灯电子镇流器的电路框图

(1)220 V 交流电源,首先经过过压自动保护电路,当供电电网发生错相或因其他故障使电源电压升高,超过规定电压时,过压自动保护电路动作,起到过压自动保护作用。

(2)高频谐波滤波器,可有效避免电网受电子镇流器高次谐波的影响,还可以滤除电网中的高次谐波。

(3)整流电路直接对 220 V 交流电进行整流,减掉了电源变压器,大大减少了电路的体积和重量,也大大减少了电能损耗并节约了成本。

(4)无源功率因数校正电路将高次谐波进行有效抑制,使电子镇流器的功率因数显著提高。

(5)电子镇流器的核心是主振荡器,起变频换能作用,将约直流 300 V 的直流电变换成频率为几十千赫兹的高频正弦波电压,使荧光灯管点燃工作。

(6)输出镇流器主要是抑制高频正弦波电压的峰值,其目的是为了延长荧光灯管的使用寿命。

(7)灯丝预热电路的作用是使荧光灯管在启辉前让阴极有一个延时预热时间。

2.双灯管 40 W 荧光灯电子镇流器电路分析

现在市场上广泛应用的是双灯管 40 W 荧光灯电子镇流器,其电路原理图如图 8-29 所示。

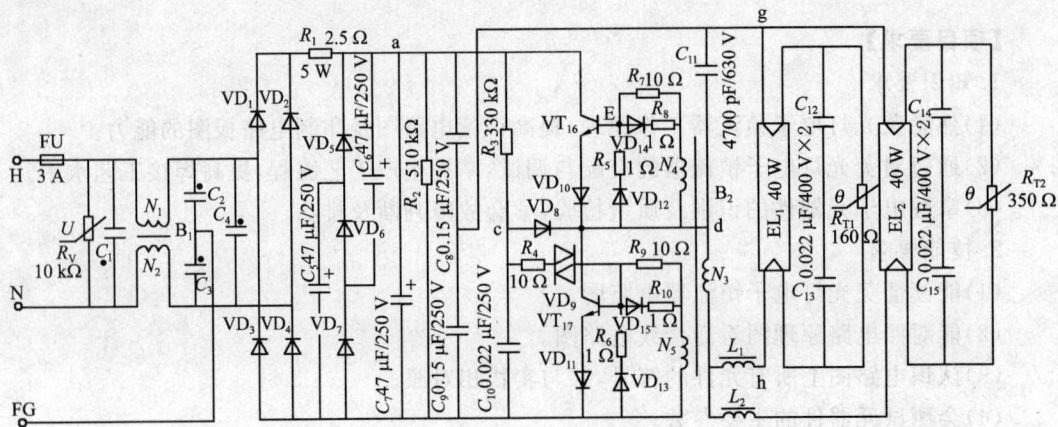

图 8-29　双灯管 40 W 荧光灯电子镇流器电路原理图

220 V 交流电源,经保险管 FU 和压敏电阻器 R_V 组成的过压自动保护电路,送入高频谐波滤波器。电路工作正常时,压敏电阻器 R_V 不导通,处于断路状态。当供电电网发生错相或因其他故障使电源电压升高,超过压敏电阻器的压敏点时,压敏电阻器立即出现短路导通状态,使供电电流突然增大,超过保险管 FU 的熔断点,保险管被熔断,起到过压自动保护作用。

电容器 C_1、C_2、C_3、C_4 与共模平衡电感器 B_1 组成高频谐波滤波器,可有效避免电网受电子镇流器高次谐波的影响。另外,由于 B_1 及电容器 C_7 的滤波作用,电网中的高频干扰信号也能基本上被抑制和滤除。

4 只二极管 VD_1～VD_4 对 220 V 交流电压进行桥式整流,C_7 担任电容滤波,其两端的直流电压大约在 300 V 左右。二极管 VD_5、VD_6、VD_7 和电解电容器 C_5、C_6 组成无源功率因数谐波滤波器(也称无源功率因数校正电路),可以有效抑制尖峰脉冲波,使整流电路中产生的高次谐波得到有效抑制,使电子镇流器的功率因数显著提高。

电子镇流器的主振级采用双向触发二极管启动的串联推挽半桥式逆变电路,开关功率管 VT_{16}、VT_{17} 起变频换能作用。其方波振荡能源的输出经 L_1、L_2 镇流线圈的限流及波形校正作用后,加到两个荧光灯管上的电压变成了频率为几十千赫兹的高频正弦波电压,使两个 40 W 的荧光灯管点燃工作。

C_{12}、C_{13} 和 C_{14}、C_{15} 为两个荧光灯管串联谐振回路的启动电容器,为了增加耐压值,采用两个电容器相串联的方法,使串谐电容器的耐压值增加了一倍,以免脉冲高压击穿。在串谐电容器 C_{12}、C_{13} 和 C_{14}、C_{15} 两端各并联一个正温度系数的热敏电阻器,其目的是为了延长荧光灯管的使用寿命,在启辉前让阴极有一个延时预热时间。

在常温下,热敏电阻器 R_{T1}、R_{T2} 的阻值为 160～350 Ω。在电子镇流器接通电源的瞬间,高频振荡电流通过串谐电路 L_1、C_{12}、C_{13} 与 L_2、C_{14}、C_{15} 时,电容器因热敏电阻器的短路作用,电容器上不能产生高压,荧光灯管不能启辉。电流只能通过两个电感器及热敏电阻器加到两个荧光灯管的灯丝上,使灯丝进行预热。在灯丝预热过程中有电流通过热敏电阻器 R_{T1} 和 R_{T2},使热敏电阻器的温度升高。当热敏电阻器的温度上升到居里点时,热敏电阻器的阻值急剧增大,可超过 10 MΩ,相当于开路状态。串联谐振回路的电容器与镇流线圈立即发生谐振,在串联谐振回路的电容器两端产生高频脉冲高压,激发荧光灯管启辉点燃。

当灯管点燃以后,串联谐振回路的电容器又被点燃,启辉后的荧光灯管较低的内阻短路,破坏了谐振条件,电路中的电感线圈 L 便转入镇流作用。此时串联谐振回路中的电容器相当于一个高阻值的电阻器并联在荧光灯管两端,使灯管灯丝继续通过一个非常微弱的电流。

电路中的电阻器 R_1 起低频平滑滤波作用,同时对整流电源中的脉冲浪涌电流进行缓冲。R_4 对双向触发二极管起保护作用。

3. 荧光灯电子镇流器主要性能指标

(1)工作电压范围:AC 150～250 V。

(2)平均总消耗功率:40 W。

(3)工作电流:≤400 mA。

(4)功率因数 $\cos\phi$:0.92。

(5)流明系数:95%。

(6)三次谐波含量:≤33%。

(7)预热启动时间:0.4～1.5 s。

(8)外壳最高温度:60 ℃。

【实施步骤】

1. 清点元器件,并用万用表检查元器件质量

荧光灯电子镇流器所用的元器件清单见表 8-10。

表 8-10　　　　　　　　　　荧光灯电子镇流器主要元器件清单

元件名称	元件在电路图中的代码	元件参考型号	元件的主要参数		
				一次侧参数	二次侧参数
二极管	VD_1～VD_8	1N4007	1 A/1000 V		
	VD_9	双向触发	转折电压 16～30 V		
	VD_{10}～VD_{15}	1N4007	1 A/1000 V		
大功率三极管	VT_{16}、VT_{17}	BUT11A	P_{CM}≥70 W,U_{CEO}≥400 V,两管对称		
压敏电阻器	R_V	10k471	阈值电压 470 V		
热敏电阻器	R_{T1}、R_{T2}	MZ 开关型	常温 150～350 Ω,居里点为 80 ℃～120 ℃		
谐波滤波电感器	B_1	自制	锰锌口形铁氧体磁芯	N　　200 匝	N_2=200 匝
振荡电感器	B_2	自制	锰锌双孔铁氧体磁芯	N　3 匝	N_4、N_5=7 匝
镇流线圈	L_1、L_2	自制	锰锌 E 形铁氧体磁芯	96 匝	5 匝
电阻器	R_1～R_{10}		1/4 W 电阻		
电容器	C_1～C_{15}		CBB 电容器和电解电阻器(注意电容器的耐压)		

2. 小型电感器的制作

装配荧光灯电子镇流器时需自行制作 B_1、B_2、L_1、L_2 四个小型电感器。制作要求方法及

制作数据如下：

(1)谐波滤波电感器 B_1 的制作

选用锰锌口形铁氧体磁芯 1 套，以及与之配套的塑料骨架 1 个，中部由一塑料片隔开。绕制线圈时 N_1 与 N_2 绕组由中部塑料片隔开。线圈选用 0.36 mm 左右的高强度漆包线各绕 200 匝，绕线方向要一致。线圈绕在骨架中间并插入磁芯，磁芯间隙不要垫纸，用胶水粘固。线圈在使用时要注意头尾不要接错。

(2)振荡电感器 B_2 的制作

选用锰锌双孔铁氧体磁环芯 1 个，其中 3 组线圈用 1.0～1.12 mm 的单股铜芯塑料线绕制。N_3 绕组在双孔磁环的中间绕 3 匝，N_4、N_5 绕组在双孔磁环的两侧各绕 7 匝，其绕制相位关系如图 8-30 所示。

(3)镇流线圈 L_1、L_2 的制作

选用锰锌 E 形铁氧体磁芯 2 套，以及与之配套的塑料骨架 2 个。每个线圈绕制时，选用 0.38 mm 的高强

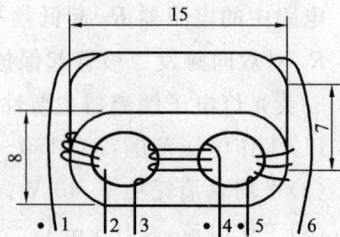

图 8-30　振荡电感器 B_2 的绕组相位

度漆包线先绕 96 匝作为主线圈，再绕 5 匝作为副线圈，加绕的 5 匝副线圈作为调整主线圈的电感量用，两组线圈的绕线方向要一致。线圈绕好后，4 个出线端头绕焊在骨架的 4 个接线柱上，线圈的外面包裹一层绝缘胶布。线圈骨架穿入磁芯时，要在磁芯的空气隙垫 0.2～0.4 mm 厚的绝缘纸，然后用胶水粘固，镇流线圈 L_1、L_2 磁芯的结构如图 8-31 所示。

(4)荧光灯电子镇流器元器件装配注意事项

①装配前对照元器件清单核对元件是否齐全，对电阻器、电容器、二极管、三极管、线圈等元器件要用万用表逐一检测其好坏。三极管 VT_{16}、VT_{17} 用螺钉固定在足够面积的散热器上，可选用图 8-32 所示的铝散热片 2 套，在固定的同时要用导热绝缘的垫片垫在管子和散热器之间，并且保证与散热片绝缘良好。

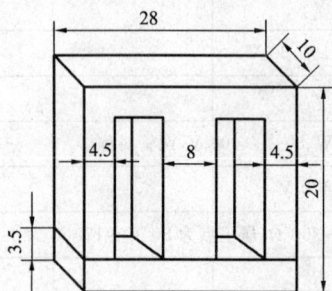

图 8-31　镇流线圈 L_1、L_2 磁芯的结构

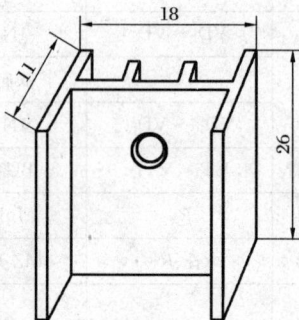

图 8-32　铝散热片的尺寸

②装配前先绕制 4 个小型电感器，装配顺序建议从整流电路开始，按电阻器、电容器、保险管、压敏电阻器、热敏电阻器的顺序进行焊装，再将 B_1、B_2 及 L_1、L_2 焊装于印制电路板上。焊装时注意头尾不能接错。二极管、三极管放在最后焊装。

3.荧光灯电子镇流器的调试步骤

(1)印制电路板上的全部元件焊装完毕后，对照电路图及印制电路板图仔细检查有无漏焊及错焊现象，特别是二极管、三极管、线圈的引脚有无接错，电容器的耐压、引脚有无接错，

对有问题的部分进行修正。

（2）在电子镇流器的输出端接好两个 40 W 直管荧光灯管，输入端串接 500 mA 交流电流表，给镇流器接入 220 V 的交流电源，打开电源开关，观察电流表。在电路正常情况下，刚接通电源的瞬间电流指示值为 380 mA 左右，约 1 s 的预热后，两只荧光灯管先后启辉点亮。此时电流表指示值应到 340 mA 左右，如果电流太高，可同时增大 L_1、L_2 的电感量。增大电感量的方法是把副线圈的头接到主线圈的尾，而将副线圈的尾接到电路中，这样等于增加了整个线圈的匝数，加大了电感量。如果整机电流太小，可同时减小 L_1、L_2 的电感量。

（3）调整 L_1、L_2 的电感量后，还要测试两个荧光灯管 EL_1、EL_2 及 L_1、L_2 的交流电压降。必须保证 $U_{EL1} = U_{EL2}$，$U_{L1} = U_{L2}$，以保证两个荧光灯管的功耗一致，亮度和寿命一致。

（4）整机电流调试完毕后继续调试中点平衡电压，使 VT_{16}、VT_{17} 的 C、E 极直流电压相等。方法是调换 VT_{16}、VT_{17} 的位置及微调电阻器 R_3 的阻值。应该注意的是：整机电流与平衡电压互相钳制，要反复调整，以达到最佳值为好。

（5）也可用示波器测试镇流器各点波形，但必须严格注意安全。各点参考波形如图 8-33 所示。

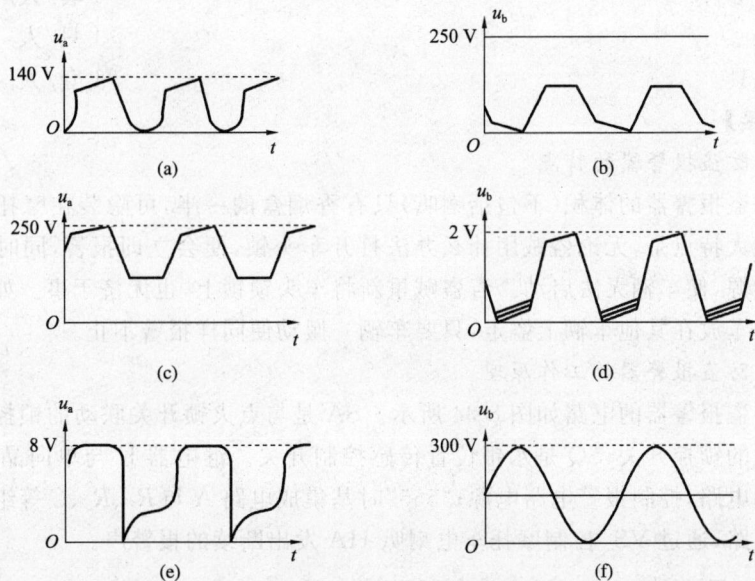

图 8-33 荧光灯电子镇流器各点的测试波形

（6）最后可将调好的印制电路板装入合适的机壳中，穿出引线，接好电源和灯管，试用并观察有无不正常的现象，外壳是否太热等。

【实训报告】

1.画出荧光灯电子镇流器各点的电路原理详图、整机布局图、整机电路配线接线图。

2.写出荧光灯电子镇流器各点各部分电路的工作原理及性能分析。

3.对出现的故障进行分析。

4.写出荧光灯电子镇流器各点的测量数据。

5.设计制作荧光灯电子镇流器各点的实训体会。

任务七　摩托车防盗报警器的装配与调试

【项目要求】

通过对摩托车防盗报警器的装配与调试训练,使学生了解一般报警器的实现方法,掌握基本的装配技艺,培养学生的实践技能。

1. 了解摩托车电气部分的一般工作原理。

2. 掌握用可控硅制作报警器的一般方法,充分理解可控硅的特点。

3. 掌握集成时基电路 555 振荡器的工作原理。

4. 认识摩托车电气部分的元器件。

5. 对可控硅的管脚能进行识别和检测。

6. 实际装配制作一台报警器。

【实施器材】

1. 报警器套件　　　　　　　　　　　　　　　　　1 套/人

2. 万用表　　　　　　　　　　　　　　　　　　　1 只/人

3. 焊接工具　　　　　　　　　　　　　　　　　　1 套/人

【知识链接】

1. 摩托车防盗报警器的特点

摩托车防盗报警器的体积(不包括喇叭)只有香烟盒的一半,可隐装在摩托车体内任意位置。它的最大特点是,无论盗贼用什么办法打开车头锁,便会立即报警,同时还能切断发动机的点火电源,使车辆无法启动。若盗贼重新将车头锁锁上,也无济于事。如果盗贼企图将锁死的摩托车放在其他车辆上盗走,只要车辆一搬动便同样报警不止。

2. 摩托车防盗报警器的工作原理

摩托车防盗报警器的电路如图 8-34 所示。SA 是与点火锁开关联动的锁控开关,SB 是随车头锁开启的锁控开关,SQ 是水银位置传感控制开关。继电器 K 与单向晶闸管 VS_1 等组成自锁开关电路,控制报警电路电源;"555"时基集成电路 A 与 R_2、R_3、C 等组成无稳态自激多谐振荡电路,通过 VS_2 控制摩托车电喇叭 HA 发出断续的报警声。

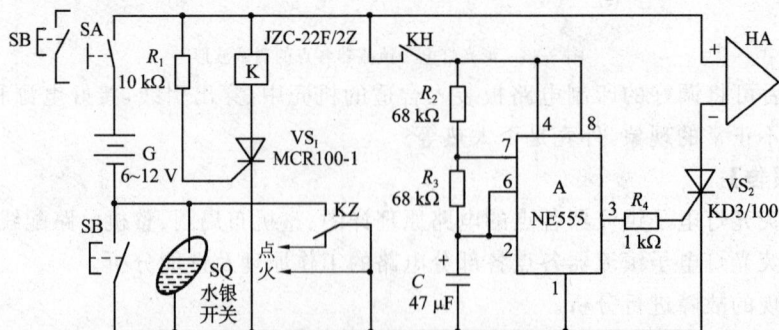

图 8-34　摩托车防盗报警器电路图

当电路处于等待报警状态时,因只有电源开关 SA 接通,而 SB(车头锁锁死时相当于断开)、SQ 均处于断开状态,此时 VS$_1$ 无工作电压,K 不吸动,整个报警电路无电不工作。当车头锁被打开时,SB 随之自动接通,VS$_1$ 通过 R$_1$ 从电源 G 的正极获得触发信号,VS$_1$ 导通,K 通电吸合,其常开触点 KH 接通报警电路,使电喇叭 HA 发出断续报警声。转换触点 KZ 的常开触点闭合,相当于将 SB 自锁,此时即使将 SB 断开(即锁上车头锁),电源仍处于接通状态,只有断开 SA,警报声方能被解除;在 KZ 动作时,其常闭触点还同时切断了发动机点火电路,使摩托车无法启动。如果窃贼未打开车头锁而搬动摩托车,随着 SQ 的瞬间导通,报警电路同样会按上面方式工作。

在这个摩托车防盗报警器的电路中,单向晶闸管 VS$_2$ 的关断,是借助摩托车电喇叭 HA 的自身结构完成的,因电喇叭发声是通过振动膜实现的,振动膜上连着使喇叭断续通电的自动触点开关。而 VS$_2$ 的控制极触发电压,则是由 A 和 R$_2$、R$_3$、C 组成的典型无稳态自激振荡电路来提供的。其工作过程为:当电路刚接通电源时,由于 C 来不及充电,故 A 的低电位触发端第 2 脚处于低电平,导致输出端第 3 脚为高电平。此时 VS$_2$ 控制端经限流电阻器 R$_4$ 从 A 的第 3 脚获得触发信号,VS$_2$ 导通,HA 通电工作。当电源经 R$_2$ 和 R$_3$ 向 C 充电达到电源电压的 2/3 以上时,与 C 正极相连的高电位触发端第 6 脚获得触发信号,A 复位,其输出端变为低电平,VS$_2$ 阻断,HA 停止发声。此时,A 内部放电管导通,C 经 R$_3$ 和放电管(第 7 脚)放电,当 C 两端电压降到电源电压的 1/3 时,A 的第 2 脚获得低电平触发信号,第 3 脚又变为高电平,A 内部放电管又截止,C 再次经 R$_2$ 和 R$_3$ 充电,过程周而复始,形成振荡,并通过 VS$_2$ 控制 HA 发出有别于平常连续笛音的断续警报声。

【实施步骤】

1.摩托车防盗报警器电路的元器件选择

A 选用 NE555 或 μA555、LM555、5G1555 等型"555"时基集成电路,它是一种模拟、数字混合集成电路,其引脚功能如图 8-35 所示。"555"时基集成电路具有定时精确、驱动能力强、电源电压范围宽、外围电路简单及用途广泛等特点。

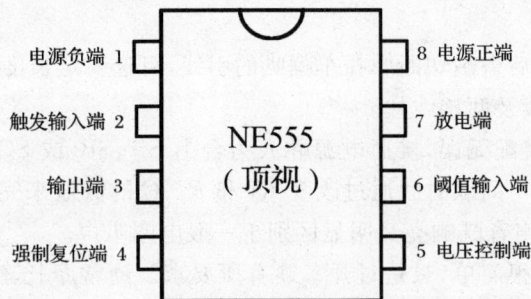

图 8-35 "555"时基集成电路的管脚图

VS$_1$ 用 MCR100-1 或 BT169、2N6565 型单向晶闸管,VS$_2$ 用 KD3/100 或 CSM3B 型单向晶闸管,其他额定通态电流 I$_T$≥3 A、断态重复峰值电压 U$_{DRM}$≥100 V 的单向晶闸管也可直接代用。

R$_1$～R$_4$ 均用 RTX-1/8 W 型碳膜电阻器。C 用 CD11-16 V 型电解电容器。SQ 用 KG-101 型玻璃水银导电开关。锁控开关 SA、SB 应根据摩托车情况自行加工制作。

KZ、KH 选用适合在印制电路板上直接焊接的 JZC-22F/2Z 型超小型中功率电磁继电器,它的体积仅为 22.5 mm×16.5 mm×16.5 mm,非常适合在这里使用。继电器的工作电压应与电源电压（即摩托车电瓶电压）保持一致。

电源 G 借助于摩托车上的电瓶，不再另外配置。HA 为摩托车原有电喇叭，一物两用，并且使盗贼不易察觉报警器的存在。

2.摩托车防盗报警器电路的制作与调试

如图 8-36 所示，是该报警器的印制电路板参考接线图，印制电路板实际尺寸约为 50 mm×35 mm。

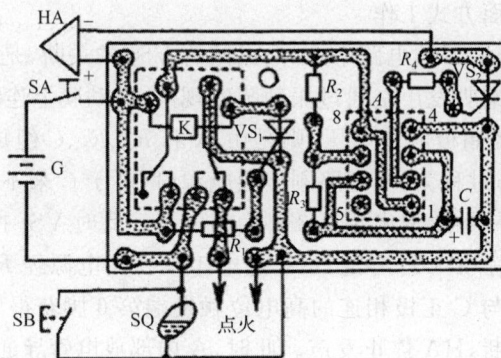

图 8-36　报警器的印制电路板参考接线图

在印制电路板上焊好元器件后，检查无误，就可进行组装。为了增加报警器的防破坏能力，整个装置需隐装在车体内，所有连线均为隐蔽线。SA 选用合适的小型微动开关，把它装在点火锁开关盘内，要求与点火开关联动，即点火钥匙拔出时，SA 处于"通"位置；当点火钥匙插入锁内并转到点火位置时，SA 处于"断"位置。SB 选用微型自动复位式开关，把它装在车头锁的锁孔（管）内。当车头锁锁上时，其锁鞘将 SB 置于"断"位置；当车头锁打开（即锁鞘拉出）时，SB 自动复位于"通"位置。玻璃水银式开关 SQ 装在车体内任意位置，要求车辆停放时内部接点处于"断"位置；一旦车辆被人搬动，即处于"通"位置（只要瞬间"通"一下，电路便被触发自锁）。

为防止警报声响起后盗贼切断摩托车喇叭的引线，可选一定长度的钢管，将其一头加工成扁口状，套住喇叭引线及两接线柱。

只要元器件良好，装配无误，接通电源并人为合上 SA、SB（或 SQ），报警电路即会正常工作。报警声响的长短与间歇时间通过改变 R_2 和 R_3、C 的数值来完成。电喇叭 HA 每响 4.4 s，就会间歇 2.2 s，声音既响亮又明显区别于一般电喇叭声。

本装置的使用方法很简单，只是对开车锁有所要求。通常摩托车车头锁与点火锁是共用一把钥匙，先打开车头锁再去点火，点火钥匙放在点火锁内。使用本报警器后，需要两把相同的钥匙，即先将钥匙插入点火锁内并转到点火位置，然后再用另一把钥匙打开车头锁，即可开车了。锁车时，应先锁上车头锁，然后再把点火钥匙转到关位置拔出。这个操作顺序必须遵守，否则会发生误报警。电路一旦报警，只有接通摩托车点火锁开关（即断开 SA），方能解除警报声。

【实训报告】

1.画出摩托车防盗报警器的电路原理详图、整机布局图、整机电路配线接线图。

2.写出摩托车防盗报警器各部分电路的工作原理及性能分析。

3.对出现的故障进行分析。

4. 写出摩托车防盗报警器电路各点的测量数据。

5. 制作摩托车防盗报警器的体会。

任务八 声光两控延时电路的组装与调试

【项目要求】

1. 知识要求

(1)通过制作控制电路,对传感器件的作用有明确的认识。

(2)通过实际产品的制作,了解工厂实际生产电子产品的过程。

2. 技能要求

(1)根据声光两控延时电路的实际应用场所计算电路参数。

(2)选取元件、识别和测试,包括各类电阻器、电容器、电感器、(稳压)二极管、三极管和可控硅的数值、质量、电器性能的准确判断。

(3)根据声光两控延时电路实际外壳大小设计 1:1 印制电路板布线图。

(4)设计制作声光两控延时电路的印制电路板。

(5)焊接调试声光两控延时电路。

【实施器材】

1. 声光两控延时电路套件	1 套/人
2. 万用表	1 只/人
3. 直流稳压电源	1 台/人
4. 焊接工具	1 套/人

【知识链接】

声光两控延时电路是用声音的有无和光线的强弱来控制开关的通断,经过事先设计好的延时时间后,延时开关会自动关闭。因此,整个电路的功能就是将声音信号处理后,变为电子开关的开动作。另外还有一路检测信号,检测光线的强弱,只有在光线较弱时,声控开关才能开启。延时电路一般采用 RC 充放电电路。如图 8-37 所示,是声光两控延时电路的方框图。声光两控延时电路的电路原理图如图 8-38 所示。电路中的主要元器件使用了数字集成电路 CD4011,其内部含有 4 个独立的与非门 $VD_1 \sim VD_4$,使电路结构简单。其内部结构如图 8-39 所示。

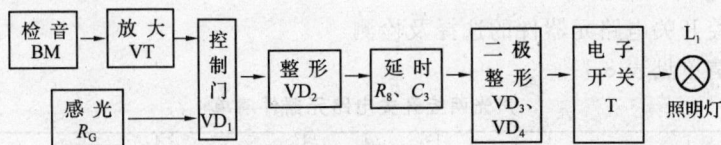

图 8-37 声光两控延时电路的方框图

二极管 $VD_1 \sim VD_4$ 将交流 220 V 进行桥式整流,变成脉动直流电,又经 R_1 降压,C_2 滤波后即为电路的直流电源,为控制电路供电。

为了使声光两控开关在白天开关断开,即灯不亮时,由光敏电阻器 R_G 等元件组成光控电路,R_5 和 R_G 组成串联分压电路,白天光线强时光敏电阻器的阻值很小,R_G 两端的电压低,使与非门 VD_1 的 1 脚为低电平,此时无论 2 脚有无信号,VD_1 的输出 3 脚始终为高电平,经与非门 VD_2 反相,使 4 脚始终为低电平,再经过 VD_3、VD_4 后,11 脚为低电平,可控硅

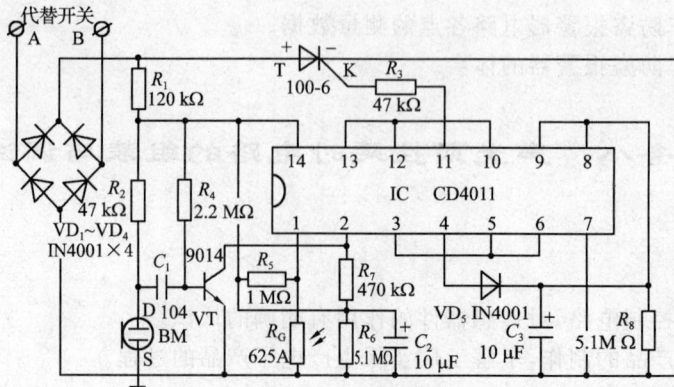

图 8-38 声光两控延时电路的电路原理图

没有触发信号,灯不亮。

当夜晚来临或环境无光时,光敏电阻器的阻值很大,R_G 两端的电压变高,使与非门 VD_1 的 1 脚为高电平。这时若有人发出声响,则驻极体话筒拾取信号,使三极管截止,VD_1 的 2 脚为高电平,VD_1 翻转,输出变为低电平,VD_2 输出 4 脚为高电平,为 C_3 快速充满电,同时,使 VD_3 输出 10 脚为低电平,VD_4 输出 11 脚为高电平,触发可控

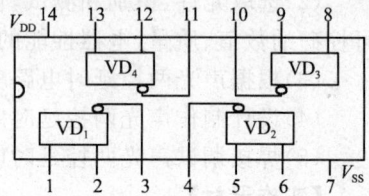

图 8-39 CD4011 内部结构图

硅导通,灯亮。灯亮之后,光敏电阻器立即接收到光信号,使与非门 VD_1 的 1 脚为低电平,则 VD_1 的输出 3 脚又为高电平,经与非门 VD_2 反相,使 4 脚恢复为低电平,二极管 VD_5 截止,不再给 C_3 充电。此时 C_3 将通过 R_8 逐渐放电,当放电到使 8、9 脚为低电平时,10 脚变为高电平,使 VD_4 输出 11 脚为低电平,可控硅没有触发信号。

但是此时可控硅不会因为没有触发信号而截止,真正使可控硅截止的是加在可控硅两端的脉冲直流电压。当这个脉冲直流电压过零点时,可控硅自动截止,灯熄灭,等待下一次触发。可见,在灯点亮期间,可控硅是以 100 次每秒的频率导通截止的,只要触发信号还在,可控硅就以这种方式工作。灯泡中的灯丝电流也是以 100 次每秒的频率流通和截止的,只是由于灯丝的热惯性,人眼是看不出来灯的亮灭罢了。灯亮时间的长短,取决于 C_3 和 R_8 的放电时间的长短,改变 C_3 或 R_8 的值,就可改变灯亮的时间。

【实施步骤】

1. 声光两控开关电路元器件的选择及检测

元器件的清单见表 8-11。

表 8-11   声光两控开关电路元器件清单

序号	名称	型号规格	位号	数量	序号	名称	型号规格	位号	数量
1	集成电路	CD4011	IC	1 块	10	电阻器	2.2 MΩ、5.1 MΩ	R_4、R_6	各 1 只
2	单向可控硅	100-6	T	1 只	11	瓷片电容器	104	C_1	1 只
3	三极管	9014	VT	1 只	12	电解电容器	10 μF/V	C_2、C_3	2 只
4	整流二极管	1N4001	$VD_1 \sim VD_5$	5 只	13	前后盖、红面板			1 套
5	驻极体	54±2 dB	BM	1 只	14	印制电路板、图纸			1 套
6	光敏电阻器	625A	R_G	1 只	15	圆帽螺丝	Φ3×6		2 粒

（续表）

序号	名称	型号规格	位号	数量	序号	名称	型号规格	位号	数量
7	电阻器	10 kΩ、120 kΩ	R_6、R_1	2 只	16	自攻螺丝	$\Phi 3 \times 8$		5 粒
8	电阻器	47 kΩ	R_2、R_3	2 只	17	圆帽螺丝	$\Phi 3 \times 25$		2 粒
9	电阻器	470 kΩ、1 MΩ	R_7、R_5	2 只	18	铜接线柱、塑料螺丝盖			各 2 个

IC 选用 CMOS 数字集成电路 CD4011,其里面含有 4 个独立的与非门电路。V_{SS} 接电源的负极,V_{DD} 接电源的正极。可控硅 T 选用 1 A/400 V 的单向可控硅 100-6 型,如负载电流大,则可选用 3 A、6 A、10 A 等规格的单向可控硅。单向可控硅的引脚排列外形如图 8-40 所示,它的测量方法是:用 $R \times 1$ 挡,将红表笔接可控硅的负极,黑表笔接可控硅的正极,这时表应无读数。然后用黑表

图 8-40 单向可控硅引脚排列外形图

笔触一下控制极 K,这时表应有读数,马上将黑表笔移开控制极 K,若这时表仍有读数(注意触控制极时,正负表笔是始终连接在可控硅上的),说明该可控硅是完好的。

声音信号的获取是选用一般收录机上用的驻极体话筒。驻极体话筒的测量方法是:用 $R \times 100$ 挡,将红表笔接驻极体话筒的外壳 S,将黑表笔接另一个电极 D,这时用口对着驻极体吹气,若指针有摆动,说明该驻极体完好,指针摆动越大,说明驻极体话筒的灵敏度越高。

光敏电阻器选用的是 625A 型。用万用表的 $R \times 1$ k 挡测量,有光照射时其电阻值应在 20 kΩ 以下,无光照射时其电阻值应大于 10 MΩ 以上,说明该元件是完好的。

二极管可采用普通的整流二极管 1N4004～1N4007,其电流为 1 A,耐压在 400 V 以上。

2.声光两控开关电路的装配

装配元件时,电阻器采用卧装,电容器采用直立装,紧贴印制电路板。焊接时注意先焊接无极性的阻容元件,再焊接有极性的元件,如电解电容器、话筒、整流二极管、三极管、单向可控硅等。

3.声光两控开关电路的调试

调试前,先将焊好的印制电路板对照电路图认真核对一遍,不要有错焊、漏焊、短路、元件相碰等现象发生。通电后,人体不允许接触印制电路板的任一部分,防止触电,注意安全。如用万用表检测时,只可将万用表的两表笔接触在印制电路板相应处即可。

声光两控开关电路的调试应先将光敏电阻器用黑色纸盖住,将电路的接线端子 A 和 B 分别接在电灯的开关位上,用双手轻轻拍掌,这时灯应点亮;若将光敏电阻器上的黑色纸拿掉,使光照射在光敏电阻器上,灯应马上熄灭;此时再用双手拍掌,即使是用力拍掌,灯也应该不亮。若在哪个环节上出现问题,则应仔细检查相应的电路,尤其是传感器件。

改变延时电路中的电容和电阻的大小,灯亮的时间应该有所变化。

【实训报告】

1.画出声光两控开关电路的电路原理详图、整机布局图、整机电路配线接线图。

2.写出声光两控开关电路的工作原理。

3.对出现的故障进行分析。

4.记录测量数据。

5.写出实训体会。

附 录

模拟电子技术的基本实验

实验一　固定偏置式三极管放大器

一、实验目的

1. 掌握三极管的基本测试方法。

2. 掌握三极管放大电路参数的测试方法。

3. 了解三极管放大电路的失真问题,分析失真的产生原因及其克服方法。

二、实验预备知识

三极管固定偏置式共发射极放大电路如附图-1 所示,通过调整 R_P 的阻值,就可以改变该放大电路的静态工作点 I_{BQ}、I_{CQ}、U_{CEQ}。给电路加上交流输入信号 u_i 后,得到输出电压 u_o,则电路的电压放大倍数 A_u 为

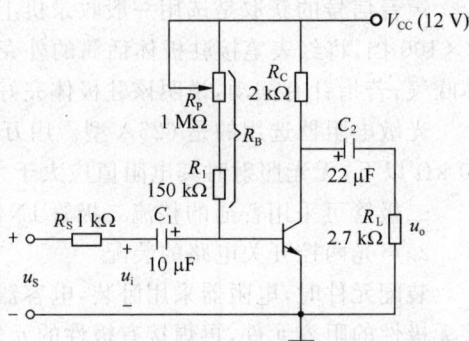

附图-1　三极管固定偏置式共发射极放大电路

$$A_u = \frac{u_o}{u_i}$$

保持电路的输入信号 u_i 不变,将信号加到电路的 u_S 端,则可得到该电路的输入电阻 r_i 为

$$r_i = \frac{u_i}{u_S - u_i} R_S$$

该放大电路的输出电压为 u_o,断开负载电阻器 R_L 后,输出电压变为 u_o',则该电路的输出电阻 r_o 为

$$r_o = \left(\frac{u_o'}{u_o} - 1 \right) R_L$$

三、实验器材

1. 不同类型的三极管和电阻器若干。

2. 三极管固定偏置式共发射极放大电路实验电路。参照附图-1 选择元件,在万能印制

电路板上焊接而成。

3.万用表、毫伏表各一只,示波器、信号发生器、可调稳压电源各一台。

四、实验步骤

1.三极管管脚极性的测试

测试 5 个不同类型和规格的三极管,将测试结果填入附表-1 中。

附表-1　　　　　　　　　　　　三极管的测试

三极管外形	三极管型号	三极管类型	基极	集电极	发射极

2.放大电路的测试

(1)放大电路静态工作点的测试

按照附图-1 所示完成电路连接,使 $u_i = 0$,取 $V_{CC} = 6$ V,调节电位器 R_P 使 $U_{BEQ} = 0.68$ V,测试出 U_{CEQ},计算出 I_{CQ},将测量和计算结果填入附表-2 中。

附表-2　　　　　三极管固定偏置式共发射极放大电路的静态工作点的测试

R_B	V_{CC}	U_{CEQ}(测试值)	I_{CQ}(计算值)

(2)放大电路动态指标的测试

开通信号发生器,调节其输出信号,使加在放大器的输入端信号 $u_i = 5$ mV,$f = 1$ kHz,用毫伏表测量出放大器的 u_o、u_o'、V_{CC},计算出 A_u、r_i、r_o,将测量和计算结果填入附表-3 中。

附表-3　　　　　　三极管固定偏置式共发射极放大电路动态参数的测试

$u_i = 5$ mV $f = 1$ kHz	测　量　值			计　算　值		
	V_{CC}	u_o	u_o'	A_u	r_i	r_o

(3)用示波器观察 u_i 和 u_o 的波形,读出其幅度和频率。

(4)调节 R_P 使 R_B 值最大,测量出此时 U_{CEQ}、U_{BEQ} 的值,观察 u_o 的波形,并将结果填入附表-4 中。

(5)调节 R_P 使 R_B 值最小,测量出此时 U_{CEQ}、U_{BEQ} 的值,观察 u_o 的波形,并将结果填入附表-4 中。

附表-4　　　　　三极管固定偏置式共发射极放大电路的电压和波形失真测量

	U_{BEQ}	U_{CEQ}	u_o 波形
R_B 值最大			
R_B 值最小			

说明:当调节 R_P 使 R_B 至最大值或最小值时,若 u_o 波形不出现失真,可适当增加输入信号 u_i 的值。

五、实验报告

1. 简单说明测试 r_i、r_o 的方法。

2. 简单分析 R_L 对放大电路工作状态的影响。

3. 分析电路出现截止失真的原因，讨论克服截止失真的方法。

4. 分析电路出现饱和失真的原因，讨论克服饱和失真的方法。

5. 若电路的输出波形正、负半周同时出现失真，讨论这种失真的原因及克服方法。

实验二　带有负反馈的三极管放大器

一、实验目的

1. 熟悉与掌握带有负反馈的放大电路的静态和动态的测试与调整。

2. 了解负反馈对放大电路性能的影响。

二、实验预备知识

1. 分压式电流串联负反馈放大电路静态工作点的求法

分压式电流串联负反馈放大电路如附图-2 所示。

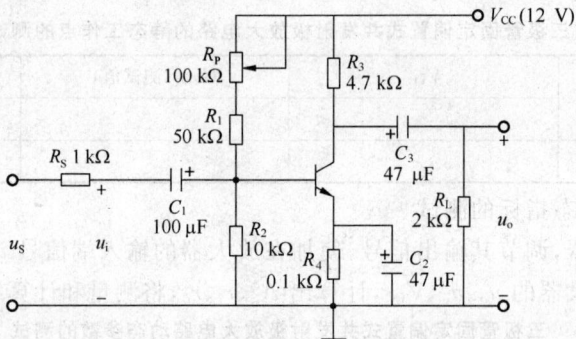

附图-2　分压式电流串联负反馈放大电路图

这个电路的静态工作点可由下列公式求出

$$U_{BQ} = \frac{R_2}{R_P + R_1 + R_2} V_{CC}$$

$$I_{CQ} \approx I_{EQ} = \frac{U_{BQ} - 0.7}{R_4}$$

$$U_{CEQ} = V_{CC} - I_{CQ}(R_3 + R_4)$$

可以看出，调节 R_P 的阻值，就可以调整该电路的静态工作点 I_{CQ}、U_{CEQ}。

2. 分压式电流串联负反馈放大电路的动态指标

电路的电压放大倍数 A_u 为

$$A_u = \frac{u_o}{u_i}$$

该电路的输入电阻 r_i 为

$$r_i = \frac{u_i}{u_S - u_i} R_S$$

设有负载时放大电路的输出电压为 u_o，断开负载电阻器 R_L 后，输出电压为 u_o'，则该电路的输出电阻 r_o 为

$$r_o = \left(\frac{u_o'}{u_o} - 1 \right) R_S$$

三、实验器材

1. 在万能印制电路板上焊接好的分压式电流串联负反馈放大电路。
2. 万用表、毫伏表各一只，稳压源、示波器、信号发生器各一台。

四、实验步骤

1. 测试分压式电流串联负反馈放大电路的静态工作点

使 $u_S = 0$，调节 R_P 使 $U_{CEQ} = 3$ V，测量此时的 U_{BEQ}，计算出 I_{CQ}。再将 C_2 断开，测量此时的 U_{BEQ}，计算出 I_{CQ}，将结果填入附表-5 中。

附表-5   **静态工作点的测试结果**

	U_{CEQ}	U_{BEQ}（测量值）	I_{CQ}（计算值）
C_2 接入（无电流负反馈）	3 V		
C_2 断开（有电流负反馈）	3 V		

2. 测试分压式电流串联负反馈放大电路的动态指标

使信号发生器的输出信号为 $u_i = 300$ mV，$f = 1$ kHz，加在信号输入端 u_S，测试 u_S、u_o。断开 R_L 后，再测试 u_o'。断开 C_2，重复上述过程，并将测试结果填入附表-6 中。

附表-6   **动态指标的测试结果**

$u_i = 300$ mV $f = 1$ kHz	测量值			计算值		
	u_S	u_o	u_o'	A_u	r_i	r_o
C_2 接入（无电流负反馈）						
C_2 断开（有电流负反馈）						

五、实验报告

1. 完成表格中的各项内容。
2. 分析在电路中引入电流串联负反馈后电路参数受到的影响。

实验三   集成运放的线性应用

一、实验目的

1. 了解集成运算放大器的组成和特点，熟悉其主要性能参数及检测、使用方法。
2. 掌握集成运算放大器线性应用的条件，熟悉运算放大器电路的组成和调试方法。
3. 学会用基本集成运算放大器组成简单的实用电路。

二、实验预备知识

1. 集成运放的符号识别

集成运算放大器有两个输入端和一个输出端，其中标有"一"端称为反相输入端，表示输出电压 u_o 与该输入端电压 u_- 相位相反；标有"+"端称为同相输入端，表示输出电压 u_o 与

该输入端电压 u_+ 相位相同。

2. 集成运放的选用

在没有特殊要求的场合下，要尽量选用通用型集成运放，如 μA741（单运放）、LM358（双运放）、LM324（四运放）等。当在一个系统中需要使用多个放大器时，要尽量选用多运放集成电路，如 LM324、LF347 等 4 个运放封装在一起的集成电路。

3. 集成运放的电源和调零

集成运算放大器的电源供给方式有对称双电源供电方式和单电源供电方式。集成运放的调零是保证运算放大器组成的线性电路输入信号为零时，输出也是零，是对失调电压和失调电流进行的补偿。常用的调零方法有内部调零和外部调零。

4. 两个重要概念

集成运放工作在线性区时，两个输入端的电位相等，即 $u_+ = u_-$，常称为"虚短"；两个输入端的输入电流约等于零，这又相当于断路，常称为"虚断"。这两个十分重要的概念在设计和分析集成运放时很有用，必须正确理解和掌握。

5. 集成运放 μA741

μA741 是美国仙童公司的产品，国产型号为 CF741。该器件具有高增益、宽共模和差模电压范围，无需外接补偿元件、无锁定现象，具有输出短路保护和失调电压能调到零的能力。

μA741（CF741）器件有圆形金属壳和双列直插式两种封装形式。附图-3(a)所示即为常用双列直插式封装的集成运放 μA741 的管脚图。μA741 各管脚的功能：2 脚为"反相输入端"，3 脚为"同相输入端"，7 脚为"电源电压正极端"，4 脚为"电源电压负极端"，6 脚为"输出端"，1 脚和 5 脚为"调零端"。

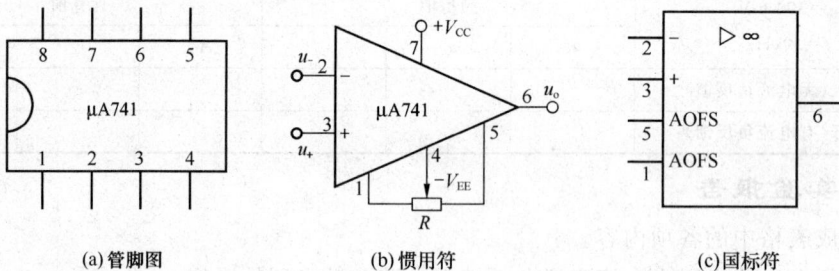

(a) 管脚图   (b) 惯用符   (c) 国标符

附图-3 集成运放 μA741 的管脚图和符号

三、实验器材

1. 万用表一只。

2. 集成运放器件（μA741）一个和阻容器件若干。

3. 音频信号发生器一台。

4. 示波器一台。

四、实验步骤

1. 器件检测

(1)集成运放器件好坏的简单检测

①将集成运放器件 μA741 接上正、负电源，用电压表分别测量两路电源为 ±15 V。电路接好后，经检查无误方可接通 ±15 V 电源。正电源 V_{CC} 接 +15 V，负电源 V_{EE} 接 -15 V。

②分别将同相输入端和反相输入端接地,检测输出 u_o 是否为 u_{omax} 值(电源±15 V 时),若是,则该器件基本良好,否则器件已损坏。

(2)输入失调电压 u_{io} 的测试

输入失调电压是指为了使输出电压为零在输入端加的补偿电压,它反映电路的不对称程度和调零的难易程度,其值越小越好。

①按附图-4 所示完成连线。

②调整调零电位器 R_P,使输出电压 $u_o=0$。

③用万用表测量 A 点的电压 u_i。

④计算 u_{io} 的值: $u_{io}=u_{id}=\dfrac{u_i}{100}$。

(3)电压传输特性的测试

①仍以附图-4 构成测试电路。

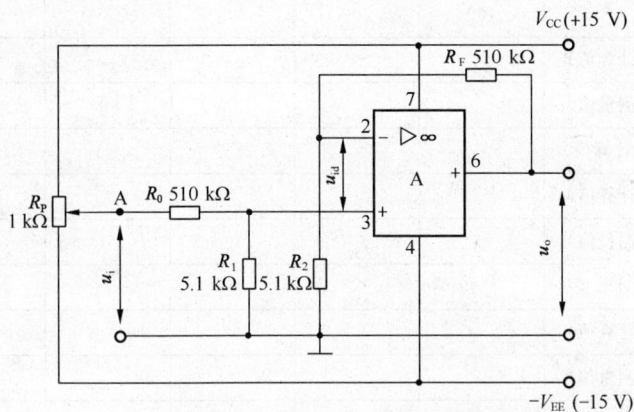

附图-4　集成运放器件的参数检测电路

②调整 R_P,改变集成运放输入电压的大小和正负,使 u_i 变化,分别观察对应电压 u_o 数值,填入附表-7;去掉反馈电阻器 R_F 后,测试开环电压传输特性。

附表-7			集成运放电压传输特性的测试结果						
u_i/mV									
u_o/V									

③用逐点描绘法,分别画出闭环和开环电压传输特性曲线。

2.集成运放组成的运算电路及其测试

(1)反相比例运算电路

在反相比例运算电路中,输入信号从集成运放的反相输入端输入,其输出为

$$u_o=-\dfrac{R_F}{R_1}u_i$$

负号表示输出信号与输入信号极性相反。

(2)加法运算电路

在反相加法运算电路中,输入信号 u_{i1}、u_{i2}、u_{i3} 分别加到集成运放的反相输入端,则集成运放的输出为

$$u_o = -\left(\frac{R_F}{R_1}u_{i1} + \frac{R_F}{R_2}u_{i2} + \frac{R_F}{R_3}u_{i3}\right)$$

当 $R_1 = R_2 = R_3 = R$ 时,有

$$u_o = -\frac{R_F}{R}(u_{i1} + u_{i2} + u_{i3})$$

反相加法运算电路的输入电阻比较小,对前级信号源索取的电流比较大,对强度比较微弱的信号不太合适。同相加法运算电路的输入电阻特别大,对信号源索取的电流特别小,所以在仪器仪表电路中应用比较广泛。

(3)反相比例运算电路的测试

按反相比例运算电路连线,在输入端 u_i 加直流电压,按附表-8 所给的数值进行测试,并计算出电压增益;改变阻值后再进行测量,将测量结果填入附表-8。

附表-8　　　　　　　　　　　反相比例运算电路加直流电压的测试结果

u_i/mV		100	200	300	−300	−200	−100
$R_1 = 10\ \mathrm{k\Omega}$	u_o(计算值)						
	u_o(测量值)						
	A_{uf}(计算值)						
$R_1 = 51\ \mathrm{k\Omega}$	u_o(计算值)						
	u_o(测量值)						
	A_{uf}(计算值)						
$R_1 = 510\ \mathrm{k\Omega}$	u_o(计算值)						
	u_o(测量值)						
	A_{uf}(计算值)						

将 u_i 改换为音频信号,取其频率为 1 kHz,幅度为 100 mV,按附表-9 所给的数值,用示波器进行观测,记录波形,用毫伏表测定信号的大小并计算相应电压增益;改变阻值后再测量,并将结果填入附表-9 中。

注意,在测量时,每次改变电阻器 R_1 的阻值时应同时变化平衡电阻器的阻值,保证 $R = R_1/R_F$。

附表-9　　　　　　　　　　　反相比例运算电路加音频信号的测试结果

电阻	u_i 波形/mV	u_o 波形/mV	A_{uf}
$R_1 = 10\ \mathrm{k\Omega}$			
$R_1 = 51\ \mathrm{k\Omega}$			
$R_1 = 510\ \mathrm{k\Omega}$			

(4)反相加法运算电路的测试

按照反相加法运算电路接线,R_1、R_2、R_3 取 10 kΩ,R_F 取 100 kΩ,平衡电阻器 R 取 3.3 kΩ,输入信号 u_{i1}、u_{i2}、u_{i3} 的获取可按照如附图-5 所示的电路进行连线得到,电位器 R_P 的下端接负电源,可以得到所需要的负电压。将输入信号 u_{i1}、u_{i2}、u_{i3} 接入反相加法运算电路中,按照附表-10 的数据测量输出电压,并计算电压增益,将测量结果填入附表-10 中。

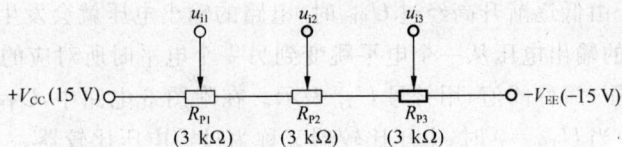

附图-5　反相加法运算电路各输入端电压的获取电路

　反相加法运算电路加直流电压的测试结果

u_{i1}/mV	40	80	100	200	300
u_{i2}/mV	20	60	80	100	200
u_{i3}/mV	10	40	60	80	100
u_o（计算值）					
u_o（测量值）					
A_{uf}（计算值）					

五、实验报告

1. 整理实验数据，填入对应的数据表格中。

2. 将实测数值与理论计算值相比较，分析产生误差的原因。

3. 画出输入信号、输出信号对应的波形，并标明幅值和频率。

4. 记录实验中出现的不正常现象，说明解决问题的过程。

实验四　集成运放的非线性应用——电压比较器

一、实验目的

1. 掌握集成运算放大器的非线性特性。

2. 通过电压比较器的实验，进一步掌握电压比较器的电路组成及其特点。

3. 掌握用集成运放组成电压比较器的应用和测试方法。

二、实验预备知识

1. 集成运算放大器的非线性特性

当集成运放电路为开环或正反馈状态时，集成运放就工作在非线性区，当输入电压有微小的变化，就将使电路的输出电压进入饱和区。

当 $u_i > U_{REF}$ 时，$u_o = U_{OL}$；

当 $u_i < U_{REF}$ 时，$u_o = U_{OH}$。

2. 电压比较器

电压比较器中使用的集成运放都工作在非线性区，当电压比较器一个输入端接参考电压 U_{REF}，另一个输入端接连续变化的模拟信号时，当 $u_i < U_{REF}$ 或 $u_i > U_{REF}$ 时，比较器的输出将在正、负两个饱和电平 U_{OH} 和 U_{OL} 之间跳变，即输出信号是数字量"1"或"0"。

(1)简单电压比较器

如附图-6 所示，参考电压 U_{REF} 和输入信号 u_i 分别连接至集成运放的同相输入端和反相输入端，就组成了简单的电压比较器。附图-6(a)为同相电压比较器，附图-6(b)为反相电压比较器，当输入电压由低逐渐升高经过 U_{REF} 时，电路的输出电压就会发生跳变。

通常将比较器的输出电压从一个电平跳变到另一个电平时所对应的输入电压的值称为阈值电压或门限电压，简称阈值，用符号 U_{TH} 表示。在附图-6 电路中，$U_{TH}=U_{REF}$。U_{TH} 可为正，也可为负或零。当 $U_{TH}=0$ 时，电压比较器又称为过零电压比较器。

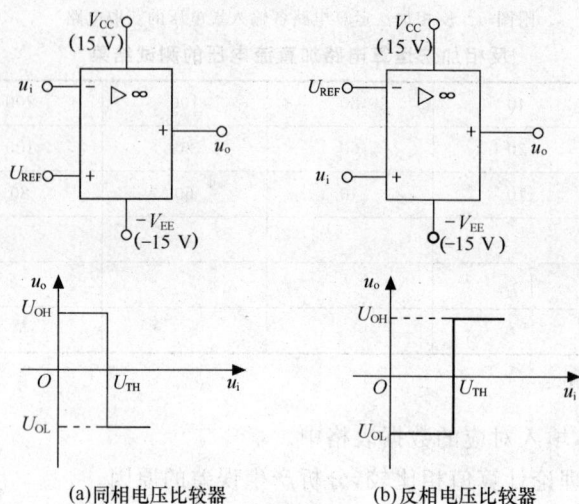

附图-6 简单电压比较器电路及输出波形

简单电压比较器可将输入的正弦波变为同频率的方波或矩形波，这样电压比较器实际就成为一个波形变换电路。实用的电压比较器电路如附图-7 所示，在输出端加上限幅电路，使输出电压的大小不和电源电压有关而成为定值。为了防止输入信号过大损坏集成运放，可以在电压比较器的输入回路中串接电阻器 R_i 和并联二极管。在附图-7 中输出端的 R 为限流电阻器，它与稳压管组成输出限幅电路，使输出电压 $u_o=\pm U_Z$。当 $u_i>U_{REF}$ 时，$u_o=U_{OL}=-U_Z$；当 $u_i<U_{REF}$ 时，$u_o=U_{OH}=+U_Z$。

（2）滞回电压比较器

简单电压比较器的结构简单，灵敏度高，但抗干扰能力较差。滞回电压比较器能克服简单电压比较器抗干扰能力差的缺点。滞回电压比较器的电路如附图-8 所示，这是一个反相输入的滞回电压比较器。若将 u_i 和 U_{REF} 交换相接，则是一个同相输入的滞回电压比较器。滞回电压比较器具有两个阈值，是通过电路引入正反馈而获得的。

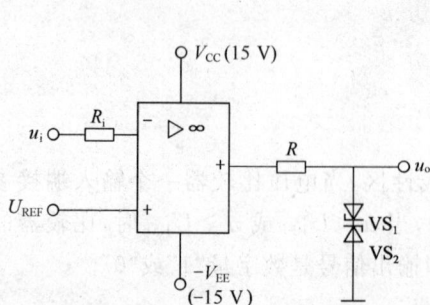

附图-7 实用的电压比较器电路   附图-8 滞回电压比较器的电路

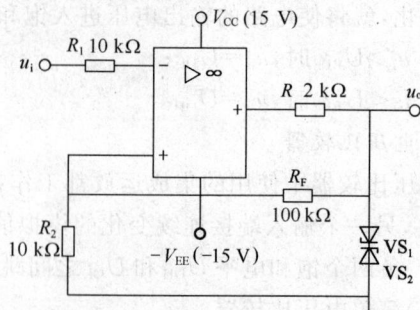

滞回电压比较器电路的两个阈值为

$$U_{TH1} = \frac{R_F U_{REF} + R_2 U_{OH}}{R_2 + R_F}$$

$$U_{TH2} = \frac{R_F U_{REF} + R_2 U_{OL}}{R_2 + R_F}$$

在附图-8中,电路的参考电压 U_{REF} 接地,即 $U_{REF}=0$,则

$$U_{TH1} = \frac{R_2 U_{OH}}{R_2 + R_F}$$

$$U_{TH2} = \frac{R_2 U_{OL}}{R_2 + R_F}$$

三、实验器材

1. 模拟电路实验印制电路板一块。
2. 万用表一只。
3. 集成运放器件和阻容器件若干。
4. 音频信号发生器一台。
5. 示波器一台。
6. 可调双路直流稳压电源一台。

四、实验步骤

1. 用集成运放组成的简单电压比较器的测试

(1)按附图-7连线,将输入端 U_{REF}、u_i 分别接直流电压,按附表-11所给的电压值进行测试,用万用表观察输出电压,将结果填入附表-11中。

附表-11　　　　　　　简单电压比较器输入直流电压时输出电压的测试结果

U_{REF}/V	-1		0		1	
u_i/V	-2	0	-1	1	0	2
u_o(计算值)						
u_o(测量值)						

(2)将 U_{REF} 接地,输入信号 u_i 取自音频信号发生器,信号为 1 kHz、0.1 V 的正弦波,用示波器观察 u_i 和 u_o 波形,测量 u_o 的周期。再将 u_i 的幅值分别改为 1 V 和 2 V,观察 u_o 波形是否变化,将测量结果填在附表-12中。

附表-12　　　　在简单电压比较器中输入 1 kHz 正弦波信号时输出电压的测试结果

u_i/V	0.1	1	2
u_i 波形			
u_o 波形			
u_o 周期/s			

(3)保持输入信号的幅值不变,将其频率分别改为 500 Hz、2 kHz、10 kHz,观察输出波形是否有变化,将结果填入附表-13中。

附表-13　　　在简单电压比较器中输入不同频率正弦波信号时输出电压的测试结果

u_i 频率/Hz	500	2 k	10 k
u_i 波形			
u_o 波形			
u_o 周期/s			

2.用集成运放组成的滞回电压比较器的测试

(1)按附图-8 连线,将输入端 u_i 接直流电压,按附表-14 所给的电压值改变输入电压,用万用表测量输出电压,将结果填入附表-14 中。

通过测试计算出 U_{TH1} = ＿＿＿＿＿＿＿＿,U_{TH2} = ＿＿＿＿＿＿＿＿。

附表-14　　　滞回电压比较器输入端接直流电压时输出电压的测试结果

u_i 由小到大/V	−10	−6	−4	−2	0	2	4	6	10
u_o(计算值)									
u_o(测量值)									
u_i 由大到小/V	10	6	4	2	0	−2	−4	−6	−10
u_o(计算值)									
u_o(测量值)									

(2)将输入端接入正弦波信号,音频信号发生器的输出信号分别调成 1 kHz、0.1 V 和 5 kHz、1 V 的正弦波,用示波器观察 u_i 和 u_o 波形,测量 u_o 的周期,观察波形是否变化,将测量结果填在附表-15 中。

附表-15　　　滞回电压比较器输入正弦波信号时输出电压的测试结果

u_i	1 kHz,0.1 V	5 kHz,1 V
u_i 波形		
u_o 波形		
u_o 周期/s		

五、实验报告

1.画出本次实验的电路图和仪器仪表的连接图。

2.填写数据表格,将实测值与计算值相比较,分析产生误差的原因。

3.总结实验情况,对故障进行分析,说明解决问题的方法。

实验五　正弦波信号发生器

一、实验目的

1.了解用集成运算放大器组成的信号发生器电路的特性。

2.掌握信号发生器电路的工作原理和测量方法。

3.通过调试熟练掌握仪器的使用方法。

二、实验预备知识

1. 正弦波信号发生器电路

正弦波信号发生器电路由放大器、反馈网络、选频网络和稳幅电路组成。

若反馈网络是由 RC 串并联网络组成，则称为文氏桥正弦波振荡器，电路如附图-9 所示。在电路中，RC 串联网络为选频网络和反馈网络，集成运放 A 为一个同相放大器，VD_1、VD_2 用来稳定振荡器的输出幅度。改变 R_P 可以使电路满足振幅平衡条件，起振条件为 $R_F > 2R_1$，式中 R_F 为负反馈电阻，是 R_P 上端到滑动端之间的电阻，R_1 为 R_P 滑动端到地之间的电阻。

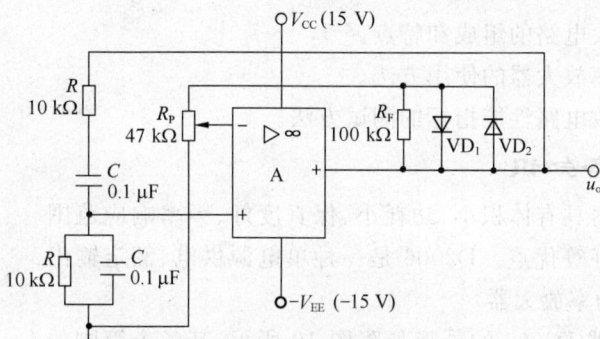

附图-9　文氏桥正弦波振荡器电路

2. 文氏桥正弦波振荡器的振荡频率

文氏桥正弦波振荡器的振荡频率为

$$f = \frac{1}{2\pi RC}$$

显然，只要改变电路中的电阻或电容的数值，就可以方便地改变电路的振荡频率。必须注意，改变电阻值或电容值时，要同时改变串联电路和并联电路中的电阻值和电容值。在实际工程中，是采用双联电阻器或双联电容器来达到同时改变串联电路和并联电路中的电阻和电容数值的。

三、实验器材

1. 模拟电路实验印制电路板一块。

2. 万用表一只。

3. 集成运放器件和阻容器件若干。

4. 音频信号发生器和示波器各一台。

四、实验步骤

按附图-9 连接电路，调整电位器 R_P，使电路振荡，用示波器观察输出电压 u_o 的波形，测试 u_o 的电参数，将测量结果填在附表-16 中。

附表-16　　　　　　　　　　正弦波信号发生器电路波形的测试结果

参数 u_o	波形	测量频率	计算频率
$R = 10\ \text{k}\Omega$、$C = 0.1\ \mu\text{F}$			

五、实验报告

1. 画出本次实验所用的电路图和测量仪器接线图。

2. 填写数据表格，将实验数据与理论计算值相比较，分析产生误差的原因。

3. 实验总结，若出现故障，对故障进行分析，说明解决问题的方法。

实验六　集成功率放大器

一、实验目的

1. 掌握功率放大电路的组成和特点。

2. 掌握集成功率放大器的使用方法。

3. 掌握集成功放电路性能指标的测试方法。

二、实验预备知识

集成功率放大器具有体积小、功耗小、保真度好、频率响应范围宽、焊点少、可靠性好等优点。D2006 是一种单电源供电、额定输出功率达6 W 的集成功率放大器。

集成功率放大器 D2006 的外形如附图-10 所示，其各个管脚的功能见附表-17。

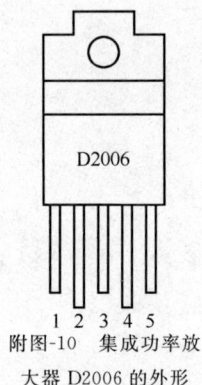

附图-10　集成功率放大器 D2006 的外形

附表-17　集成功率放大器 D2006 各管脚的功能

管脚序号	1	2	3	4	5
功能	输入端	输入接地端	输出接地端	输出端	电源正极

三、实验器材

1. 信号发生器、示波器、直流稳压电源各一台。

2. 交流毫伏表和万用表各一只。

3. 印制电路板一块。

4. 集成电路 D2006 一个和阻容器件若干。

四、实验步骤

由 D2006 组成的集成功率放大器电路如附图-11 所示。在图中 C_1 为输入耦合电容器，C_2 为输出耦合电容器，R_L 为扬声器，R_P 为音量电位器。

操作步骤如下：

(1) 按照附图-11 将电路装配好。

(2) 调节直流稳压电源，使之输出 +12 V 电压，将 +12 V 电压接到集成功放电路中。

附图-11　由 D2006 组成的集成功率放大器电路

(3) 调节信号发生器，使之输出幅值为 20 mV、频率为 1 kHz 的正弦波信号，接到电路的输入端，用毫伏表测量输出电压 u_o。

(4) 在电路的输出端接上示波器，观察 u_o 波形，读出幅值。

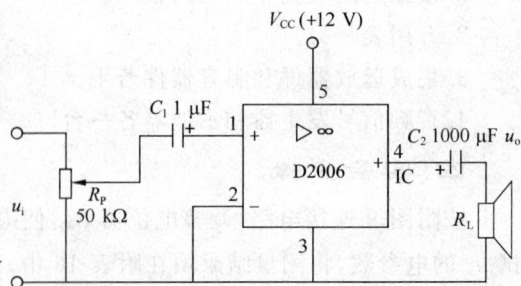

（5）调节 R_P，观察电路的交越失真现象；再调节 R_P，使输出波形不失真，测出此时的 u_o，计算出 P_o。

（6）接入扬声器，试听扬声器发出的声音，调节 R_P，听声音的变化。

五、实验报告

1. 画出电路接线图，记录、整理各项实验数据。

2. 讨论交越失真的产生原因和解决方法。

实验七　直流稳压电源

一、实验目的

1. 了解直流稳压电源的作用及其组成。

2. 掌握电源变压器电路、桥式整流电路、滤波电路和稳压电路的工作原理。

3. 掌握常用三端集成稳压器的选型及应用方法。

二、实验预备知识

1. 直流稳压电源的作用和组成

直流稳压电源是由交流电网供电，经整流和滤波后得到直流电，但这种直流电的性能很差，输出电压不稳定，不能直接用于要求比较高的电子设备中。为了提高直流电源输出电压的稳定性，还要在电路里加上稳压电路。所以一般直流稳压电源都是由变压、整流、滤波和稳压四部分组成。

2. 直流稳压电源的类型

直流稳压电源的种类很多，从使用的元件类型来分，可分为用分立元件组成的直流稳压电源和用集成电路组成的直流稳压电源。用集成电路组成的直流稳压电源的体积小，使用调整方便，性能稳定，而且成本低，因此得到了广泛应用。

使用集成电路的直流稳压电源，又分为三端固定式、三端可调式、多端固定式、多端可调式、正电压输出式、负电压输出式等。

对现在使用比较多的三端集成稳压电源来说，按照集成电路的型号分类又有 CW78 系列、CW79 系列、W2 系列、WA7 系列、WB7 系列、FW5 系列、CW×17/×37 系列。

CW78 系列和 CW79 系列都是固定输出的三端集成稳压器件，虽然应用比较广泛，但如果需要输出电压可调的场合，就不如用三端可调式集成稳压器件方便。三端可调式集成稳压器件的典型产品为 CW×17/×37 系列。CW×17 系列为输出正电压型，CW×37 系列为输出负电压型。在具体规格上，CW117、CW137 系列为军用型产品，CW217、CW237 系列为工业型产品，CW317、CW337 系列为民用型产品。

国产三端可调式集成稳压器件 CW317 和 CW337 的外形和管脚如附图-12 所示，其主要的性能参数见附表-18。

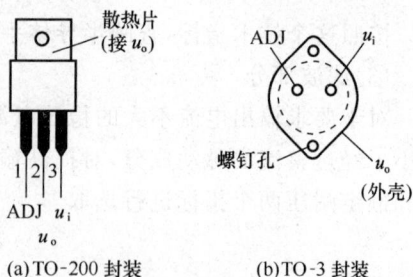

(a)TO-200 封装　　　(b)TO-3 封装

附图-12　CW317 和 CW337 的外形和管脚

附表-18   **CW×17/CW×37 系列集成稳压器件的性能参数表**

型号	输出电流	输出电压
CW117L/217L/317L	0.1 A	
CW117M/217M/317M	0.5 A	
CW117/217/317	1.5 A	+1.2～37 V
CW137L/237L/337L	0.1 A	
CW137M/237M/337M	0.5 A	−1.2～37 V
CW137/237/337	1.5 A	

3.三端可调式集成直流稳压电源的元器件选择

三端可调式集成直流稳压电源的实际电路如附图-13 所示。

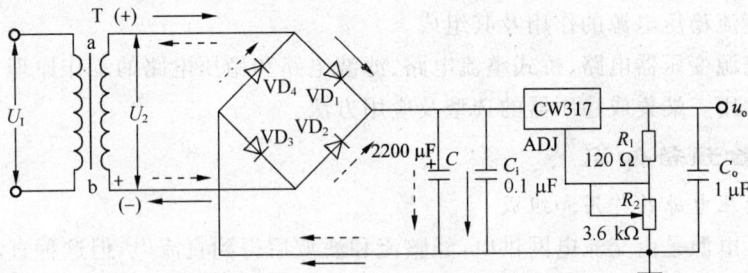

附图-13 三端可调式集成直流稳压电源的实际电路图

这个电路由四部分组成,每一部分的器件可按照下述方法进行选择:

（1）变压部分

变压部分的作用是把电网的 220 V 交流电压通过变压器变成所需要的交流电压值。如实验要求电路的输出电压从 1.25～35 V 可调,输出电流为 1.5 A,则变压器的一次绕组电压为 220 V,二次绕组的输出电压应至少为 37 V,电流为 $(1.5～2)I_L$,一般可取 $2I_L$,则二次绕组的输出电流应为 3 A,可根据以上数据选择变压器的型号。

（2）整流部分

现在的稳压电源几乎都采用桥式整流电路。桥式整流电路对二极管的最大输出电流和耐压要求是

$$I_{VD} = \frac{1}{2}I_L = 0.75 \text{ A}$$

$$U_{VD} = (2～3)\sqrt{2} \times 37 = (105～157) \text{ V}$$

按照这个技术指标,查阅半导体手册,选 2CZ55C 型二极管比较合适。

（3）滤波部分

对于要求输出电流不大的稳压电源来说,采用电容器滤波是最好的选择。滤波电容器减小了经过整流的脉动成分,对提高输出电压有一定的作用。电容器的选择一般是根据容量和额定耐压两个指标进行选取

$$C \geq 2 \times \frac{T}{R_L}$$

$$U_C = (1.5～2)U_2$$